化学气相沉积铌、铼 及其复合材料

魏燕　陈力　胡昌义 ⊙ 著

Chemical Vapor Deposition of Niobium, Rhenium, and Their Composite Materials

中南大学出版社
www.csupress.com.cn
·长沙·

内容简介

Introduction

　　铌和铼是重要的难熔金属,在现代工业和航空航天等高技术领域的应用非常广泛。化学气相沉积(CVD)是制备难熔金属材料的一种重要技术方法。本书结合作者及团队多年来在该领域积累的研究成果,详细、系统地阐述了铌、铼及其复合材料的化学气相沉积原理、制备工艺方法、沉积热动力学、显微组织结构与形成机理、复合材料界面扩散与反应、物理力学性能、强韧化机制及典型应用等。

　　本书可供高等院校、科研机构及从事难熔金属材料研究开发的研究生及科研人员使用,也可作为院校金属材料或材料物理与化学专业的教学参考书。

前言 /
Foreword

由于铌（Nb）和铼（Re）及其合金具有熔点高、高温强度大和耐蚀性优良等特点，成为了制造高温结构件的常用金属材料，在冶金、化工、电子、光源、机械、航空航天等领域有着重要而广泛的应用。特别是在航天领域，Nb 和 Re 是航天飞行器姿态和轨道控制发动机推力器喷管不可或缺的高温结构材料。自 20 世纪 50 年代以来，国内外先后研制开发了三代航天发动机喷管材料，如第一代的 Nb-Hf 合金、第二代的 Nb-W 合金和第三代的 Re/Ir 复合材料等。

20 世纪 40 年代以前，制备 Nb、Re 等难熔金属的传统方法主要是粉末冶金法。伴随真空技术的发展，电弧熔炼和电子束熔炼等真空熔炼技术先后被引入难熔金属的研制之中。随着难熔金属应用领域的不断扩大，航空航天、电子及化学化工等领域对难熔金属制品的性能制备及工艺提出了新的要求，如高纯度、高致密度、复杂异形器件及工艺温度相对较低等，粉末冶金或真空熔炼难以满足上述要求。为此，20 世纪 80 年代以来，将化学气相沉积（CVD）技术用于 Nb、Re、W 等难熔金属的制备。CVD 是一种净成型技术，适于复杂器件的制备，并大幅降低了材料的成型温度，所制备的产品纯度高、密度接近理论密度。CVD 技术在制备航天发动机用 Re/Ir 复合材料喷管及 Re、C/SiC 喷管与 CVD Nb 环过渡连接方面获得了巨大成功。

本书主要基于作者及团队多年来在难熔金属材料 CVD 技术领域积累的研究成果，并结合相关领域的发展历程和前沿动态，系统深入地向读者介绍了 Nb、Re 及其复合材料的 CVD 原理、制备工艺方法、沉积热动力学、显微组织结构特征与形成机理、复合材料界面扩散与反应、物理力学性能、强韧化机制及在航天发动机领域的典型应用等。全书共分 9 章。第 1 章回顾了化学气相沉积技术的发展，概述了铌、铼及其合金的制备、组织结构、性能及主要应用；第2章介绍了铌的化学气相沉积热力学、沉积动力学，以及 CVD 铌的组织结构特征与性能；第3章主要介绍铼的化学气相沉积热动力学，包括化学反应自由能、动力学实验研究和分子动力学模拟；第4章介绍著者在 CVD 铼的组织结构方面的研究工作，包括表面形貌、晶粒组织、微结构特征等，并对 CVD 铼的织构及 CVD 铼的形成机制进行了分析；第5章介绍了 CVD 铼材料的物理力学性能、发射率、氧化动力学等，从微观结构及其演变的角度讨论分析了 CVD 铼的强韧化机制；第6章至第8章阐述了著者在铌/铼层状复合材料方面开展的研究工作，包括复合材料的设计与制备、复合界面析出相结构与力学性能、沉积过程分子动力学模拟、再结晶动力学、界面扩散及反应机制，以及铌/铼复合材料的物理力学性能及复合效应等；第9章详细介绍了著者及研究团队在铌/碳/碳化硅复合材料方面的研究工作，系统研究了复合材料的制备、界面组织结构与界面反应、界面力学性能及影响因素、界面应力与典型应用等。

著作所涉及的研究工作获得了国家科技部 863 计划、国家自然科学基金、云南省重大科技专项、云南省兴滇英才计划、云南省重点基金及云南贵金属实验室项目等科技项目的资助，谨表谢忱。云南省贵金属新材料控股集团股份有限公司、贵金属功能材料全国重点实验室在科研条件、学术资源等方面提供的保障，为本书的完成奠定了坚实基础。课题组的蔡宏中、李靖华、王云、张贵学、张诩翔、汪星强、普志辉、王献及团队的研究生为相关项目的材料制备、加工、分析检测和本书的图片处理做了大量工作，在此表示衷心感谢！特别需要致谢的是昆明理工大学的于晓华教授、苑振涛老师和王枭博士及其团队！他们为本书中的材料理论计算给予了细致的指导和大力帮助。最后，对中南大学出版社领导的支持和史海燕责任编辑的辛勤工作表示感谢。

本书可供高等院校、科研机构及从事难熔金属材料研究开发的研究生及科研人员使用，也可作为院校金属材料或材料物理与化学专业的教学参考书。由于著者的知识结构和水平有限，书中错误与疏漏在所难免，敬请专家、同仁和读者批评指正！

著　者

2024 年 4 月 18 日于昆明

目录 / Contents

第 1 章 概述

1.1 引言

难熔金属是元素周期表中熔点高于铂(Pt)(即熔点大于 1768.2 ℃)的所有金属的统称。难熔金属钨(W)、钼(Mo)、钽(Ta)、铌(Nb)和铼(Re)及其合金由于具有熔点高、高温强度大及电学性和耐蚀性优良等一系列优点,成为了制造工作温度在 1000 ℃ 以上高温结构件的常用金属材料,在冶金、化工、电子、光源、机械及航空航天等领域有着重要而广泛的应用。

绝大部分难熔金属可塑性加工,其使用温度范围为 1100~3320 ℃,远高于高温合金的使用温度。难熔金属及其合金的使用温度与它们的熔点直接相关,由低到高的顺序为:铌合金→钼合金→钽合金→钨合金。铼是一种价格高、加工硬化快、塑性加工困难的材料。受密度和可加工性能的影响,目前使用最多的合金是铌合金和钼合金。难熔金属共同的弱点是抗氧化性能较差,在氧化环境中使用必须要有涂层保护。如应用于空间飞行器轨道导入和姿态控制的液体火箭发动机一般使用涂有硅化物保护层的铌合金作燃烧室喷管,目前性能最先进的航天姿轨控发动机采用高熔点的贵金属铱作为铼喷管的抗氧化保护涂层,发动机工作温度最高可达 2200 ℃。

20 世纪初以来,难熔金属及其合金的制备技术得到了不断改进发展。20 世纪 40 年代以前,难熔金属的制备方法主要是粉末冶金。20 世纪 40 年代后期到 20 世纪 60 年代初期,随着真空技术和真空冶金的发展,电弧熔炼和电子束熔炼等真空熔炼技术被引入难熔金属的研制之中,使难熔金属材料的研究步入一个快速发展时期,开始应用于生产难熔金属锭坯,相比粉末冶金工艺其更适用于制备钽、铌材料。随着难熔金属材料应用领域的不断扩大,航空航天、电子及化学化工等领域对制备难熔金属制品的性能及工艺提出了新的要求,尤为突出的要求有:①制品纯度高且致密;②制品晶体结构可以进行调控;③能够制备尺寸精确的异形产品和微小尺寸制品;④工艺温度相对较低;等等。粉末冶金法或者熔炼法在实现以上要求时有所局限,因此越来越多的研究者们开始关注采用化学气相沉积(chemical vapor deposition, CVD)来实现难熔金属材料的制备。与其他技术方法相比,CVD 制备难熔金属的优越之处在于:①产品纯度高;②晶粒细化,高温时仍能抵抗晶粒长大；③产品密度接近理论密度；④较电弧熔炼法和粉末冶金法有较好的塑性，可承受进一步的塑性加工。

1.2 化学气相沉积技术

1.2.1 化学气相沉积技术简介

化学气相沉积技术制备薄膜和涂层的研究和开发已逾百年，但近几十年才逐渐进入产业化。孟广耀先生在 20 世纪 80 年代对 CVD 理论与技术作过阶段性总结，详细论述了 CVD 技术原理、工艺过程，以及其在制备无机材料薄膜方面的应用。目前，国际上在该领域的研究仍非常活跃。这种技术的应用不再局限于无机材料方面，已推广到诸如提纯物质，研制新晶体，沉积各种单晶、多晶或玻璃态无机薄膜材料，以及制备难熔金属结构材料等领域。

CVD 是一种依赖于表面气相化学反应形成薄膜、涂层或块体材料的方法。CVD 工艺过程主要是利用含有被沉积元素的气相化合物(前驱体)流经已加热的基体时发生热分解或还原反应而使材料沉积在基体上。其特点为：①近成形技术，适应性强及设备相对简单，特别适合外形复杂器件表面涂层及结构材料(如喷管、坩埚、管材等)的制备成形；②大幅降低了材料成型温度，对制备难熔金属材料具有极大优势；③CVD 制备的材料致密度高、纯度高。从理论上讲，几乎所有的纯金属材料均可以采用 CVD 技术制备，尤其是用 CVD 工艺制作半导体无毒薄膜集成电路方法成功后，其能按特定要求精确控制薄膜材料的成分和纯度。

CVD 技术按照增强方式的不同，可分为热激活 CVD(传统 CVD)、等离子体增强 CVD(PECVD)和电化学气相沉积(EVD)等；根据反应压力的不同，可分为低压 CVD(LPCVD)、常压 CVD(APCVD)、亚常压 CVD(SACVD)和超高真空 CVD(UHCVD)等；按照前驱体种类的不同，可分为卤化物 CVD(HCVD)和金属有机物 CVD(MOCVD)等。要实现不同表面改性，就要对化学反应进行合理的选择，包括反应类型对前驱体的选择。常见的 CVD 化学反应为：热分解反应、化学合成反应和化学传输反应等。实际工作中应根据不同的材料及技术要求来选择合适的反应类型；对于 CVD 制备难熔金属，前驱体一般采用卤化物或者金属有机化合物。难熔金属的卤化物在沉积温度下为气体化合物或具有较高的蒸气压，相比于其他前驱体更适合作为化学气相沉积的原料。而难熔金属有机化合物多用羰基化合物体系，主要应用于钨、钼和铼等元素的制备。

1.2.2　沉积原理及装置

CVD 的基本原理为：在一定的温度下，利用气态(或将液态或固态的物质转化为气态)的物质，在固体表面进行化学反应，并生成固态沉积物。CVD 工艺过程一般包括 3 个步骤：①产生带有沉积物原子的气态化合物；②将气态化合物输运到沉积室；③气态化合物在热的基体表面发生化学反应，并生成固态沉积物。图 1-1 为 CVD 制备金属或涂层材料的沉积过程原理图。铌和铼的 CVD 沉积反应如下。

反应气体输运
气相化学反应
初始产物扩散
初始产物吸附扩散
与基体异相反应
副产物解离脱附
涂层的生长

图 1-1　CVD 沉积过程原理图

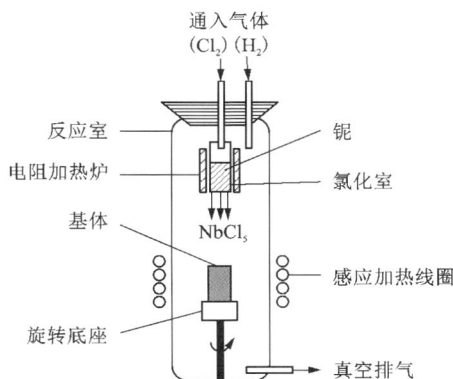

(1)铌的沉积：以金属铌为原料，以氢气、氯气为反应气体，铌的 CVD 沉积涉及铌的氯化和五氯化铌的分解两个阶段，铌的 CVD 沉积主要发生以下两个化学反应：

$$2Nb(s) + 5Cl_2(g) \longrightarrow 2NbCl_5(g) \tag{1-1}$$

$$2NbCl_5(g) + 5H_2(g) \longrightarrow 2Nb(s) + 10HCl(g) \tag{1-2}$$

(2)铼的沉积：以金属铼为原料，以氯气为反应气体，铼的 CVD 沉积涉及铼的氯化和五氯化铼的分解两个阶段，铼的 CVD 沉积主要发生以下两个化学反应：

$$2Re(s) + 5Cl_2(g) \longrightarrow 2ReCl_5(g) \tag{1-3}$$

$$2ReCl_5(g) \longrightarrow 2Re(s) + 5Cl_2(g) \tag{1-4}$$

CVD 装置的核心部件是反应器。根据反应器结构不同，可分为封管气流法和开管气流法两种基本类型。按照加热方式的不同，开管气流法可分为热壁式和冷壁式两种。热壁式反应器的沉积室室壁和基体都被加热，管壁上也会发生沉积。冷壁式反应器只有基体本身被加热，故只有热的基体才会发生沉积。实现冷壁式加热的常用方法有感应加热、通电加热和红外加热等。难熔金属的沉积通常采用开管法立式反应器，利用冷壁式感应加热方式加热基体。图 1-2 为现场氯化法制备铌的 CVD 装置示意图，其他难熔金属的沉积装置大致类似。沉积过程主要包括原料金属的氯化和氯化物气体的分解两个阶

通入气体
(Cl₂)(H₂)

反应室
电阻加热炉
基体
旋转底座

铌
氯化室
NbCl₅
感应加热线圈
真空排气

图 1-2　现场氯化法制备铌的 CVD 装置示意图

段。首先将整个系统抽真空，分别加热基体和原料铌(或铼)到所需的沉积温度和氯化温度，然后将净化后的氯气及氢气通入氯化室中(沉积铼只需通入氯气)。金属铌或铼与氯气发生反应并生成 $NbCl_5$ 或 $ReCl_5$，氯化物气体被输送到沉积室，$NbCl_5$ 或 $ReCl_5$ 当遇到已加热到沉积温度的基体时发生热分解反应，分解出的 Nb 或 Re 原子沉积在基体上。产生的氯气以及未被分解的氯化物等废弃物通过水冷、捕集和冷井吸收后进入机械泵排空。

1.3　铌及铌合金

1.3.1　铌的强化

在钨、钼、钽、铌、铼等难熔金属中，铌具有最小的密度($8.57\ \text{g/cm}^3$)和最低的熔点($2467\ ℃$)，并在$1100\sim1250\ ℃$温度范围内，铌具有最高的比强度，以及优良的塑性、焊接性能和抗腐蚀性能。早期铌主要用作不锈钢和超合金的添加剂，纯铌的强度较低，而作为工程结构材料应用，大都需要进行强化才能满足使用要求。合金化仍然是铌的主要强化方式。添加合金元素主要是提高合金的强度、抗氧化性，以此改善合金的加工工艺性能。铌合金中的主要添加元素有 W、Mo、Ta、Ti、Zr、Hf 等，这些合金元素中 Mo 和 W 可以显著提高铌合金的高温和室温强度，Ta 是中等强化元素，Ti、Zr 和 Hf 等活性元素可以改善铌合金的抗氧化性、抗熔融碱金属腐蚀性能，并可与碳形成碳化物相实现沉淀强化。铌合金作为一种超出镍基超合金使用温度的高温结构材料，已于 20 世纪 60 年代在航空航天及核工业等领域得到应用。铌合金由于具有较高的高温强度、室温塑性及优良的焊接性能，能制成薄板和外形复杂的零件。因此，在超高音速飞机、航天飞行器、卫星、导弹和超音速低空火箭上可作为优选的热防护材料和结构材料。

按合金强度不同，铌合金分为低强铌合金(Nb-1Zr，Nb-10Hf-1Ti-0.7Zr等)、中强铌合金(Nb-10W-10Ta，Nb-10W-2.5Zr，Nb-5W-2Mo-1Zr-0.07C等)和高强铌合金(Nb-30W-1Zr，Nb-17W-3.5Hf-0.1C)三类；按照合金密度的不同，分为低密度和高密度铌合金。低强和中强铌合金多采用固溶强化，而高强铌合金除置换元素固溶强化外，往往还采用沉淀强化来提高合金强度。W 和 Ta 是铌最有效的固溶强化元素，沉淀强化元素主要是 Ti、Zr、Hf 的碳化物。为了不断提高铌合金的综合性能，也发展了间隙类化合物(碳化物、氧化物和氮化物)强化的高强度铌合金。

1.3.2　铌合金的应用

20 世纪 50 年代末，出于对核动力、航空和航天的需求，人们开始进行铌合金相关的研制工作。20 世纪 60 年代开发的商用传统铌基合金，主要用作高比冲、能多次启动、推力可调节的双组元液体火箭发动机。针对航天应用，美国和苏联研发了铌合金自成体系，且分别研发了 20 种铌合金：美国的铌合金以 W、Mo、Hf 为主要强化元素，开发出著名的且至今仍广泛应用的 C-103 铌合金（Nb-10Hf-1Ti-0.7Zr），主要用于高温阀门、火箭推进器顶部和涡轮机加力装置的风门片，美国阿波罗 11 号飞船的登月舱下降发动机的辐射冷却喷管延伸段也采用了 C-103 铌合金，并涂有抗氧化铝化物涂层；苏联以 W、Mo、Zr 为主要添加元素，铌合金的第二相强化都以碳化物强化为主，研制了 Nb521（Nb-5W-2Mo-1Zr）铌合金，该铌合金的密度与 C-103 相近，但使用温度可以达到 1200~1650 ℃，短时间可达 2000 ℃。我国在美国、苏联铌合金的基础上，相继仿制研发了 C-103、Cb-752、C-129Y、D43、SCb-291 和 Nb521 等航天发动机使用的铌合金结构材料，其中应用最广泛的是 C-103 和 Nb521 铌合金。

C-103 铌合金的加工、焊接性能优异，虽然室温强度较低，但综合性能良好，特别是其高温强度，可以满足喷管的工作条件。美国应用最广泛的是 C-103 铌合金，涂层采用硅化物系，如 R512A（Si-20Cr-5Ti）和 R512E（Si-20Cr-20Fe）等，使用温度为 1200~1400 ℃；俄罗斯应用最多的是 Nb521 铌合金，使用温度为 1200~1650 ℃，通常采用硅化钼（$MoSi_2$）涂层；我国使用最多的是 C103 和 Nb521 铌合金，目前在轨道控制（轨控）/姿态控制（姿控）发动机难熔金属材料推力室中已形成了两代系列产品，其中第一代是铌铪合金（C-103）和"815"涂层体系，第二代是铌钨合金（Nb521）和"056"涂层体系。Nb521 铌合金同样具有良好的室温成型性能，高温力学性能显著高于 C-103 铌合金，在 1600 ℃下，其强度是 C-103 铌合金的 3~4 倍，成功应用于多种轨控/姿控型号发动机。

为满足航天发动机减重的要求，国内外相继开展了低密度（<7 g/cm³）铌合金的研制。科研人员通过添加大量的 Ti、Al 等轻质元素和 W、Mo 等强化元素，制得的合金具有较低的密度、较高的强度和较好的室温塑性等优良特性，是一种新型高温结构材料。美国及苏联研制了几十种低密度铌合金体系，如 Nb-Ti-Al、Nb-Ti-Al-Cr、Nb-Ti-Al-Hf、Nb-Ti-Al-Cr-Hf 等，国外研制的低密度铌合金已在火箭和航空发动机受热零部件得到应用。国内多家单位从 2005 年开始相继开展了低密度铌合金的研制。针对液体火箭发动机推力室边裙部位对轻质化高温材料的应用需求，中南大学、西北有色金属研究院和宁夏东方钽业股份有限公司研制了 Nb-Ti-Al 系低密度铌合金，其中西北有色金属研究院研制的 Nb-35Ti-5Al-5V-0.7Zr-0.1C 铌合金的密度仅为 5.9 g/cm³，该铌合金室温和 1100 ℃的抗拉强度分别达 990 MPa 和 80 MPa。目前，国内低密度铌合金仍处于研制阶段，尚无工程化应用的铌合金牌号和产品，高强、高韧及轻质化是未来铌合金的发展方向。

1.3.3　铌合金的制备

铌及铌合金锭坯的制备可采用粉末冶金和真空熔炼两种方法。粉末冶金易获得成分均匀的铌合金材料，但铌合金杂质元素含量偏高，使得其塑性较差，因此，生产上大多采用电子束和真空自耗电弧熔炼双联工艺进行铌合金铸锭的制备。对于铌合金的加工，通常采用挤压、锻造、轧制、拉拔和冲压、旋压等方法制取棒材、丝材、板材、带材、箔材、管材和异形件。由于高温下间隙元素氧极易与铌发生反应，因此铌合金在热加工过程中必须采用金属包套、涂层或惰性气体保护加热等措施。

关于化学气相沉积法制备 Nb 的研究报道并不多见。20 世纪 70 年代，Miyake在石墨基体上采用 CVD 制备了 Nb 薄膜；Barzilai 开展了石墨基体上 CVD 制备 Nb材料的工艺技术研究，获得了沉积参数及退火工艺对 Nb 和 NbC 层的结构及成分影响规律。20 世纪 80 年代末期，美国 Ultramet 公司首先将 CVD Nb 应用于铼喷管和高温陶瓷碳/碳化硅复合材料喷管与异种金属的连接，并已实现上天飞行应用，这是 CVD Nb 成功应用的典型案例。这一连接过程主要通过在喷管的端部沉积铌环，再将铌环与发动机喷注器钛合金通过电子束焊接连接在一起。铌环可在1200 ℃下通过氢气还原 $NbCl_5$ 沉积得到。沉积的铌材料具有塑性，维氏硬度为60~70 HV，室温极限抗拉强度为 200 MPa，机械加工性能良好。

1.4　铼及铼合金

1.4.1　铼的简介

铼于 1925 年被首次发现，也是最后被发现的自然元素，铼块具有金属光泽，粉末呈灰褐色，具有许多优异的性能和宝贵的商业用途，其主要的物理化学性质列于表 1-1。铼是一种密排六方结构的高熔点（3180 ℃）稀有金属，具有高强度、高硬度、耐磨损、无脆性临界转变温度、化学惰性好、催化性能好、热功函及热辐射系数高等一系列优良性能，广泛应用于航空、航天、电子工业及石油化工等行业。铼主要作为合金添加元素和功能材料使用，如应用于催化重整催化剂、耐磨与抗腐蚀涂层、热电发射与热辐射器涂层材料，以及作为合金元素制备超耐热合金（如 W-Re、Re-Ni 或 Re-Mo 合金）和镍基高温合金。目前全世界大约 70% 的铼用作镍基高温合金的添加元素，可以有效提升喷气发动机的工作温度，并具有良好的热稳定性。20% 的铼用于生产石油精炼的化工催化剂（铂铼为主），其他应用包括超高温火箭、大磨损/电弧侵蚀电开关组件和热电偶，多数以钨铼合金、钼铼合金的形式应用，铼可显著提高这两种材料在室温下的延展性。与其他难熔金属（W、Mo、Ta、Nb）相比，纯铼具有最高的抗拉强度和蠕变强度，纯铼在 2200 ℃时的蠕变强度甚至高于 W-25Re、Mo-50Re 合金。作为高温结构材料，以铼为推力器喷管结构基体的 Re/Ir 复合材料已在高性能航天姿控和轨控发动机领域获得应用。

表 1-1 铼的主要物理化学性质

性质	数值	性质	数值
原子序数	75	原子量	186.2
原子半径/pm	137.7	电阻率/(nΩ·cm)	19.3
熔点/℃	3180	泊松比	0.30
沸点/℃	5627	杨氏模量/GPa	463
密度/(g·cm^{-3})	21.04	剪切模量/GPa	178
晶体结构	HCP	热导率/(W·m^{-1}·K^{-1})	48
摩尔热容/(J·mol^{-1}·K^{-1})	25.48	线膨胀系数/(μm·m^{-1}·K^{-1})	6.2

虽然铼具有许多优良的性质，也有不可回避的缺点，如密度大、易氧化、制备加工难度大，以及材料相对昂贵等。铼的加工硬化率高，即使在高温下加工也容易产生裂纹。冷加工需要频繁的退火步骤，加工工艺复杂。另外，铼的硬度很高，使车削加工变得极为困难。基于此，近年来国内外发展了多种制备成型方法，尤其在近净成形方面研制出了不同的工艺技术以解决铼的制备加工难题。与其他难熔金属类似，铼的抗氧化能力较差。纯铼在 360 ℃以上立即发生氧化并产生挥发性氧化物，主要为 Re_2O_7、ReO_3、ReO_2，因此在高温氧化环境中需要配合保护涂层使用。

1.4.2 铼及合金的应用

1. 石油化学工业

铼的最大用途之一是用作石油化学工业的催化剂。由于电子结构中未饱和 5d 层的 5 个电子易于放出，而 6s 层 2 个电子又易于参与作用而形成共价键，加上其晶格参数较大等特性，铼及其化合物具有优异的催化活性，制造高辛烷值汽油的铂重整装置较早使用的催化剂体系即 Pt-Re。自从美国环球石油产品公司开发连续催化再生（CCR）铂重整工艺后，Pt-Re 不再作为催化剂在此工艺中使用，铼的用量有所下降。但近来有报告指出，用于 CCR 工艺的 Pt-Sn 催化剂效果并不理想，Pt-Re 催化体系又被重新应用。此外，铼被用于生产无铅汽油和汽车尾气净化的催化剂；用 NH_4ReO_4/C 作环己烷脱氢及乙醇脱氢的催化剂；Re_2O_7 是使 SO_2 转化为 SO_3 以及使 HNO_2 转化为 HNO_3 的良好催化剂。另外，在金属及合金表面镀铼及铼合金涂层，还可用于石油化学工业的防腐、抗蚀，特别是防止盐酸的腐蚀。现已研制出在铜、黄铜及镍上电解镀铼及铼的卤化物在钨丝上分解沉积铼的方法。

2. 航空航天及核工业

近年来，铼在高温合金领域的需求量已超过催化剂领域，超耐热合金已成为铼最重要的应用领域，主要用于航空航天元件等。Re 掺杂于 Ni 或 Co 基超合金，可提高合金的高温抗蠕变强度、疲劳性能及抗氧化性能。铼由于具有抗热氢腐蚀和低氢气渗透率，被用于制作火箭的热交换器件。使用铼与其他金属可制造一系列耐高温、抗腐蚀、耐磨损的合金，如 W-25Re 合金用作空间站核反应堆材料；Re-Pt 合金用作原子能反应堆结构材料，可抗 1000 ℃ 高温下载热体的腐蚀；Re-Mo 合金可用来制造超音速飞机导弹的高温高强度部件。20 世纪 80 年代以来，美国开展了 Re/Ir 发动机的研制，Re 喷管基体采用化学气相沉积或粉末冶金技术制备，其中 Ultramet 公司采用 CVD 技术制作的 Re/Ir 喷管已成功应用于航天飞行器的姿控/轨控发动机，是目前国际上性能最先进的航天发动机。20 世纪 90 年代国内的昆明贵金属研究所、国防科学技术大学和北京航天材料及工艺研究所等先后开展了 Re/Ir 材料的研究，已经攻克了一些关键技术，目前仍在研制过程中。

3. 电子材料和高温材料

铼由于及其合金具有高熔点、低蒸气压、耐磨损、抗电弧烧蚀性、抗"水循环"侵蚀性及较高的热电子发射性能，被广泛应用于电子行业制作电触点、加热元件、电器插头、热电偶、特殊金属丝及电子管元件等。如在贵金属 Au 或 Ag 中添加 Re 元素，能显著提高 Au 和 Ag 的硬度和高温性能，其合金可作为电触点材料使用。W-Re 合金具有良好的耐腐蚀性、抗电弧烧蚀性和高硬度，是一种良好的电触点材料。Re-W 和 Re-W-Th 合金还可用作电子管元件，能提高电子管元件的强度。在这一领域，铼最突出的应用是制造超高温发射极。日本东京钨公司制作在钨单晶定向功能材料衬底上涂一层铼基的含铌、钽合金和钼复合材料体系作为基础材料的高温发射极，将热电子放电效果提高 20%，同时大幅提高电流密度，改善了热电发射性能。铼与钨、钼或铂族金属所组成的合金或涂层材料，因熔点高、电阻大和对环境的稳定性好而广泛应用于电子工业。如掺 3%～20%Re 的钨丝或 H_4ReO_4 涂层的钨丝，能提高钨丝的延伸率和电阻，具有较高的抗冲击与振动性能，在真空技术及易振动场所的电子器件或灯丝中展示了其重要用途，如作 X 射线靶、闪光灯、声谱仪、高真空测定电压部件及飞机灯泡的钨铼丝等。

1.4.3　铼材料的制备

铼具有熔点高、硬度高的特性,制备和加工较为困难。常规的铸造、热锻、车削、焊接等技术都难以用于 Re 材料的制备与加工。因此,国内外发展了多种方法用于 Re 材料的制备,涵盖了薄膜、涂层、块体材料和喷管器件的制备与成型。

铼的主要制备方法有多种,包括粉末冶金(PM)、化学气相沉积(CVD)、电沉积(ED)以及真空等离子溅射(VPS)等。这些技术方法在制备工艺流程、铼材料组织结构、机械性能及加工成型等方面各有其特点,但研究与应用的主流技术还是 CVD 和 PM 方法。粉末冶金制备铼材料的烧结温度很高,且制得的铼材料密度不高。进一步提高 PM Re 材料的致密度需要经过多道次冷加工与热处理或热等静压处理,工艺流程较长。与 PM 方法相比,CVD 制备铼具有材料制备温度低(500~1300 ℃)、近成型、组织致密高(超过 99%)及材料纯度高等特点,特别适合高熔点材料及复杂器件的制备成型,CVD 成为制备薄壁、小尺寸形状复杂元器件的首选。

1. 粉末冶金

粉末冶金是制备难熔金属等高熔点材料的常用方法。铼的粉末冶金制备工艺过程有粉末压结、预烧结和高温烧结三个阶段。铼粉通常用氢气还原高纯铼酸铵的方法制备,粉末杂质总质量分数小于 0.01%,粉末粒度一般为数微米,主要的制备工艺如下:高纯细 Re 粉经 340~410 MPa 压制,1200 ℃ 真空预烧结,再经过 2500 ℃ 以上的高温烧结,铼的相对密度为 90%~93%。为了保证纯度,铼粉中不添加任何黏结剂和润滑剂。冷加工时需要多道次退火,退火温度为 1600~1700 ℃,根据其形状和尺寸的不同,退火时间一般为 10~30 min。为了防止氧化,其通常在氢气或惰性气体保护下进行退火。通过多道次的加工变形,铼制备成轧制板或锻造棒材,孔隙率较低,相对密度提高至 99% 以上。对 PM Re 进行热等静压(HIP)处理,可使粉末冶金铼制品的相对密度进一步增加,最终性能可达到锻件水平。

美国 Rhenium Alloy Inc. 公司采用 PM 制备了 Re 喷管。在 2700 ℃ 高温烧结后 Re 材料的相对密度仅为 80%,经过 HIP 处理可提高至 95% 以上。采用电沉积(ED)在 Re 喷管内表面沉积了抗氧化 Ir 涂层,制备了推力为 490 N 的 Re/Ir 复合喷管。初期的工艺研究中,存在涂层与基体结合不紧密,涂层有孔洞等问题,热震后出现剥离现象。通过退火热处理可有效地消除 Ir 涂层的孔隙,改善 Ir 涂层的完整性。HIP 施加高温高压,进一步提升了 Ir 涂层的性能,并增强了 Ir 涂层与 Re 基体之间的界面结合。

国内安泰科技采用热等静压和锻造加工方法制备了多种规格的 Re 板和 Re

管,在国内较早实现了 Re 材料的商用。Re 板的主要工艺:HIP 温度为 1450~1700 ℃,压力为 120~170 MPa,随后在 1800~2100 ℃进行高温热处理,再进行多道次的轧制,制得的 Re 板成品密度接近其理论密度。Re 管的制备工艺:首先在 1000~1350 ℃的温度下进行预烧结,然后在 1350~1700 ℃的温度和 120~180 MPa 的压力下进行热等静压,最后在 2150~2400 ℃下进行高温烧结处理,获得的 Re 管的致密度为 97%以上。石刚等人采用 HIP 技术制备了 Re 块,晶粒组织为细小的等轴晶,2000 ℃时 Re 材料的高温抗拉强度达到 69 MPa。粉末冶金可制造一些金属铼构件,但对于形状复杂、壁厚比较薄的构件,粉末冶金存在较大的困难,且存在制备成本高、生产周期长及设备要求高等局限性。

2. 化学气相沉积

化学气相沉积可以大幅度降低 Re 的制备温度,通过沉积工艺的优化和控制,能够获得高纯、致密的 Re 材料,特别适用于复杂器件、薄膜及涂层的制备。Re 的化学气相沉积的反应类型主要包括两类。

(1)热分解反应:包括氯化物分解、氟化物分解、金属有机化合物分解等,通过前驱体的热分解沉积形成单质,前提是反应物必须为气态。

(2)还原反应:某些元素的卤化物、氟化物热稳定性较高,需要适当的还原剂才可以将这些元素置换、还原出来,难熔金属的沉积多为此类反应,此外加入还原剂也可降低反应温度。

采用 CVD 技术制备 Re 材料最早可追溯至 20 世纪 60 年代,最初的 CVD Re 涂层主要作为功能材料使用,涂层厚度在微米级。Yang 针对 CVD Re 在热离子发射器方面的应用,系统研究了 CVD Re 的孔隙率、真空功函数以及(0001)择优取向程度与沉积参数的关系,建立了真空功函数与择优取向程度的关联,获得了制备无孔隙高真空电子 Re 离子发射器的沉积条件。出于研制第三代航天 Re/Ir 发动机的需要,美国 Ultramet 公司于 20 世纪 80 年代开始 Re 喷管的 CVD 制备技术研究,沉积制备的 Re 主要作为结构材料使用,厚度达到毫米级别,并将 Re 材料的 CVD 制备技术研究推向了高潮。

各种反应类型、主要的沉积条件和沉积速率如表 1-2 所示。CVD Re 的反应源可以为 ReF_6、$Re_2(CO)_{10}$ 和 $ReCl_5$ 等。其中氟化物沉积温度最低,500 ℃即可发生沉积反应。基体温度及沉积源的浓度对晶粒组织有着明显的影响,微观结构以柱状晶为主,但由于氟化物的剧毒性,较少采用。$Re(CO)_{10}$ 沉积涂层薄,沉积速度较慢:Isobe 以 $Re_2(CO)_{10}$ 为前驱体沉积 Re,500 ℃以下,Re 涂层以细晶生长为主,600 ℃以上出现柱状晶生长,形成<110>择优取向;Gefond 以 $Re_2(CO)_{10}$ 和 $Re(CO)_3(Cp)$ 为前驱体,制备了微米级厚度的 Re 薄膜,观察到 CVD Re 中出现了(002)择优取向的沉积织构。目前,氯化法仍然是制备铼材料较为理想的技术路径。采用该方法沉积的 Re 可沿沉积方向形成柱状晶结构,沉积速度和组织结构均较为理想。氯化法又包括现场氯化法和直接使用 ReCl$_5$ 挥发物作为前驱体两种方法。由于 ReCl$_5$ 容易与水和空气发生反应，Kim 使用现场氯化法，以钼为基体制备了 Re：通过加热 Re 原料，通入氯气与其产生氯化反应，生成 ReCl$_5$，氯化物随后分解沉积得到 Re 涂层，晶粒组织为柱状晶，在 1800 ℃ 热处理 4 h 后晶粒明显长大。

表 1-2　化学气相沉积铼的主要沉积工艺

前驱体	基体	沉积温度 /℃	运载气体（流量/挥发温度/氯化温度）	纯度	沉积速度（或厚度）
ReF$_6$	Mo	500～1000	H$_2$	高	70～200 nm/h
ReF$_6$	Al$_2$O$_3$	1000～1500	H$_2$	高	—
ReF$_6$	Cu	200～800	H$_2$	高	—
HRe(CO)$_5$	Si、SiO$_2$	130	H$_2$、Ar	30%（C+O）	—
Re$_2$(CO)$_{10}$	SiC、钢	350～550	H$_2$	高	厚度：3.3～7 μm
Re$_2$(CO)$_{10}$	石墨	500～700	—	高	厚度：6 μm
Re+Cl$_2$	Mo	1150	Ar：500 cm^3/min Cl$_2$：1 cm^3/min 氯化温度：800 ℃	高	0.2 mm/h
ReCl$_5$	石墨	1200	Cl$_2$	高	厚度：2 mm
Re+Cl$_2$	Mo、石墨、C/SiC	1080～1180	Ar：700 mL/min Cl$_2$：30～120 mL/min 氯化温度：630～760 ℃	高	8～36 μm/h
Re+Cl$_2$	石墨	1070～1220	Cl$_2$：30～120 mL/min 氯化温度：730～760 ℃	高	20～100 μm/h
ReCl$_5$	Mo	1000～1300	挥发温度：220～390 ℃	高	厚度：100 μm

　　昆明贵金属研究所是国内最早开展 CVD 制备铼材料的单位。采用现场氯化 CVD 制备了铼材料及铼管，系统研究了铼的沉积动力学规律、形貌与组织结构、再结晶行为及物理力学性能。发现 CVD Re 形成了靠近基体的细晶区和生长柱状晶区，随着热处理温度的上升，晶粒明显长大，但两个晶区的再结晶呈现出不同的长大规律；在 1100～1300 ℃ 的沉积温度下，铼的沉积速率随着沉积温度的上升而提高，符合 Arrhenius 方程，表面形貌由复杂多面体形态转变为六棱锥状。

CVD Re 材料形成了以（002）晶面为主的沉积织构组织，相对密度为 99.4% ～ 99.9%。国防科技大学采用氯化 CVD 在石墨、碳/碳复合材料异形基体上沉积铼涂层，通过调控沉积温度、前驱体浓度等工艺参数，实现了异形基体表面铼涂层的均匀沉积。研究发现（002）择优取向的柱状晶 CVD Re 具有比<001>取向的纤维状 ED Re 更好的热稳定性。Zhu 采用现场氯化法在葫芦状的石墨基体上制备了 Re 管，由于沉积条件的改变，柱状晶尺寸、表面粗糙度均发生明显变化，表面形貌以六边形平面为主，出现了（002）的择优取向，降低了材料表面的粗糙度。北京理工大学的 Yang 以 $ReCl_5$ 原料为前驱体，在钼基体上沉积铼材料。发现当沉积温度为 1150～1200 ℃时，沉积过程为反应控制，沉积速率与 $ReCl_5$ 分压 1.5 次方呈正比关系；低于 1100 ℃，$ReCl_5$ 与基体 Mo 发生反应，导致涂层质量下降；当沉积温度超过 1300 ℃时，沉积速率随 $ReCl_5$ 分压的增加而降低，这主要是由于气相中的反应降低了沉积区域 $ReCl_5$ 的浓度。制得的 CVD Re 的表面形貌均呈现出平顶的结构，这与 Ultramet 制得的针状尖锐的凸起结构有明显的不同。

3. 熔盐电沉积

熔盐电沉积（ED）是金属或合金从其化合物水溶液、非水溶液或熔盐中发生电化学沉积的过程。该方法以熔融盐为电沉积介质，用沉积基体作阴极，以欲沉积金属或惰性碳材料作阳极，当电流流过整个电沉积回路时，可在阴极表面获得所需的涂层。难熔金属熔点高，制备成型比较困难。但与其他难熔金属相比，金属铼的某些盐类具有很好的溶解性，这就有可能采用电化学沉积制备铼材料。应用熔盐电化学方法，可以在较低的温度下制得铼涂层。

熔盐的选择直接决定了沉积 Re 材料的性能。使用高铼酸钾与硫酸作为电解液，可在低温下（20～90 ℃）沉积 Re 涂层，但是涂层薄而脆。利用氯化物-氟化物电解液沉积的 Re，硬度高（HV400），塑性差，室温强度为 417～441 MPa。而采用氯化物电解液沉积的 Re 涂层，则硬度较低（HV300），但是室温力学性能较高，抗拉强度可达 710～830 MPa，延伸率为 18.1% ～38.6%，热处理后强度及塑性均有提升。使用氟化物-氯化物混合熔盐和氯化物熔盐电沉积 Re 涂层，沉积厚度均达到 5 mm，沉积速度为 20～80 μm/h，涂层表面光滑。研究表明，电沉积 Re 的沉积速度快，晶粒组织致密。

美国 PPI 公司开发的商用电沉积 Re 方法称为 EL-Form™。该方法可在高温熔盐中沉积难熔金属（熔盐温度达到 1000 ℃），熔盐被惰性气体覆盖，以防止氧化，采用该方法可制备纯度高、具有一定厚度的 Re 材料。美国国家航空航天局（USA，NASA）对 PPI 公司制备的 Re/Ir 小推力喷管（1 N，5 N）进行了地面热试车，喷管喉部温度达 1900 ℃，试车时间为 4.11 h。试车后喷管未发生过度变形和穿孔现象。

熔盐电沉积 Re 速度快，但材料沉积的内应力较高，需要后续热处理才可进一步提高性能，热处理后晶粒长大速度快，高温的热稳定性稍差。另外，熔盐电沉积过程一般在特定的气体保护条件下进行，比水溶液体系中的电沉积过程复杂得多。

4. 真空等离子体溅射

真空等离子体溅射（VPS）技术中等离子体是通过钨电极间的氩气和氢气电离形成，经过电弧的气体被离子化，温度高达 16650 ℃。粉末由热氩气载流进入等离子体熔化并加速到零件表面，速度高达 $2\sim3Ma$。沉积速率可达 9 kg/h，在抽好真空并充入氩气的舱内沉积，防止材料氧化。VPS 将材料沉积到所需形状的芯棒后，需将芯棒移除，属于一种近净喷射成形方法。

美国 PPI 公司于 2000 年前后，将 VPS 技术用于难熔金属（Re、Hf、W、W/Re）和陶瓷（H_fC 和 H_fN）火箭发动机部件的制备。PPI 采用经高效喷嘴改性的 140 kW 等离子喷涂系统制造 Re。通过大量实验进行了过程参数优化：如一次电弧气体、二次电弧气体、电压、电流、载粉气体、停机、预热温度等，以产生致密、均匀的 Re 沉积。采用该方法制备的 Re 需要经过多道次热处理改善材料的显微组织。热处理工艺包括：烧结或烧结后再 HIP，最终成品密度达到理论密度的 85%～98.7%。该技术的主要问题是粉末形貌呈枝晶状，流动性较差，通过改进粉末的球形度可以有效提高致密度。VPS Re 可形成微细等轴晶，经过烧结处理后晶粒尺寸为 5 μm，热等静压烧结后晶粒尺寸为 9 μm。VPS Re 在试车中表现出良好的性能，燃烧时间为 2.26 s，平均压力为 16 MPa，火焰温度约为 2815 ℃，喉部温度约为 2704 ℃，实验后评估没有发现裂纹或腐蚀。

5. 电子束物理气相沉积

电子束物理气相沉积（EB-PVD），使用高能量和聚焦的电子束直接加热和蒸发真空室内材料，形成蒸气羽流，并发射至沉积基体表面，待生产的工件被放置在蒸气羽流区域中并移动，以便蒸发的材料在工件上凝结。该方法沉积速度快，属于快速成型技术的一种。据估计，EB-PVD 制造的 Re 组件成本将比目前的 CVD 和 PM、HIP 技术低 50%。EB-PVD 可形成更细的晶粒微结构，与 CVD 相比，不需要通过多次沉积来消除柱状微观结构；与粉末冶金工艺和热等静压工艺相比，不需要进行表面加工。

EB-PVD 制备 Re 工件的关键在于实现厚度均匀的沉积，目前已经可以通过控制自动化旋转方向、辅助复杂夹具来实现工件的均匀沉积；此外为了实现大批量、可重复性的生产，研发人员通过模拟自由固体表面和液体蒸发的方法，开发计算模型，建立了用于预测熔池动力学的有限元和降阶模型，以及研究了其他热力学和工艺动力学，以便更好地使用 EB-PVD 技术实现生产。Prabhu 采用有限元方法建模，使用射线铸造算法，根据工件在蒸气羽流中的位置计算每个单元上每层的累积厚度，与现有实践相比，其提出的算法在层均匀性和制造成本节约方面显著改进，特别适用于诸如航空航天应用的小批量零件生产。张英明使用 EB-PVD 方法制备了 Re 管，Re 涂层的沉积厚度、沉积速率及质量与靶材距离基体的位置、电子束/等离子体能量及沉积室真空度有关。

1.4.4 铼的组织结构

1. 晶粒组织

铼的晶粒形态和结晶取向强烈依赖于其制备方法。不同制备方法形成的组织结构各有特点，如图 1-3 所示。粉末冶金法制备的铼，包括烧结或热等静压法制备的 Re 材料均呈等轴晶粒；而 EB-PVD Re 则为极细小的柱状晶粒，晶粒尺寸为 2~3 μm；ED Re 亦呈柱状生长，沉积态晶粒尺寸约为 20 μm，1600 ℃，1 h 热处理后晶粒长大极为迅速，晶粒尺寸增长至 200 μm；氯化法 CVD Re 具有柱状晶结构，并呈垂直于表面定向生长的特征(图 1-4)，CVD Re 沉积态的晶粒尺寸约为 20 μm，1727 ℃，4 h 热处理后增长至 150 μm；采用激光增材制造(LAM)制备的 Re 的晶粒尺寸最大，达到毫米级(图 1-5)。

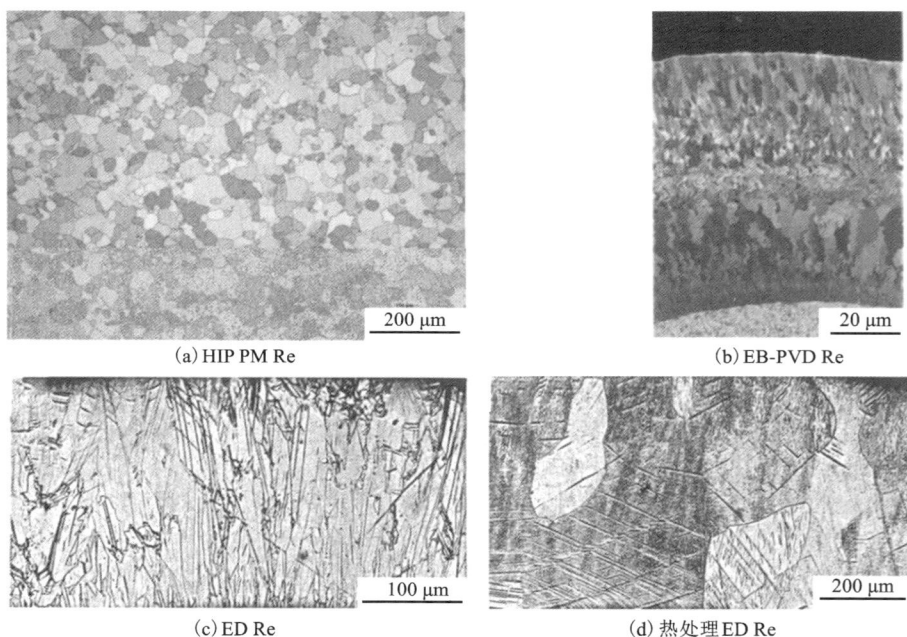

(a) HIP PM Re   200 μm

(b) EB-PVD Re   20 μm

(c) ED Re   100 μm

(d) 热处理 ED Re   200 μm

图 1-3 不同方法制备的 Re 的组织结构

2. 变形机制

针对 Re 材料的变形机制，前人开展了相关研究。Churchman 最早研究了粉

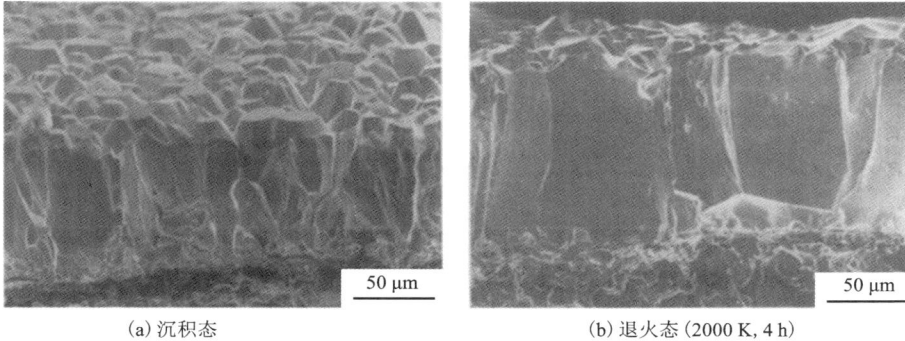

| (a) 沉积态 | (b) 退火态 (2000 K, 4 h) |

图 1-4　氯化法 CVD Re 横截面断口的 SEM 形貌

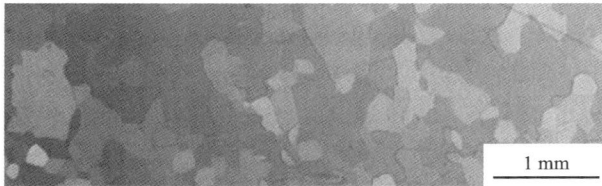

图 1-5　激光增材制造 Re 的金相组织

末冶金 Re 的加工硬化和变形机制，并观察到了变形 Re 材料中出现了位错滑移。与大多数六方密排金属（Mg、Zr 等）类似，Re 具有三组滑移系，位错滑移面主要为（0001）和（$10\bar{1}0$）。Churchman 认为 Re 的高塑性和高加工硬化率与棱柱面（$10\bar{1}0$）的交叉滑移有关，并推测 Re 中的堆垛层错能很低，位错分解增多，容易塞积，进而导致加工硬化。不同取向的晶体、晶粒以不同的速率硬化，这种差异也将导致晶界断裂。随后 Geach 等通过对电子选区熔炼法制备 Re 单晶的加工变形机制的研究证实了 Churchman 发现的滑移系统，然而，他们认为 Re 的高晶格弹性常数是 Re 具有高塑性的原因，而不是滑移系。

除位错滑移以外，研究发现 Re 的塑性变形还与孪晶有关。Jeffery 对室温拉伸后的铼单晶进行了观察，发现在较大剪切变形样品中出现了机械孪晶，而低剪切变形单晶中并没有观察到孪晶，并给出了理论解释。Koeppel 研究了 PM Re 和 CVD Re 在单向压缩和冷轧变形条件下的组织结构和应力-应变行为，两种方法制备的 Re 的屈服强度均随着应变的增加而上升。加工后的 PM Re 出现了强烈的（0002）基面织构，而沉积态 CVD Re 则出现了明显的（0002）和（1011）宏观沉积织构组织。压缩形变 CVD Re 组织中出现了丰富的机械孪晶（图 1-6），而 PM Re 中则没有发现孪晶组织。Kacher、Julian 和 Sabisch 采用 EBSD 和 TEM 分析研究了 PM Re 在单向压缩和拉伸过程中的微结构,发现材料屈服后产生了大量机械孪晶的形成和扩展。孪晶与晶界的交互作用与晶界的错配角度有关:错配角小于 25° 时,孪晶可穿过晶界移动;高错配度晶界是孪晶扩展的强烈障碍。Re 材料的塑性与基面滑移及孪晶共同作用密切相关。

1.4.5 铼的力学性能

20 世纪 90 年代以来,出于研制航天发动机用铼/铱推力器喷管的需要,美国国家航空航天局(NASA)下属的 Lewis 研究中心、TRW 空间技术部及 Ultramet 公司等研发机构对 CVD Re 和 3 种状态的 PM Re 材料的室温、高温力学性能进行了系统的测试及对比分析。3 种状态的粉末冶金铼分别是轧制片材(RS)、热等静压(HIP)和压制烧结(PM)。测试的力学性能主要包括抗拉强度和高温蠕变性能等。

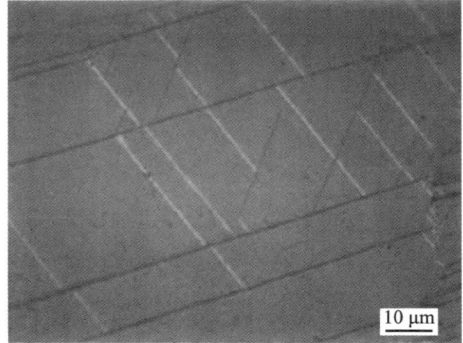

图 1-6 压缩形变 CVD Re 中的孪晶组织

几种不同技术方法制备的 Re 材料的室温和高温抗拉强度实验数据列于表 1-3。比较这些数据可以发现,铼的室温极限抗拉强度分布范围广泛,由 CVD Re 的 663 MPa 到轧制铼片的 943 MPa,铼在 815 ℃ 和 1371 ℃ 时的测试强度数据亦呈现出类似的现象。不同方法制得的铼材料的强度值在该范围内的变化表明,制备工艺和预处理强烈影响铼材料的力学性能。由表 1-3 还可以看出,轧制铼片具有最高的屈服强度和抗拉强度。CVD Re 的屈服强度明显高于 PM Re 及 HIP Re,CVD Re 同时具备较高的强度和塑性,PM Re 的力学性能和延伸率最低。

表 1-3 不同方法制备铼材料的抗拉强度

制备工艺	0.2%屈服强度/MPa			抗拉强度/MPa			室温断裂应变/%
	RT	815 ℃	1371 ℃	RT	815 ℃	1371 ℃	
CVD	307	400	345	688	484	456	21.9
CVD	284	390	267	698	445	290	19.4
CVD	310	358	200	674	430	367	16.7

续表 1-3

制备工艺	0.2%屈服强度/MPa			抗拉强度/MPa			室温断裂应变/%
	RT	815 ℃	1371 ℃	RT	815 ℃	1371 ℃	
CVD	297	317	193	663	440	344	19.0
CVD	403	308	197	722	432	377	17.6
RS	566	533	367	922	611	419	16.4
RS	591	516	370	943	612	443	17.2
HIP	236	254	180	911	562	216	17.2
HIP	232	264	191	916	498	252	18.5
PM	227	207	152	678	462	208	9.8
PM	207	221	145	758	482	202	13.2

　　Mittendorf 从晶粒尺寸、晶向和应变强化的角度对不同方法制备的铼材料的力学性能差异及断裂特征进行了详细的解释,认为 RS Re 和 CVD Re 材料存在不同程度的应变储能和择优取向,因而具备较高的强度。CVD Re 样品表现出明显的塑性变形,断口表面呈锯齿状,可观察到细长的柱状晶特征,断裂方式以沿晶断裂为主,并出现较多韧窝;PM Re 样品,由室温至 815 ℃亦呈沿晶断裂,815 ℃以上转变为韧窝型断裂。1371 ℃下,RS Re 试样的外表面为沿晶断裂,试样内部为沿晶和穿晶混合断裂;HIP Re 的断口形貌呈现细小均匀颗粒状结构,表明 HIP Re 不像其他 PM 材料发生沿晶断裂,而是发生穿晶断裂。

　　蠕变是高温材料主要的变形方式,蠕变性能对材料高温工作的高温稳定性及使用寿命具有重要影响。表 1-4 列出了 CVD Re 和 PM Re 的蠕变性能数据。在温度为 1649 ℃、应力为 27.56 MPa 的实验条件下,对 2 个 CVD Re 和 4 个 PM Re 样品进行了蠕变实验,材料均成功经受了 5 h 的蠕变应变,CVD Re 样品未发生蠕变失效。特别应引起高度关注的是高温蠕变应变:在相同的实验温度和时间内,PM Re 材料的平均蠕变应变是 CVD Re 的 9 倍。蠕变应变过大将导致喷管材料的蠕变变形,如喉部尺寸的持续扩大,甚至断裂而失效。

表 1-4　不同方法制备铼材料的蠕变应变

样品编号	测试温度/℃	测试应力/MPa	蠕变应变/%
CVD B-3	1649	27.56	0.22
CVD B-4	1649	27.56	0.24

续表 1-4

样品编号	测试温度/℃	测试应力/MPa	蠕变应变/%
PM-2	1649	27.56	3.60
PM-3	1649	27.56	1.75
PM(Qual)	1649	27.56	1.17
PM-2N	1649	27.56	1.80

注：蠕变时间 18000 s。

1.4.6　铼的发射率

铼作为航天发动机的结构材料，首先需要具备优异的高温力学性能，包括强度和塑性；与此同时，实际使用过程中，推力器喷管是 1800 ℃ 以上的超高温辐射源，在进行航天发动机的热防护设计时还必须考虑发动机材料的热辐射能力。由传热学理论可知，在低温阶段，护热交换以对流传热为主，而在高温阶段（800 ℃以上），则以辐射传热为主。热辐射性能极大地影响了热器件的工作效能及其使用寿命，辐射能力的大小主要取决于材料表面的发射率。因此，Re 材料无论作为高温结构材料还是喷管表面热辐射改性涂层材料，其发射率将是选材的重要依据和进行温度场模拟计算的关键参数。对于航天发动机的喷管，通常需要在喷管的外表面制备高发射率的涂层，发射率越高，表面温度就越低。Re 涂层的发射率与其组织结构和表面形态存在紧密关联。

1. 发射率

任何物质在绝对零度以上均能产生电磁辐射，热辐射指物质发射波长 0.1~100 μm 的辐射热射线在空间传递能量。热辐射传热对近代高速航空和航天工程的发展极其重要，热辐射性质为高速飞行体表面散热提供重要的设计数据和依据。发射率是衡量材料，特别是在高温条件下热辐射性能的重要指标。

任意物体表面辐射能量遵守斯蒂芬-波尔兹曼定律：

$$E = \sigma \varepsilon A T^4 \tag{1-5}$$

式中：ε 为表面发射率；A 为物体外表面面积，当物体形状一定时，A 为常数；σ 是斯蒂芬-玻尔兹曼常数；T 为物体表面温度。由此可以看出，高温物体的热辐射能主要取决于物体表面的温度和表面发射率。而物体的表面发射率又与其表面状态密切相关，如常温下抛光后的铝片，发射率为 0.05，经过 600 ℃ 氧化后，其常温下发射率增加至 0.11。发射率是物体的热物理性质之一，其数值变化仅与物体的种类、性质和表面状态有关，数值越接近 1，表示该物体越接近黑体。

因为热辐射能的载体是电磁波，其波长范围很宽，从 γ 射线、X 射线、紫外线、可见光、红外线直到无线电波。而电磁波中具有热射线性质的只有可见光和红外线。可见光和红外线既有区别又有共通的性质，通常辐射度测量技术称为辐射度学，光度量的测量技术称为光度学。本书主要涉及辐射度学。实验证明，一般工程材料的辐射光谱连续，其辐射强度曲线和在同一温度下绝对黑体的辐射强度曲线相似，这种物质称为灰体，灰体的发射只与温度变化相关。

在热辐射领域，根据辐射波长、辐射方向的不同定义了多种辐射度量名称。应用较多的有法向发射率 ε_n 和半球发射率 ε_h。ε_n 是指辐射射出方向为法线方向时的表面发射率，ε_h 是指积分整个半球空间所得的表面发射率。非金属的发射率在其表面法线方向上具有最大值，半球发射率比法向发射率略低，两者较为接近；金属表面法向的发射率则比较低，一般光亮金属表面的半球发射率比法向发射率高 18%~20%。

根据工作原理的不同，发射率的测量方法可分为卡计法(热学法)、反射率法和辐射计法。卡计法是根据样品本身的辐射能量、样品吸收的投射辐射能量、冷壁面得到的热流量三者之间的关系，测定不同温度下的样品的半球发射率，适用于高发射率样品的测量，但是该方法需要在真空设备中进行，设备构建复杂，测试时间较长。反射率法是通过积分球反射计或激光偏振法测量反射率，结合基尔霍夫定律间接计算发射率。辐射计法的工作原理则是分别探测相同温度下待测样品和人工黑体的热辐射能量，两者之比就是该样品的发射率。如果限定待测样品和人工黑体表面辐射出来的能量只有法向能量被感受元件接收，则可测得样品的法向发射率，这适用于低发射率样品的测量，适合 500 ℃以下发射率的测量。

2. 铼涂层发射率

为了降低 Re/Ir 喷管的外表面温度，通常在外表面涂覆高发射率的 Re 涂层。高发射率涂层材料具有增加热辐射、强化散热的功能。美国 Ultramet 公司为了提高钨、铌及钼等热辐射器表面的辐射性能，采用 CVD 技术制备了尖锐的针状黑铼涂层，大幅度提高了辐射器的辐射效率，如图 1-7 所示。值得注意的是，报道中虽未提及具体的工艺参数及细节，但是明确了该工艺可稳定重现枝晶表面的生长。近期，Wang 等采用 NaCl-KCl-CsCl-K$_2$ReCl$_6$ 熔盐电沉积方法制备了黑铼涂层，表面形成了<110>择优取向，Re 镀层由细小的等轴晶区和螺旋柱状晶区组成(图 1-8)。涂层的表面室温法向发射率为 0.73，其表面形貌与 Ultrame 的针尖状形貌存在明显的区别。

目前，人们对于物质表面状态对辐射影响的看法尚不统一。有些学者认为，热辐射只与物质的表面状态有关；也有学者认为，不但物体表面状态影响了辐射性能，而且表面以下几层分子的组成也影响着该物体的热辐射性能。CVD Re 具有特殊表面形貌，其发射率可达 0.8(1100 ℃)，远远超过 Re 材料的发射率 0.245(1137 ℃)，这一现象应特别值得关注。通常来说，材料的热辐射性主要取决于物

图 1-7　不同沉积条件制备的 CVD Re 枝晶状表面

图 1-8　石墨基体上电沉积黑铼

质的种类、材料表面温度及表面状态，而 CVD Re 与 PM Re 属于同种物质，在相同温度下发射率却存在如此大的差异。二者除表面状态有显著不同外，CVD Re 材料可能还存在特殊的组织结构从而导致其热辐射性能的变化。

第 2 章　化学气相沉积铌

2.1　CVD 铌沉积热力学

1955 年 Margraver 提出了物质吉布斯自由能函数法的概念，物质吉布斯自由能函数法是当今国际通用的热力学简化计算方法之一。对于一个特定的 CVD 反应体系，其反应过程、发生的趋势大小均依赖于该过程的化学反应热力学性质。就现场氯化 CVD 制备铌材料而言，具体的热力学过程包括铌的氯化和氯化物分解 2 个反应过程，热力学计算主要涉及氯化区和沉积区各化学反应标准吉布斯自由能的变化和相关平衡常数的理论计算。

2.1.1　氯化区热力学计算

在指定的氯化温度范围内，Nb 和 Cl_2 经过平行反应生成多种氯化物，可以通过比较各种氯化物在不同温度下的标准反应吉布斯自由能来确定各种氯化物的相对稳定性，从而确定 Nb 的氯化产物中最可能的主要成分。

图 2-1 为铌氯化形成的氯化物的标准反应吉布斯自由能与温度的关系。可以看出，Nb 与 Cl_2 通过竞争反应生成多种价态的氯化物。在室温到 1700 K 的温度范围内，$NbCl_5(g)$ 具有最低的标准反应吉布斯自由能，其次是 $NbCl_4(g)$、$NbCl_3(g)$ 和 $NbCl_2(g)$，这表明在此温度范围内 Nb 的高价氯化物比低价氯化物热稳定性高。但随着温度的升高，Nb 的氯化物的热稳定性均降低，且 $NbCl_5(g)$ 和 $NbCl_3(g)$ 降低的速率比 $NbCl_4(g)$ 和 $NbCl_2(g)$ 快。从热力学角度分析，在有足量 Cl_2 存在的情况下，主反应为 $NbCl_5(g)$ 的生成反应。热力学分析还表明，Nb 的高价氯化物不可能分解为低价氯化物，相反，随着温度升高，低价氯化物还可能与 Cl_2 反应生成高价氯化物，$NbCl_3(g)$ 在 1040 K（767 ℃）以上通过歧化反应生成 $NbCl_4(g)$ 和 $NbCl_2(g)$。在较低的氯化反应温度下，$NbCl_5(g)$ 是最稳定的化合物，因此，在进行铌材料的现场氯化 CVD 制备时，选择 Nb 的氯化温度为 573 K（300 ℃）是合适的，氯化产物以 $NbCl_5(g)$ 为主。

1—Nb(s)+Cl₂(g)⟶NbCl₂(g)；2—2Nb(s)+3Cl₂(g)⟶2NbCl₃(g)；
3—Nb(s)+2Cl₂(g)⟶NbCl₄(g)；4—2Nb(s)+5Cl₂(g)⟶2NbCl₅(g)。

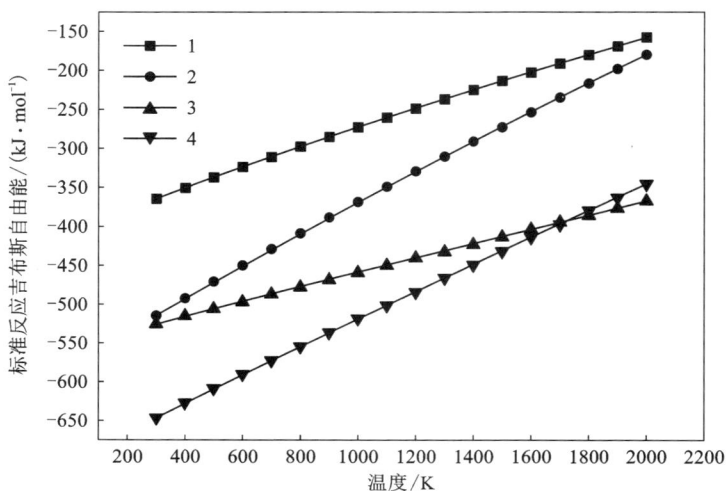

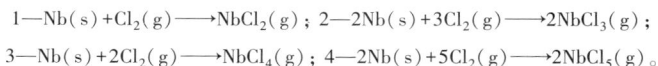

图 2-1　铌氯化形成的氯化物的标准反应吉布斯自由能与温度的关系

2.1.2　沉积区热力学计算

　　从氯化区输运到沉积区的主要气态产物是 NbCl₅(g)，虽然 NbCl₅(g) 在高温下并不分解，但 NbCl₅(g) 的氢还原过程可能会生成低价氯化铌，如图 2-2 所示。为了简化起见，从最终产物 Nb(s) 来看，不管中间反应过程如何，热力学所决定的终态并不受中间过程的影响，因此仅考虑 NbCl₅(g) 的氢还原过程。由图 2-2 可以看出，NbCl₅(g) 在 1080 K(807 ℃)左右氢还原过程的标准反应吉布斯自由能开始转变为负值，即在此温度以上存在着 NbCl₅(g) 还原为 Nb(s) 的热力学驱动力。因此，CVD 制备 Nb 材料的沉积温度需在 807 ℃以上，从文献报道的实际实验结果来看，综合考虑沉积速率和材料性能等因素，Nb 的沉积温度选择在 1100~1250 ℃是合适的。

2.1.3　氯化实验分析

　　试验选取 Nb 的氯化温度为 300 ℃，对 Nb 的氯化反应热力学计算结果进行验证。根据前述对氯化反应的热力学分析发现，在 300 ℃温度下，Nb 与 Cl₂ 反应可能生成多种价态的氯化物，但 NbCl₅(g) 的标准反应吉布斯自由能最低，应为最稳定的化合物。氯化实验结果显示，氯化产物冷凝后颜色为黄色。不同价态 Nb 的

1—2NbCl$_5$(g)+H$_2$(g)⟶2NbCl$_4$(g)+2HCl(g)；2—NbCl$_5$(g)+H$_2$(g)⟶NbCl$_3$(g)+2HCl(g)；
3—2NbCl$_5$(g)+3H$_2$(g)⟶2NbCl$_2$(g)+6HCl(g)；4—2NbCl$_5$(g)+5H$_2$(g)⟶2Nb(s)+10HCl(g)。

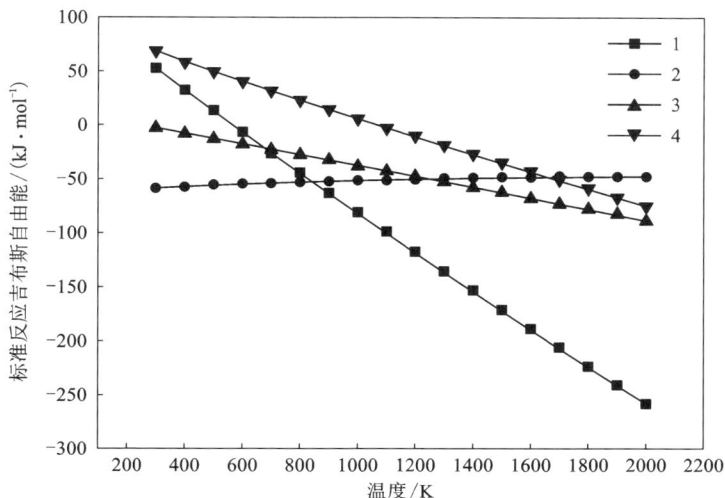

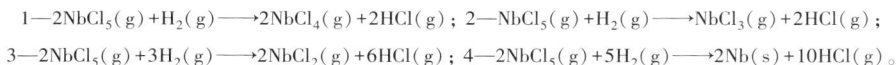

图 2-2　NbCl$_5$(g)氢还原反应的标准反应吉布斯自由能与温度的关系

氯化物颜色均不相同，其中只有 NbCl$_5$ 的颜色为黄色，表明 Nb 在此温度下的实际氯化物主要成分为 NbCl$_5$(g)，与热力学分析结果一致。图 2-3 为 Nb 的氯化速率与通入氯气流量的关系曲线，发现在 100~250 mL/min 的流量范围内，随着 Cl$_2$ 流量的增加，Nb 的氯化速率基本呈线性增加。说明 Nb 的氯化反应比较充分，氯化速率主要受质量转移过程控制。

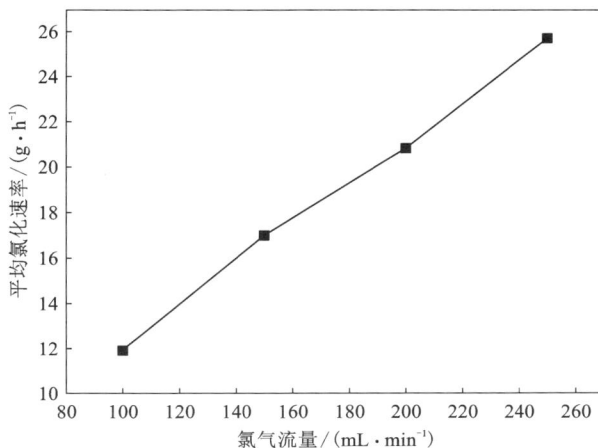

图 2-3　Nb 的氯化速率与氯气流量的关系

2.2　CVD铌沉积动力学

　　热力学计算仅能预测反应发生的可能性，但并不确保该反应实际一定发生。即使一些热力学上可进行的过程，由于反应速度极慢等动力学因素的限制，一般认为其是无法发生的。因此，还需对沉积动力学进行实验研究。研究沉积过程的动力学，通过实验研究沉积层的生长速率、材料组织与沉积参数之间的关系，确定沉积过程速率的控制机制，有助于进一步调整实验条件。与此同时，可根据获得的动力学实验规律，从原子和分子尺度层面推断材料沉积的表面过程，进而对沉积过程机理有更深刻的认识，作为进一步改善工艺条件的依据。

　　依据前述对CVD Nb热力学计算的分析结果，设定沉积温度范围为1100~1300 ℃，氯化温度范围为250~400 ℃，氯气流量范围为100~300 mL/min，氢气流量范围为100~600 mL/min，沉积时间为3 h。以Mo为沉积基体，Nb的沉积均采用现场氯化法制备$NbCl_5$，当气态$NbCl_5$输运到沉积室并到达已被加热至高温的基体表面时，$NbCl_5$与H_2发生还原反应，金属Nb沉积在Mo基体上。

2.2.1　沉积温度和氯化温度的影响

　　沉积温度是影响化学反应速率的重要因素之一。为了验证实验结果的合理性，一般采用以下Arrhenius公式来表述沉积速率v(g/h)与沉积温度T(K)的关系：

$$v = k_0 \exp(-E/RT) \tag{2-1}$$

式中：k_0为指数因子；E为激活能；R为分子气体常数[8.314 J/(mol·K)]。将式(2-1)两边取对数，可以得到式(2-2)：

$$\ln r = C - E/RT \tag{2-2}$$

式中：C为对应常数$\ln k_0$。在单对数坐标系中，沉积速率的对数$\ln r$与沉积温度的倒数$1/T$应为直线关系，直线的斜率为E/R，由此可通过计算得到激活能E。

　　图2-4(a)为CVD Nb的沉积速率的对数与沉积温度的倒数之间的关系。可以发现，在1100~1300 ℃温度范围内，随着沉积温度的提高，Nb的沉积速率相应增加。直线在1474 K(1201 ℃)处发生转折，在1100~1200 ℃和1200~1300 ℃的沉积温度段，沉积速率的对数与沉积温度的倒数之间均符合Arrhenius公式。通过直线的斜率分别计算得到高温段(1200~1300 ℃)和低温段(1100~1200 ℃)的沉积激活能分别为0.85 kJ/mol和7.2 kJ/mol，指数因子k_0分别为9.95和13.78，通过计算，可以得到CVD Nb的生长动力学方程如下：

　　高温段(1200~1300 ℃)

$$v_1 = 9.95 \exp(-102.24/T) \tag{2-3}$$

低温段(1100~1200 ℃):

$$v_2 = 13.78\exp(-866.01/T) \qquad (2-4)$$

从热力学分析,较低的激活能表明沉积反应相对容易发生。当沉积温度较高时,沉积速率快,获得的晶粒组织相对粗大。基于动力学观点,通常认为高温下较低的激活能意味着沉积速率控制为质量转移控制步骤,而低温下较高的激活能表明沉积速率控制为化学反应步骤。对 CVD Nb 而言,当沉积温度在1100~1200 ℃范围内,沉积速率由化学反应步骤控制,即由 Mo 基体表面 $NbCl_5$ 气体的吸附和扩散速率决定。随着沉积温度的上升,吸附速率和扩散速率均增加,从而导致 Nb 沉积速率的增加;而当沉积温度由1200 ℃进一步上升至1300 ℃时,CVD Nb 的速率控制转化为质量转移控制步骤,即由 $NbCl_5$ 的饱和度控制。在氯气流量和氢气流量保持不变的情况下,$NbCl_5$ 的饱和度随着沉积温度的上升而下降,导致较低的沉积速率。从图2-4(a)可以看出,当沉积温度由1100 ℃上升至1200 ℃时,Nb 的沉积速率的对数 ln v 增加较快;而当沉积温度进一步升至1300 ℃时,ln v 仍然增加,但增加的幅度减小。

图2-4(b)为 CVD Nb 的沉积速率与 Nb 的氯化温度的关系曲线。可以看出,在实验确定的温度范围内,氯化加热温度对 Nb 的沉积速率影响不大。Nb 的沉积速率主要受沉积温度的影响,沉积温度越高,沉积速率越快,CVD Nb 的晶粒就越粗大;反之,沉积温度越低,晶粒组织相对较细小,但沉积速率较低。综合考虑沉积材料的质量和沉积速率等因素,在制备 CVD Nb 材料时,确定沉积温度为1200 ℃是合适的。

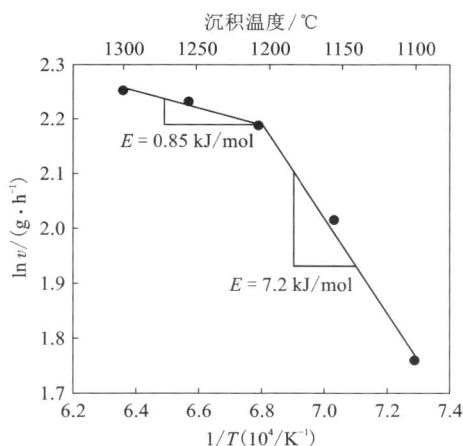

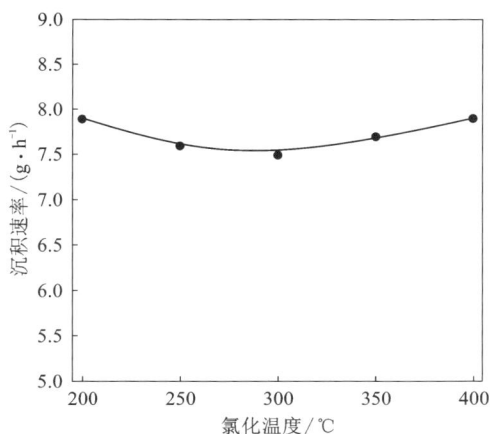

(a) $T_c = 350$ ℃, $Q_{Cl_2} = 200$ mL/min, $Q_{H_2} = 400$ mL/min (b) $T_d = 1200$ ℃, $Q_{Cl_2} = 200$ mL/min, $Q_{H_2} = 400$ mL/min

图2-4 CVD Nb 的沉积速率对数与沉积温度倒数的关系(a)和沉积速率与氯化温度的关系(b)

2.2.2 氯气流量和氢气流量的影响

氯气流量对 Nb 沉积速率的影响如图 2-5(a)所示。可以发现，CVD Nb 的沉积速率随着氯气流量的增加而增大。当氯气流量增加至 200 mL/min 后，CVD Nb 的沉积速率增加的幅度减小。Nb 的沉积主要按照本书第 1 章的反应式(1-1)和式(1-2)进行，增加氯气流量，促进反应式(1-1)向生成 $NbCl_5$ 的方向进行，$NbCl_5$ 浓度的增加，将使 Nb 沉积速率增加。实际上，在 Nb 的沉积过程中，还可能发生已沉积 Nb 再次被氯化以及反应副产物 HCl 腐蚀两个反应过程：

$$2Nb(沉积) + xCl_2(g) \longrightarrow 2NbCl_x(g) \qquad (2-5)$$

$$2Nb(s) + 2xHCl(g) \longrightarrow 2NbCl_x(g) + xH_2(g) \qquad (2-6)$$

进一步增加氯气流量，将促使以上两个反应发生，从而使 Nb 的沉积量减少。由于沉积过程中氢气流量保持不变，$NbCl_5$ 与 H_2 的还原反应也保持恒定，综合反应结果将导致 Nb 沉积速率的上升幅度降低。

图 2-5(b)显示，氢气流量对 CVD Nb 的沉积速率具有重要影响。氢气流量增加，CVD Nb 的沉积速率上升非常明显。Nb 的沉积速率由吸附速率与腐蚀速率共同决定。根据式(1-2)，当氢气流量低于 400 mL/min 时，随着氢气流量的增加，将促使反应式(1-2)向生成 Nb 的方向进行，提高 Nb 的沉积速率。然而，当氢气流量增加至 400 mL/min 后，沉积速率上升较慢。与此同时，对已沉积 Nb 层的氯化反应以及 Nb 与 HCl 的反应起到抑制作用。在保持氯气流量不变的情况下，进一步增加氢气流量意味着 $NbCl_5$ 气体饱和度的降低，使两个腐蚀反应更易发生，从而降低 Nb 沉积速率的上升幅度。分析图 2-5，可以得到沉积 Nb 的优化氯气流量为 200 mL/min，氢气流量为 400 mL/min。

CVD Nb 动力学过程中，既有沉积温度与沉积速率之间的动力学过程控制，又有沉积速率与氯气流量之间的质量转移控制，因此，整个 CVD 过程是由混合机制所控制。如前文所述，Nb 的化学气相沉积过程本质上是一种气-固界面的多相反应，包含多种价态的 Nb 在驱动力的作用下在基体表面吸附、分解和沉积，主要包括这几个过程：气态 $NbCl_5$、Cl_2 和 H_2 通过扩散和流动(黏滞流动)穿过基体表面的气体边界层；吸附在基体表面的活性位置上；$NbCl_5$ 和 H_2 进行化学反应；未反应的 $NbCl_5$、H_2、Cl_2 和 HCl 等副产物从基体表面解吸并穿过气体边界层排出系统。反应物扩散进入边界层、副产物解吸到排出系统是质量转移控制过程。反应物的吸附、反应及表面迁移并入晶格是动力学控制过程。各过程对沉积速率的影响是不一样的，另外动力学过程还会对化学气相沉积的显微组织带来影响，进而影响其力学性能。

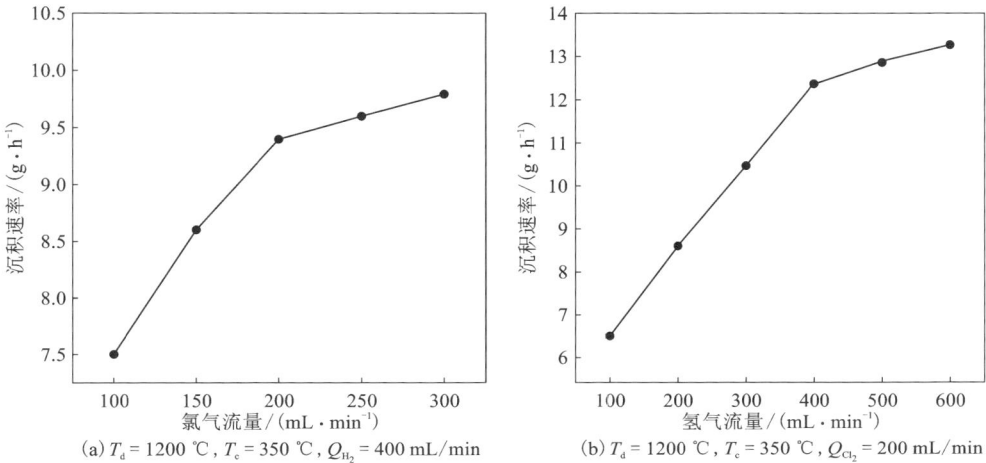

(a) $T_d = 1200\ ℃$，$T_c = 350\ ℃$，$Q_{H_2} = 400\ mL/min$　　　(b) $T_d = 1200\ ℃$，$T_c = 350\ ℃$，$Q_{Cl_2} = 200\ mL/min$

图 2-5　氯气流量对 CVD Nb 沉积速率的影响(a)和氢气流量对 CVD Nb 沉积速率的影响(b)

2.3　CVD 铌的组织结构与性能

　　化学气相沉积过程中，影响沉积层的化学组成、晶体结构和物理化学性能的因素主要是沉积温度和反应气体流量。本节主要研究分析沉积温度、氯气流量、氢气流量及氯化温度等参数对 CVD Nb 的组织结构及物理力学性能的影响。

2.3.1　金相组织

1.沉积温度的影响

　　沉积工艺参数：氯化温度 $T_c = 350\ ℃$，氯气流量 $Q_{Cl_2} = 200\ mL/min$，氢气流量 $Q_{H_2} = 600\ mL/min$，沉积温度 T_d 分别为 1100 ℃ 和 1200 ℃。图 2-6 为不同沉积温度下 CVD Nb 沿生长方向的金相组织。可以发现，在不同沉积温度下，CVD Nb 均形成了沿沉积方向的柱状晶组织。当基体温度较低时，Nb 的形核率较高，生长速率较小，晶粒较细；随着基体温度的升高，形核率降低，生长速率加快，Nb 的晶粒逐渐变得粗大；CVD Nb 出现了明显的择优取向的沿生长方向的柱状晶组织。由于 $NbCl_5$ 的热分解反应是吸热反应，随着沉积温度的升高，分解反应速率加快，反应物在基体表面的原子扩散、吸附、解吸过程加快，使得 Nb 的生成量加大。同时随着沉积温度的升高，基体向附近区域的热辐射增加，当热辐射增加到一定程度时，反应气体在基体表面进行吸附过程之前发生反应，生成固态产物 Nb。当部分 Nb 晶粒沉积到基体表面时，Nb 晶粒发生成核及生长过程，使得沉积层的晶粒较大。沉积温度越高，Nb 的沉积速率越快，晶粒越大。

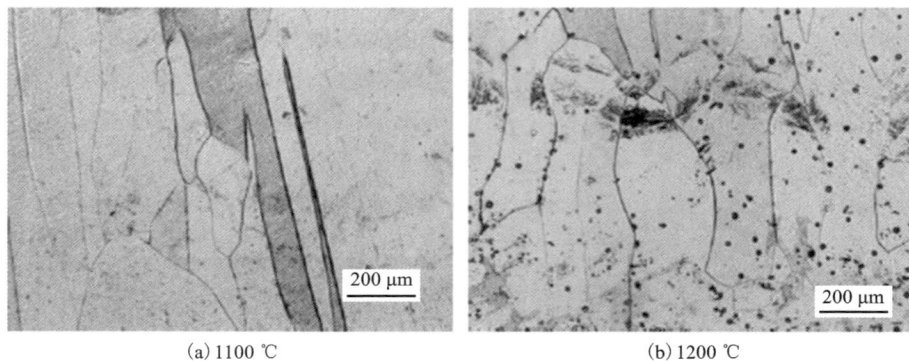

<table>
<tr><td>(a) 1100 ℃</td><td>(b) 1200 ℃</td></tr>
</table>

图 2-6　不同沉积温度下 CVD Nb 的金相组织

2. 氢气流量的影响

沉积工艺参数：沉积温度 T_d = 1200 ℃，氯化温度 T_c = 350 ℃，氯气流量 Q_{Cl_2} = 200 mL/min，氢气流量 Q_{H_2} 分别为 100 mL/min 和 300 mL/min。图 2-7 为不同氢气流量条件下 CVD Nb 的金相组织。可以看到，CVD Nb 同样形成了具有择优取向的沿生长方向的柱状晶组织。气体流量较小时，Nb 的晶粒较为细小；随着气体流量的增加，Nb 的晶粒逐渐变得粗大。根据反应式（1-2），氢气流量的增加，将促使反应向生成 Nb 的方向进行，基体表面 Nb 的成核及生长过程加快，CVD Nb 更容易形核和长大。

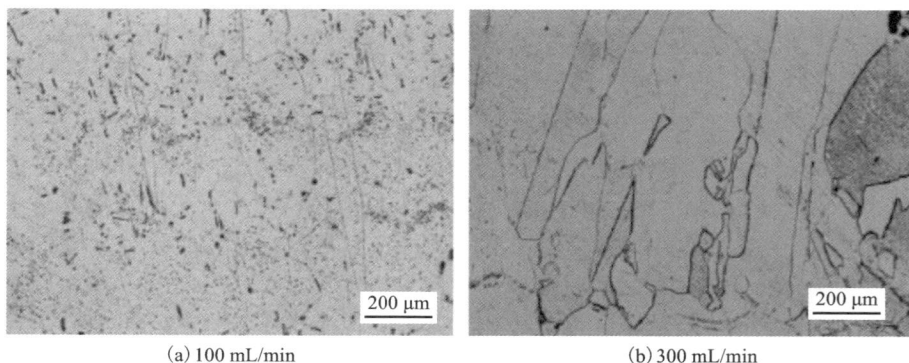

<table>
<tr><td>(a) 100 mL/min</td><td>(b) 300 mL/min</td></tr>
</table>

图 2-7　不同氢气流量下 CVD Nb 的金相组织

3. 氯气流量的影响

沉积工艺参数：沉积温度 $T_d = 1200\ ℃$，氯化温度 $T_c = 350\ ℃$，氢气流量 $Q_{H_2} = 600\ mL/min$，氯气流量 Q_{Cl_2} 分别为 150 mL/min 和 200 mL/min。图 2-8 为不同氯气流量下 CVD Nb 的金相组织。CVD Nb 的晶粒尺寸随着氯气流量的上升而增加，主要是由于 Cl_2 具有很强的氧化活性，金属 Nb 与 Cl_2 反应速率快，形成大量 $NbCl_5$ 气体，并被热的基体快速吸附，加快了 Nb 的成核及生长过程。

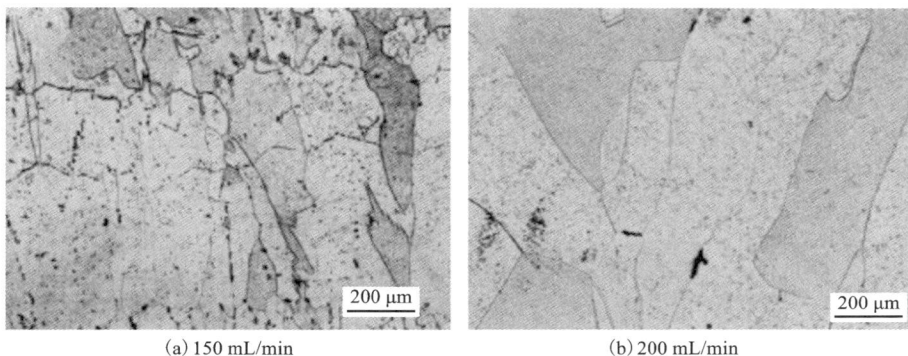

(a) 150 mL/min　　　　　　　　　　(b) 200 mL/min

图 2-8　不同氯气流量下 CVD Nb 的金相组织

4. 氯化温度的影响

沉积工艺参数：沉积温度 $T_d = 1200\ ℃$，氯气流量 $Q_{Cl_2} = 200\ mL/min$，氢气流量 $Q_{H_2} = 600\ mL/min$，氯化温度 T_c 分别为 250 ℃ 和 400 ℃。图 2-9 显示，氯化温度对 CVD Nb 的晶粒尺寸影响不大，在 2 个不同的氯化温度下，晶粒尺寸均约为 200 μm。在 250~400 ℃ 的氯化温度范围内，沉积过程中 Nb 与 Cl_2 反应能够产生

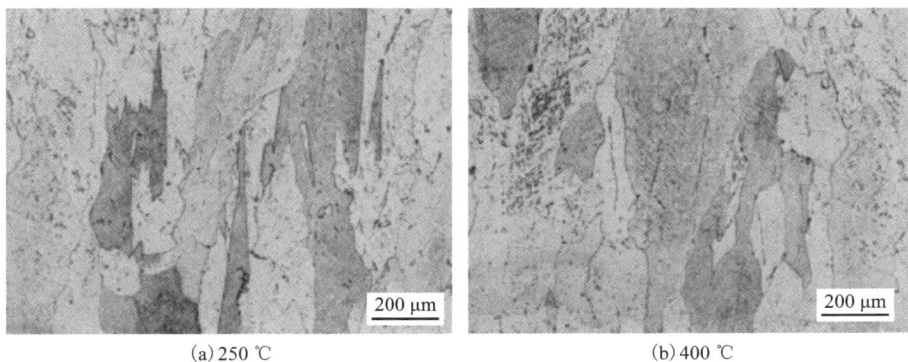

(a) 250 ℃　　　　　　　　　　(b) 400 ℃

图 2-9　不同氯化温度下 CVD Nb 的金相组织

足够的 NbCl$_5$ 气体，Nb 的形核和生长主要受沉积温度的影响，为 NbCl$_5$ 分解反应的动力学控制过程。魏巧玲在研究氯化温度对 CVD Ta 的沉积速率及晶粒组织的影响时，也发现了与 CVD Nb 一致的规律。

2.3.2　微结构特征

图 2-10(a)和(b)分别为 CVD Nb 的 XRD 衍射图谱和晶体结构。可以清晰看到，在钼基体表面沉积制备的 CVD Nb 为纯 Nb 相，无其他相存在。CVD Nb 为体心立方结构。

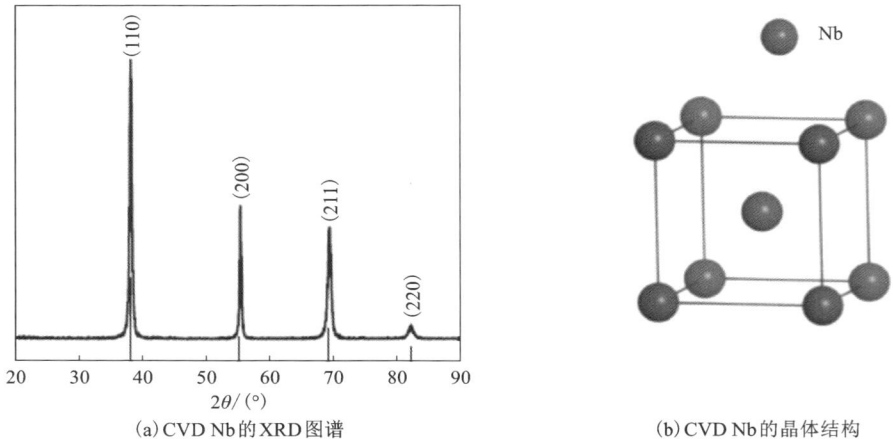

(a) CVD Nb 的 XRD 图谱　　　　　　(b) CVD Nb 的晶体结构

图 2-10　CVD Nb 的 XRD 图(a)和晶体结构(b)

图 2-11 为 CVD Nb 的透射电镜衍射图谱和微观形貌。分析的样品为 CVD Nb

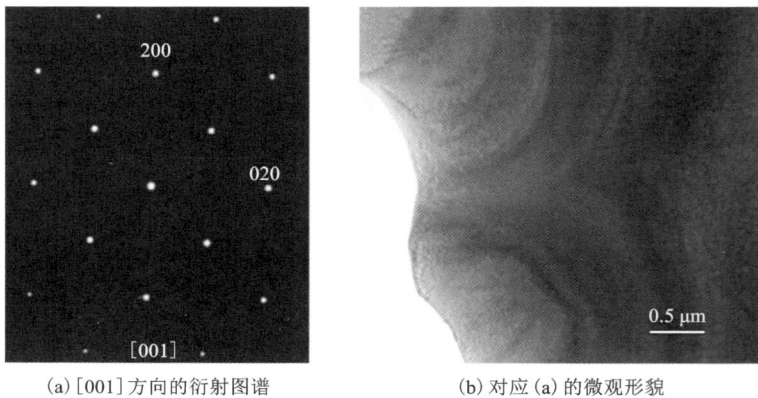

(a) [001] 方向的衍射图谱　　　　　　(b) 对应(a)的微观形貌

图 2-11　CVD Nb 的 TEM 照片

晶体生长方向，并经过 1300 ℃ 下 2 h 的热处理。透射电子显微镜观察时，α 和 β 倾转很小的角度就可以出现 [001] 的正方形衍射谱。经过测量计算，CVD Nb 的晶格常数 $a = 333$ pm，与标准相一致。因此，可以确定 CVD Nb 的生长方向为 (001)。

图 2-12 为 CVD Nb 的 TEM 照片，可以观察到沉积铌的位错线，与常见的加工态材料相比，CVD Nb 中的位错密度较小，呈分散排列，没有明显的方向性，说明化学气相沉积的材料致密度高，缺陷密度较低。

(a) 晶界处位错　　　　　　　　　　　　　(b) 晶内位错

图 2-12　CVD Nb 的 TEM 照片

2.3.3　物理力学性能

1. 沉积参数的影响

按照表 2-1 所设定的沉积工艺参数 (沉积时保持氢气流量 600 mL/min 及沉积室压力 1000 Pa 不变)，采用 CVD 在长方体钼基体上制备了系列 CVD Nb 片状材料。将 CVD Nb 材料与基体分离，并分别切割成物理力学性能测试样品。研究了沉积参数 (沉积温度、氯化温度和氯气流量) 对 CVD Nb 的抗拉强度、延伸率、硬度及密度的影响 (保持氢气流量 600 mL/min 及沉积室压力 1000 Pa 不变)，研究结果列于表 2-2。

表 2-1　CVD Nb 的沉积工艺参数

编号	沉积温度 T_d/℃	氯化温度 T_c/℃	氯气流量 Q_{Cl_2}/(mL·min^{-1})
1#	1100	300	100
2#	1150	300	100

续表 2-1

编号	沉积温度 T_d/℃	氯化温度 T_c/℃	氯气流量 Q_{Cl_2}/(mL·min^{-1})
3#	1200	300	100
4#	1150	250	100
5#	1150	350	100
6#	1150	350	50
7#	1150	300	150
8#	1150	300	200

表 2-2 CVD 铌的室温力学及物理性能

工艺参数	T_{sub} = 1100~1200 ℃			T_{sor} = 250~350 ℃			Q_{Cl_2} = 50~200 mL/min			
	1#	2#	3#	4#	2#	5#	6#	2#	7#	8#
σ_b/MPa	295	310	274	290	310	283	336	310	298	262
ε/%	13.3	11.1	8.0	16.3	11.1	4.7	7.0	11.1	13.3	16.8
HV0.2	123	186	213	149	186	155	119	186	182	108
ρ/(g·cm^{-3})	8.61	8.56	8.48	8.55	8.56	8.54	8.42	8.56	8.50	8.53

可以看出，CVD Nb 的室温抗拉强度和延伸率分别为 262~336 MPa 和 4.7%~16.8%，PM Nb 的室温抗拉强度和延伸率分别为 272 MPa 和 13.6%，二者基本相当；维氏硬度为 108~213 HV；密度为 8.42~8.61 g/cm^3，达到 Nb 理论密度的 99%。进一步分析发现，在较高沉积温度或较高氯气流量下制备的 CVD Nb 的室温抗拉强度相对较低，而氯化温度的影响较小。根据上节的研究，提高沉积温度或增加氯气流量，制备的 CVD Nb 具有更粗大的晶粒组织，而氯化温度对 CVD Nb 的晶粒尺寸影响不大。依据多晶材料强度与晶粒尺寸的 Hall-Petch 关系，可以从理论上对上述现象进行解释。

综合考虑 CVD Nb 的组织结构、沉积速率和力学性能等因素，可以确定沉积 Nb 材料的 CVD Nb 沉积优化工艺：沉积温度 1150 ℃，氯化温度 300 ℃，氯气流量 100 mL/min，氢气流量 600 mL/min，沉积室压力 1000 Pa。

2. 热处理的影响

利用优化的 CVD 工艺制备了 Nb 材料，并在 1600 ℃，4 h 条件下进行热处理。力学性能测试结果列于表 2-3。沉积态 CVD Nb 本身具有较好的塑性，但经过 1600 ℃，4 h 热处理后室温抗拉强度明显下降、延伸率迅速降低、维氏硬度升

高，呈现出与一般金属材料不同的变化规律。维氏强度的下降可能主要源于
CVD Nb 高温热处理后晶粒的长大，但材料塑性的降低，还需要从更细微的结构
变化进行研究。

表 2-3　热处理对 CVD Nb 室温力学性能的影响

材料状态	抗拉强度/MPa	延伸率/%	维氏硬度/HV
沉积态	284	17.6	93
1600 ℃，4 h 热处理	166	4.3	260

3. 高温力学性能

在 400~700 ℃的温度范围内对 CVD Nb 材料进行抗拉强度测试，结果列于
表 2-4。可以发现，随着温度的升高，CVD Nb 的抗拉强度呈下降趋势，但保持了
较高的塑性。

表 2-4　CVD Nb 的高温力学性能

温度/℃	400	500	600	700
抗拉强度/MPa	266.7	217.2	174.7	153.7
延伸率/%	44.4	32.1	42.3	52.1

第 3 章　化学气相沉积铼热动力学

化学气相沉积材料的生长速率和质量由沉积过程的物理化学本质和沉积条件决定。热力学分析可以预测化学气相沉积的过程和趋势，动力学决定了上述过程发生的速度以及控制速度的关键步骤。CVD Re 的沉积主要涉及 Re 的氯化和五氯化铼(ReCl$_5$)的分解两个阶段。本章首先对 CVD Re 的氯化和分解反应进行计算，判断 Re 的氯化温度和分解温度；随后通过实验分析沉积温度、氯气流量对 Re 的沉积速度影响，分析研究其控制机制；同时结合分子动力学探讨 CVD Re 沉积的表面过程，指导沉积工艺，实现表面形貌的可控制备。

3.1　CVD 铼化学反应自由能

现场氯化制备 CVD Re 的整个沉积过程包括原料 Re 的氯化和五氯化铼(ReCl$_5$)气体分解两个阶段，相关化学反应详见式(1-3)和式(1-4)。

实际上，上述化学平衡可以利用标准摩尔反应吉布斯自由能确定发生化学反应的氯化温度和分解温度。总而言之，反应的标准摩尔吉布斯自由能大于零，反应向逆向进行；反应的标准摩尔吉布斯自由能小于零，反应向正向进行；反应的标准摩尔吉布斯自由能等于零，反应保持化学平衡状态。为了获得反应式(1-3)和式(1-4)进行的热力学参数，可以分为以下几个步骤进行计算分析。

3.1.1　温度对反应吉布斯自由能的影响

根据 298.15 K 时反应的标准摩尔吉布斯自由能定义：

$$\Delta_r G_m^{\ominus}(298.15\ \text{K}) = \Delta H_m^{\ominus}(298.15\ \text{K}) - 298.15 S_m^{\ominus}(298.15\ \text{K}) \qquad (3-1)$$

在温度为 T 时，有一个恒温恒压反应，反应前后吉布斯自由能变化可以表示为：

$$\Delta G = \Delta G_{产物} - \Delta G_{反应物} \qquad (3-2)$$

对式(3-2)求偏导数可知：

$$\left(\frac{\partial \Delta G}{\partial T}\right)_p = \left(\frac{\partial \Delta G_{产物}}{\partial T}\right)_p - \left(\frac{\partial \Delta G_{反应物}}{\partial T}\right)_p \qquad (3-3)$$

利用热力学对应系数关系式，$\left(\frac{\partial G}{\partial T}\right)_p = -S$，且 $G = H - T\mathrm{d}S$，因此：

$$\left(\frac{\partial \Delta G}{\partial T}\right)_{\mathrm{p}} = -\left(S_{产物} - S_{反应物}\right) = -\Delta S = \frac{\Delta G - \Delta H}{T} \tag{3-4}$$

要求解式(3-4)，可做如下变换：

$$\left(\frac{\partial \Delta G}{\partial T}\right)_{\mathrm{p}} T - \Delta G = -\Delta H \tag{3-5}$$

利用偏导数概念：

$$\left[\frac{v(x)}{u(x)}\right]' = \frac{u(x) \cdot v'(x) - v(x) \cdot u'(x)}{[u(x)]^2} \tag{3-6}$$

于是：

$$\left[\frac{\partial\left(\frac{\Delta G}{T}\right)}{\partial T}\right]_{\mathrm{p}} = \frac{T\left[\frac{\partial \Delta G}{\partial T}\right]_{\mathrm{p}} - \Delta G}{T^2} \tag{3-7}$$

因此，温度对反应吉布斯自由能的影响可以表示为 Gibbs-Helmholtz 方程：

$$\partial\left(\frac{\Delta G}{T}\right)/\partial T = -\Delta H/T^2 \tag{3-8}$$

3.1.2　标准摩尔吉布斯自由能

为了简化计算，可以假设 Cl_2 和 $ReCl_5$ 的混合满足理想气体的道尔顿分压定律，故任意温度下的标准摩尔吉布斯自由能可以表示为：

$$\Delta G_T^{\ominus} = RT\ln K_{\mathrm{p}} \tag{3-9}$$

式中：$\Delta G_T^{\ominus}$ 为标准状态下体系的吉布斯自由能；T 为温度；R 为气体常数；K_{p} 为反应平衡常数。

根据吉布斯自由能的定义：

$$R\ln K_{\mathrm{p}} = -\frac{\Delta H_T^{\ominus}}{T} + \Delta S_T^{\ominus} \tag{3-10}$$

$$R\ln K_{\mathrm{p}} = -\frac{\Delta H_T^{\ominus} - \Delta H_{T_0}^{\ominus}}{T} + \Delta S_T^{\ominus} - \frac{\Delta H_{T_0}^{\ominus}}{T} \tag{3-11}$$

式中：T_0 为参考温度；$\Delta H_T^{\ominus}$ 和 $\Delta H_{T_0}^{\ominus}$ 为标准摩尔反应焓；$\Delta S_T^{\ominus}$ 为温度 T 时的标准摩尔熵。

式(3-11)还有另外一种写法，即

$$-\frac{\Delta H_T^{\ominus} - \Delta H_{T_0}^{\ominus}}{T} + \Delta S_T^{\ominus} = \Delta\left(-\frac{H_T^{\ominus} - H_{T_0}^{\ominus}}{T} + S_T^{\ominus}\right) = \Delta\left(-\frac{G_T^{\ominus} - H_{T_0}^{\ominus}}{T}\right) \tag{3-12}$$

与标准摩尔生成焓类似的，可以定义物质的标准摩尔吉布斯自由能，即

$$\Phi_T = \left(-\frac{G_T^{\ominus} - H_{T_0}^{\ominus}}{T} \right) \tag{3-13}$$

因此，利用盖斯定律可以求解任意化学反应的标准摩尔吉布斯自由能变化。

$$\Delta\Phi_T = \sum n_i (\Phi_{i,T})_{\text{生成物}} - \sum n_i (\Phi_{i,T})_{\text{反应物}} \tag{3-14}$$

3.1.3 理想气体化学平衡

根据式(3-8)反应吉布斯自由能与温度的关系，式(3-14)标准摩尔吉布斯自由能变化，可知：

$$R\ln K_p = \Delta\Phi_T - \frac{\Delta H_{T_0}^{\ominus}}{T} \tag{3-15}$$

也就是说：

$$\Delta G_T^{\ominus} = \Delta H_{T_0}^{\ominus} - T\Delta\Phi_T \tag{3-16}$$

通常的标准摩尔反应焓均是在室温下获得的，因此 $T_0 = 298\ K$

$$\Delta G_T^{\ominus} = \Delta H_{298}^{\ominus} - T\Delta\Phi'_T \tag{3-17}$$

于是，将式(3-14)进一步改写，可以发现：

$$\Delta\Phi'_T = \sum n_i (\Phi'_{i,T})_{\text{生成物}} - \sum n_i (\Phi'_{i,T})_{\text{反应物}} = \frac{\Delta H_T^{\ominus} - \Delta H_{298}^{\ominus}}{T} + \Delta S_T^{\ominus} \tag{3-18}$$

在热力学计算手册中，式(3-18)通常通过插值法计算：

$$\Phi'_T = \Phi'_{T_1} + \frac{\Phi'_{T_2} - \Phi'_{T_1}}{T_2 - T_1}(T - T_1) \tag{3-19}$$

需要注意的是，式(3-19)中 $T_1 < T < T_2$。

3.1.4 化学平衡常数计算

根据上述计算方法，可以获得不同温度下的 Cl_2 的恒压热容、标准摩尔生成焓、标准摩尔熵和标准摩尔吉布斯自由能，相关计算结果如图 3-1 和表 3-1 所示。可以发现，Cl_2 的标准摩尔吉布斯自由能随着温度的升高而降低，表明温度越高，气态的稳定性越高。

(a) Cl₂ 的恒压热容

(b) Cl₂ 的标准摩尔生成焓

(c) Cl₂ 的标准摩尔熵

(d) Cl₂ 的标准摩尔吉布斯自由能

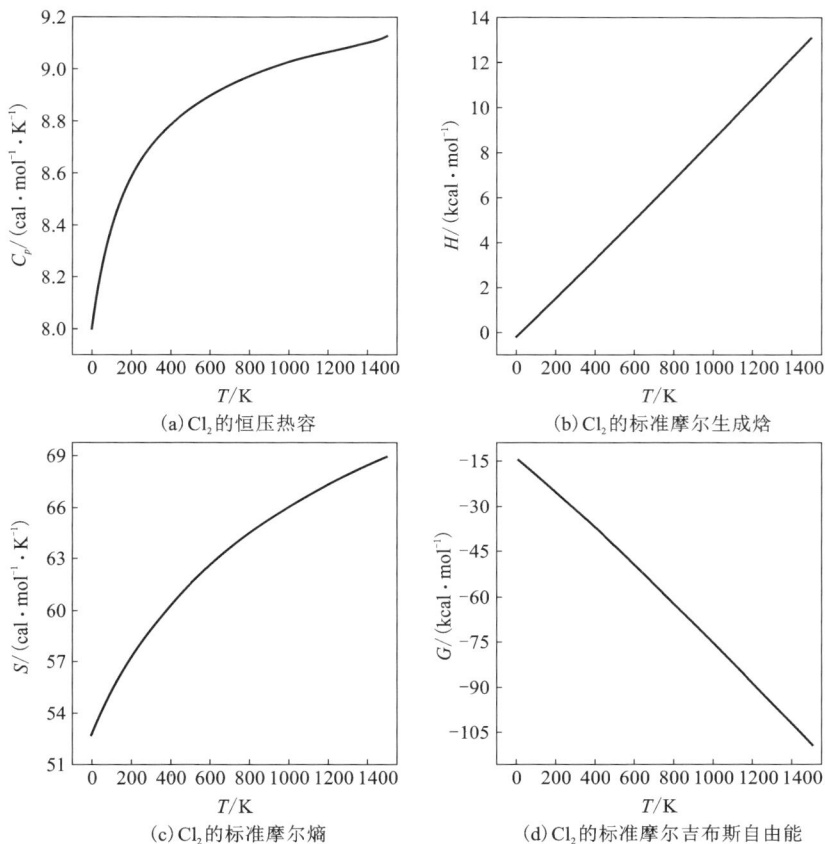

图 3-1 Cl₂ 的恒压热容、标准摩尔生成焓、标准摩尔熵和标准摩尔吉布斯自由能

表 3-1 Cl₂ 的恒压热容、标准摩尔生成焓、标准摩尔熵和标准摩尔吉布斯自由能

T/K	$C_p/(\mathrm{cal \cdot mol^{-1} \cdot K^{-1}})$	$H/(\mathrm{kcal \cdot mol^{-1}})$	$S/(\mathrm{cal \cdot mol^{-1} \cdot K^{-1}})$	$G/(\mathrm{kcal \cdot mol^{-1}})$
0	7.998	−0.201	52.612	−14.572
100	8.385	0.620	55.170	−19.967
200	8.585	1.469	57.186	−25.588
300	8.705	2.334	58.844	−31.392
400	8.787	3.209	60.250	−37.349
500	8.849	4.091	61.472	−43.436
600	8.899	4.978	62.551	−49.638
700	8.939	5.870	63.518	−55.943

* 1 cal = 4.18 J。

续表 3-1

T/K	$C_p/(\mathrm{cal \cdot mol^{-1} \cdot K^{-1}})$	$H/(\mathrm{kcal \cdot mol^{-1}})$	$S/(\mathrm{cal \cdot mol^{-1} \cdot K^{-1}})$	$G/(\mathrm{kcal \cdot mol^{-1}})$
800	8.974	6.766	64.394	-62.339
900	9.003	7.665	65.195	-68.819
1000	9.028	8.566	65.933	-75.376
1100	9.050	9.470	66.616	-82.004
1200	9.068	10.376	67.253	-88.698
1300	9.085	11.284	67.849	-95.453
1400	9.103	12.193	68.410	-102.266

金属 Re 的恒压热容、标准摩尔生成焓、标准摩尔熵和标准摩尔吉布斯自由能相关计算结果如图 3-2 和表 3-2 所示。

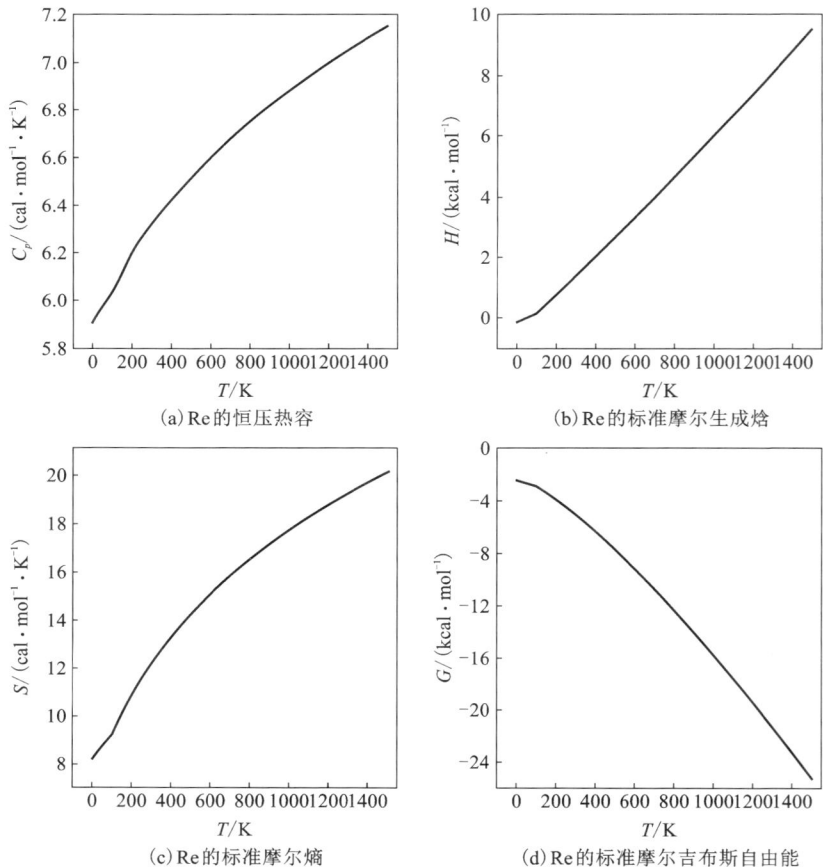

(a) Re的恒压热容

(b) Re的标准摩尔生成焓

(c) Re的标准摩尔熵

(d) Re的标准摩尔吉布斯自由能

图 3-2　Re 的恒压热容、标准摩尔生成焓、标准摩尔熵和标准摩尔吉布斯自由能

表 3-2　Re 的恒压热容、标准摩尔生成焓、标准摩尔熵和标准摩尔吉布斯自由能

T/K	$C_p/(\mathrm{cal \cdot mol^{-1} \cdot K^{-1}})$	$H/(\mathrm{kcal \cdot mol^{-1}})$	$S/(\mathrm{cal \cdot mol^{-1} \cdot K^{-1}})$	$G/(\mathrm{kcal \cdot mol^{-1}})$
0	5.906	−0.149	8.199	−2.388
100	6.125	0.454	10.077	−3.306
200	6.267	1.074	11.549	−4.390
300	6.378	1.707	12.761	−5.607
400	6.474	2.349	13.794	−6.936
500	6.560	3.001	14.697	−8.362
600	6.639	3.661	15.500	−9.873
700	6.714	4.329	16.224	−11.459
800	6.784	5.004	16.884	−13.115
900	6.850	5.685	17.491	−14.834
1000	6.912	6.373	18.054	−16.612
1100	6.971	7.068	18.579	−18.444
1200	7.027	7.768	19.071	−20.326
1300	7.080	8.473	19.534	−22.257
1400	7.129	9.183	19.972	−24.232

而 $ReCl_5$ 的恒压热容、标准摩尔生成焓、标准摩尔熵和标准摩尔吉布斯自由能相关计算结果如图 3-3 和表 3-3 所示。

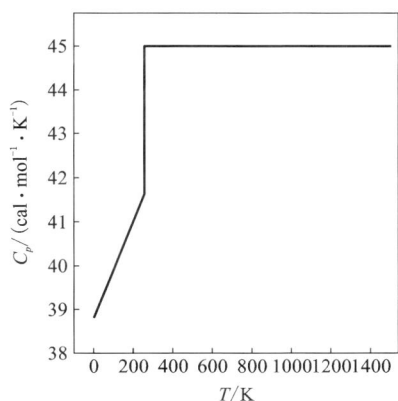

(a) $ReCl_5$ 的恒压热容

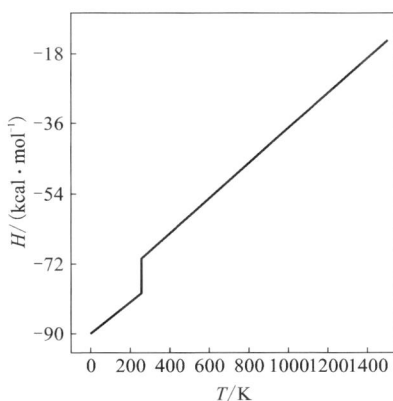

(b) $ReCl_5$ 的标准摩尔生成焓

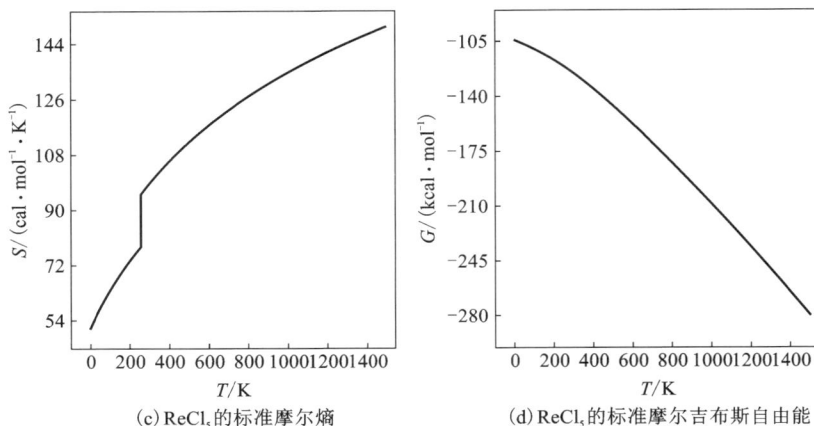

(c) ReCl₅ 的标准摩尔熵

(d) ReCl₅ 的标准摩尔吉布斯自由能

图 3-3 ReCl₅ 的恒压热容、标准摩尔生成焓、标准摩尔熵和标准摩尔吉布斯自由能

表 3-3 ReCl₅ 的恒压热容、标准摩尔生成焓、标准摩尔熵和标准摩尔吉布斯自由能

T/K	$C_p/(\mathrm{cal\cdot mol^{-1}\cdot K^{-1}})$	$H/(\mathrm{kcal\cdot mol^{-1}})$	$S/(\mathrm{cal\cdot mol^{-1}\cdot K^{-1}})$	$G/(\mathrm{kcal\cdot mol^{-1}})$
0	38.805	−89.974	51.590	−104.065
100	39.905	−86.038	63.858	−109.867
200	41.005	−81.993	73.458	−116.749
300	45.000	−68.702	98.668	−125.253
400	45.000	−64.202	105.904	−135.492
500	45.000	−59.702	112.137	−146.401
600	45.000	−55.202	117.611	−157.894
700	45.000	−50.702	122.490	−169.903
800	45.000	−46.202	126.892	−182.376
900	45.000	−41.702	130.901	−195.269
1000	45.000	−37.202	134.582	−208.545
1100	45.000	−32.702	137.985	−222.176
1200	45.000	−28.202	141.148	−236.134
1300	45.000	−23.702	144.104	−250.398
1400	45.000	−19.202	146.877	−264.949

根据图 3-1～图 3-3，反应式 $2Re+5Cl_2(g)\Longrightarrow 2ReCl_5$ 的标准摩尔反应焓、标准摩尔反应熵和标准摩尔反应吉布斯自由能如图 3-4 所示。由图 3-4(c) 可以发现，反应的标准摩尔吉布斯自由能随温度的上升而增大。当温度为 1124 K 时，反应的标准摩尔吉布斯自由能由负转正。也就是说，当温度低于 1124 K 时，发生 Re 的氯化反应。而当温度高于 1124 K 时，则发生 $ReCl_5$ 的分解反应。

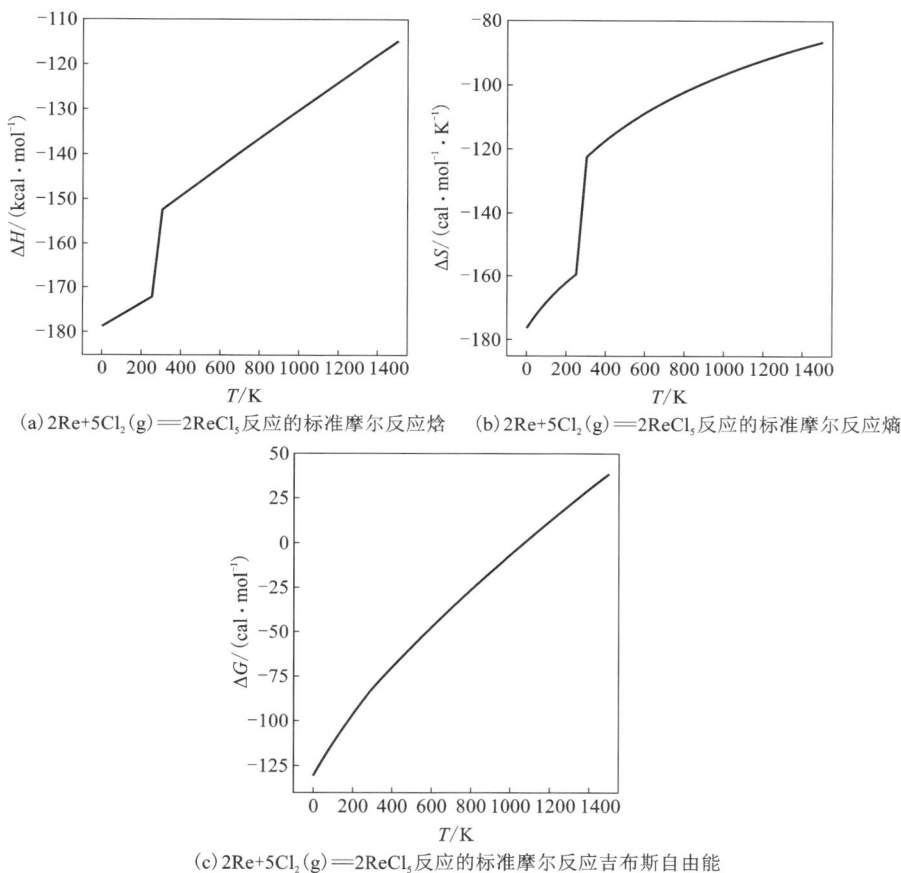

(a) $2Re+5Cl_2(g)\Longrightarrow 2ReCl_5$ 反应的标准摩尔反应焓　　(b) $2Re+5Cl_2(g)\Longrightarrow 2ReCl_5$ 反应的标准摩尔反应熵

(c) $2Re+5Cl_2(g)\Longrightarrow 2ReCl_5$ 反应的标准摩尔反应吉布斯自由能

图 3-4　$2Re+5Cl_2(g)\Longrightarrow 2ReCl_5$ 反应的标准摩尔反应焓、标准摩尔反应熵和标准摩尔反应吉布斯自由能

不同温度下的氯化反应和沉积反应平衡常数计算结果如表 3-4 和表 3-5 所示。这一结果表示 $|T-1124|$ 值越大，反应趋势越显著。当 $|T-1124|$ 值越大，温度越低($T<1124$ K 时)，$2Re+5Cl_2 \longrightarrow 2ReCl_5$ 化学反应趋势越明显；温度越高($T>1124$ K)，$2ReCl_5 \longrightarrow 2Re+5Cl_2$ 化学反应趋势越明显；从动力学角度来看，温度

越高，该化学反应越剧烈，但温度越高对设备的要求也越高。

根据热力学计算结果可以得到以下基本判断：CVD Re 的沉积反应发生临界温度为 851 ℃（1124 K），氯化温度宜低于 851 ℃，而沉积温度则需高于 851 ℃。

表 3-4   氯化反应平衡常数

T/K	$\Delta H_{298}^{\ominus}/J$	$\Delta H_T^{\ominus}/J$	平衡常数
673		−239803	16895399.8
773		−237783	71901.7
873	−468608	−234696	1103.8
973		−230515	41.8
1073		−225235	3.1

表 3-5   沉积反应平衡常数

T/K	$\Delta H_{298}^{\ominus}/J$	$\Delta H_T^{\ominus}/J$	平衡常数
1173		−218842	2.7
1273		−211336	15.2
1373		−202708	63.0
1473		−192960	203.9
1573	−468608	−182085	538.9
1673		−170084	1204.3
1773		−156956	2336.5
1873		−140073	4017.9
1973		−126341	7434.1
2073		−110796	8855.2

3.2   CVD 铼沉积动力学

热力学计算仅能预测反应发生的可能性，并不确保该反应一定发生。即使一些热力学上可进行的过程，但由于反应速度极慢等动力学因素的限制，一般认为是无法发生的。因此，Re 的 CVD 沉积反应是否发生，反应速率如何，还需通过实验进行验证，研究其沉积动力学规律。

　　研究沉积过程的动力学，基本目的是通过实验测试，研究沉积层的生长速率、质量与沉积参数之间的关系。掌握其基本规律并确立沉积过程速率的控制机制，有助于进一步调整实验条件。同时，根据实验规律，从原子和分子尺度推断材料沉积的表面过程，进而对过程机理有更深刻的认识，为进一步改善工艺条件提供理论依据。

3.2.1　动力学实验研究

　　主要研究 Re 的沉积速率与沉积温度和氯气流量的关系。沉积实验测试时，采取固定其他各种条件，只改变考察参数的方法。生长速率的测量采用固定生长时间，测定沉积层厚度，求出单位时间增厚速度的方法。上述热力学计算结果表明，851 ℃ 为 CVD Re 沉积反应的临界反应温度，综合前期已开展的工作基础和文献调研分析，实验选择的氯化温度为 700 ℃，沉积温度范围为 1000~1300 ℃，氯气流量范围为 30~200 mL/min。

1. 沉积温度对沉积速率的影响

　　实验固定氯气流量 100 mL/min 和氯化温度 700 ℃。当沉积温度低于 1000 ℃ 时，由于 Re 的沉积速率较低，基体 Mo 会发生明显腐蚀，故选择沉积温度在 1100~1300 ℃ 范围进行 CVD Re 动力学实验。如图 3-5 所示，在确定的实验温度范围内，Re 的沉积符合 Arrhenius 公式表示的动力学规律。随着沉积温度的升高，沉积速率呈指数上升，沉积过程表现为明显的动力学控制特征。沉积基体的柱面（横向）和端面（轴向）呈现相似的动力学特征。在实验温度范围内，柱面的沉积

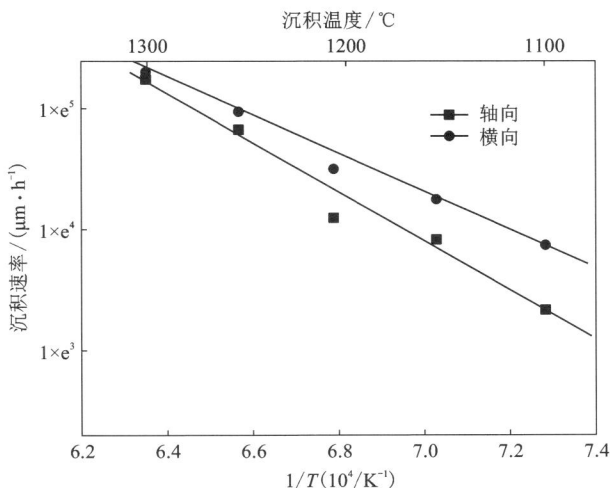

图 3-5　CVD Re 沉积速率与沉积温度的关系

速率大于端面的沉积速率，随着沉积温度的上升，二者沉积速率的差别逐渐减小。1100 ℃沉积 Re 的速率为 28 μm/h，而 1300 ℃时沉积速率可达到 200 μm/h。根据图 3-5 计算得到 Re 的化学气相沉积平均激活能 ΔE。

横向：

$$\Delta E = 5.8 \text{ kJ/mol}(0.06 \text{ eV})$$

轴向：

$$\Delta E = 6.7 \text{ kJ/mol}(0.07 \text{ eV})$$

沉积效率定义为 Re 的沉积量与原料 Re 氯化量的比值，图 3-6 显示了沉积温度对 Re 沉积效率的影响。可以发现，沉积温度上升，Re 的沉积效率随之明显提高，1300 ℃的沉积效率可达到约 85%。沉积温度 1000 ℃时沉积效率偏低，原料浪费较大，由于沉积量少，Mo 基体也有明显被腐蚀的现象。根据外延生长的一般规律，如果温度持续升高，生长速率可能会受沉积气体浓度的限制，进而转入质量转移控制过程。

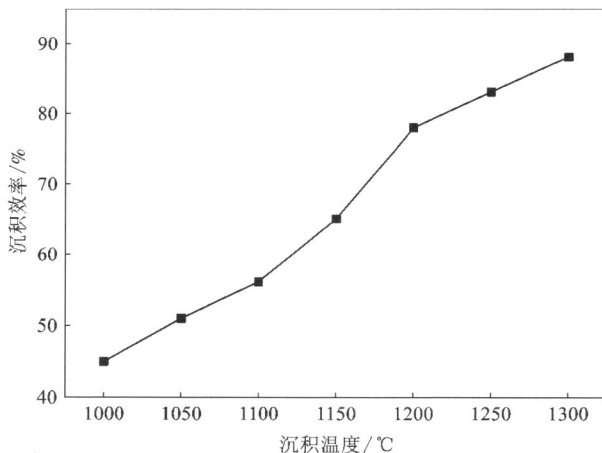

图 3-6　沉积效率与沉积温度的关系

2. 氯气流量对沉积速率的影响

固定沉积温度为 1300 ℃，当氯气流量为 30～200 mL/min，氯气流量对 Re 的沉积速率的影响见图 3-7。由图 3-7 可知，随着氯气流量的增加，沉积速率上升较快，当氯气流量增加至 150 mL/min 以上时，沉积速率增加的幅度减缓。这一实验现象表明，在沉积温度较高（1300 ℃）时，沉积过程倾向质量转移控制步骤。如果气体流速继续增加，达到生长速率与气流速度无关时，转为动力学控制步骤。同样，基体柱面（横向）Re 的沉积速率略大于端面（轴向）的沉积速率，这主要是由于使用的实验设备为直立式反应器，ReCl$_5$气体沿管壁顺流而下时，不易达到 Mo 基体的下端面，上下端面平均计算沉积层厚度，略小于柱面上的沉积层厚度。

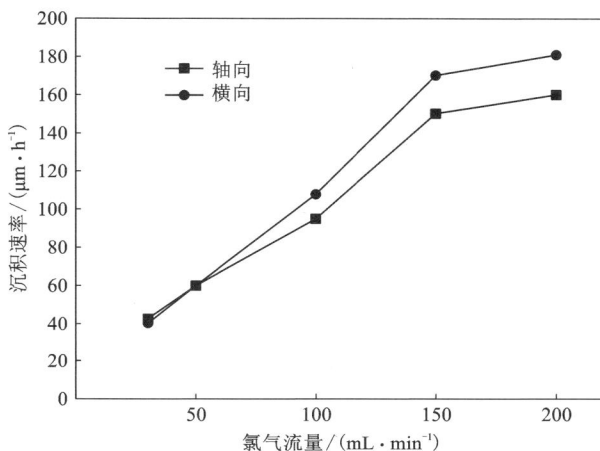

图 3-7 CVD Re 沉积速率与氯气流量的关系

根据化学气相沉积理论，质量转移控制的外延生长表面层错密度低，表面光亮；生长条件与动力学控制时相当，材料生长表面粗糙不平。上述动力学实验结果表明，在沉积温度为 1100~1300 ℃，氯气流量为 100 mL/min 的条件下，CVD Re 沉积反应受动力学控制，有利于粗糙表面生长；高于 1300 ℃ 则倾向于质量转移控制。为了实现粗糙表面的生长，沉积温度不宜超过 1300 ℃，氯气流量可在 100 mL/min 的基础上适当提高。

3.2.2 分子动力学模拟

表面过程是化学气相沉积的核心过程，为了探明各种表面步骤的运行规律，需要进一步分析 Re 粒子在衬底上的成膜过程，为后续优化实验沉积参数以及分析沉积参数与 CVD Re 微观结构间的关系奠定基础。

1. 模拟条件的选择

通过嵌入原子势函数（EAM）模拟不同工艺条件下 Re 的成膜过程。采用分子动力学方法模拟 Re 原子蒸气在 Mo 衬底上的沉积过程，其衬底模型如图 3-8 所示。为了简化分析，假设基体 Mo 为单晶。沿单晶 Mo 的（110）面进行沉积，衬底沿 Z 向为 10 个原子层，每层有 120 个原子排列，水平为 [1̄ 1̄2] 向，竖直为 [110] 向。

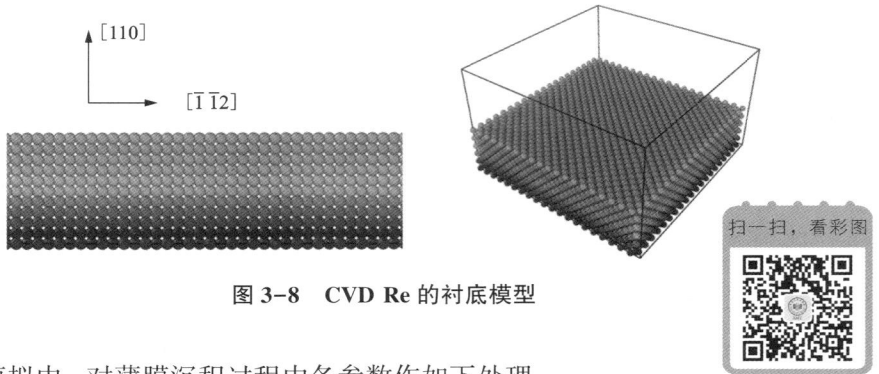

图 3-8 CVD Re 的衬底模型

在模拟中，对薄膜沉积过程中各参数作如下处理：

（1）原子的能量。

不同的原子的能量在模拟过程中对应于不同的原子运动速度。假设原子入射角 θ 方向的能量为 E_{θ}，则原子在该方向上的速度为

$$v = (2E_{\theta}/m)^{1/2}$$

式中：m 为原子的质量。

（2）原子蒸气。

在设定原子蒸气时，原子的位置是随机的，但蒸气原子之间以及与衬底原子之间没有相互作用（也就是说，蒸气原子之间的距离以及与衬底原子之间的距离均大于截断半径），以保证蒸气原子按既定的速度和方向向衬底沉积，从而确保其是原子沉积状态，而不是原子簇沉积状态。

（3）周期边界条件。

为了防止由于系统较小而带来的影响，可以采用周期边界条件。沿 X 方向采用周期边界条件，Z 向最低层为周期边界条件（或固定边界），Z 向正向为自由运动方向。

（4）对沉积速度的控制。

不同的沉积速度在模拟过程中对应于不同的原子蒸气浓度。设衬底原子浓度为 $\rho_s = 4/(3a^4)^{1/2}$，a 为材料晶格常数，则原子蒸气的浓度应为：

$$\rho_v = -D\rho_s/v_y$$

式中：v_y 为 y 方向上的速度分量，D 为设定的沉积速度，实际的原子蒸气浓度 ρ = 原子数/原子蒸气的体积。因此，当 $\rho < \rho_v$ 时，则向系统中添加原子。每当原子浓度低于设定值时，一次添加 10 个原子，以保持原子蒸气浓度近似恒定。

（5）对温度的控制。

分子动力学模拟必须注意对温度的处理。三维晶格中，温度 T 和每个原子平均动能 E 之间的关系为 $T = (2E_{\theta})/(3k)$，k 为 Boltzmann 常数。在沉积过程中，蒸

气原子携带一定的能量沉积到衬底表面时，原子从蒸气过渡到固态，原子间势能的减少和潜热的释放，会导致衬底表面温度的升高，因此在模拟中要对衬底温度进行控制。其具体方法是对沉积表面以下的部分区域进行控制。由于在沉积过程中的表面粗糙不平，温控区域的表面随 75%的沉积速度向上增长，而温控区域与沉积表面之间为一梯度温度。

2. 沉积原子在衬底表面的运动及空位的形成

原子以不同的速度、能量、入射角度沉积到薄膜表层时，对薄膜表层原子有不同的冲击影响，其影响可以分为吸附、扩散和溅射 3 种形式。吸附，即入射原子被薄膜表面所吸附，会在表面形成大量晶核并逐渐长大。扩散指原子靠其自身能量在薄膜表面扩散，并最终使其邻近配位数达到最大。溅射是由于入射原子携带一定能量，与薄膜表面原子碰撞时会使薄膜表面原子发生迁移，严重时会使薄膜表面原子发生二次溅射而脱离表面，但在实际沉积过程中由于不同参数及因素的影响，薄膜的表面形貌、粗糙度及内部组织呈现较大变化。

薄膜组织内部空位的形成主要是因为沉积过程中的岛状生长和阴影效应。在薄膜沉积过程中由于多晶核的形成，各晶核竞相生长，同时由于岛状生长时晶体具有较低的表面能，薄膜生长按岛状模式进行，因此表面变得越来越粗糙。薄膜的岛状生长甚至纤维状生长便造成了阴影效应，使薄膜内部组织出现了大量孔洞。模拟表面沉积薄膜结构如图 3-9 所示，其是衬底温度为 1100 ℃，原子入射能为 0.5 eV，入射角为 0°，沉积速率为 10 nm/s 时的模拟结果。

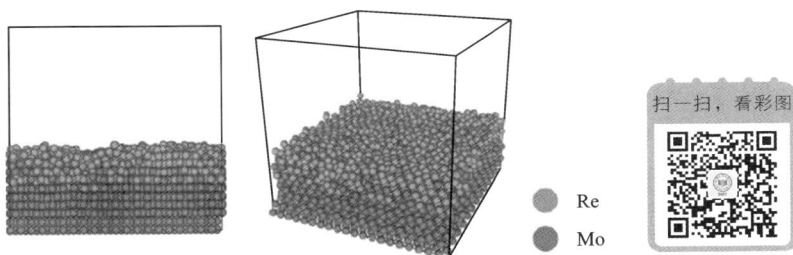

图 3-9　模拟表面沉积薄膜结构

3. 衬底温度的影响

衬底温度与原子的扩散能力密切相关。图 3-10 显示了原子入射能为 0.5 eV，原子入射角为 0°，衬底温度为 1000 ℃、1050 ℃、1100 ℃、1150 ℃和 1200 ℃时薄膜沉积的模拟结果。可以看出，衬底温度对沉积薄膜表面粗糙度有一定影响，衬底温度为 1000 ℃时，沉积的 Re 原子在 Mo 基底表面形成一些岛状沉积层。提高衬底温度时，Mo 基底能够提供给沉积在其表面的 Re 原子能量，使它有能力扩散，且沉积层表面 Mo 原子数目增多。这表明，越来越多的 Re 原子替代 Mo 表面的原子，使 Mo 原子出现在沉积层表面，即提高衬底温度，能够加强 Re/Mo 界面处的扩散。然而，随着衬底温度的持续提高，Re 原子向 Mo 基底的扩散深度并没有明显的变化，仅存在于表面一两层范围内。

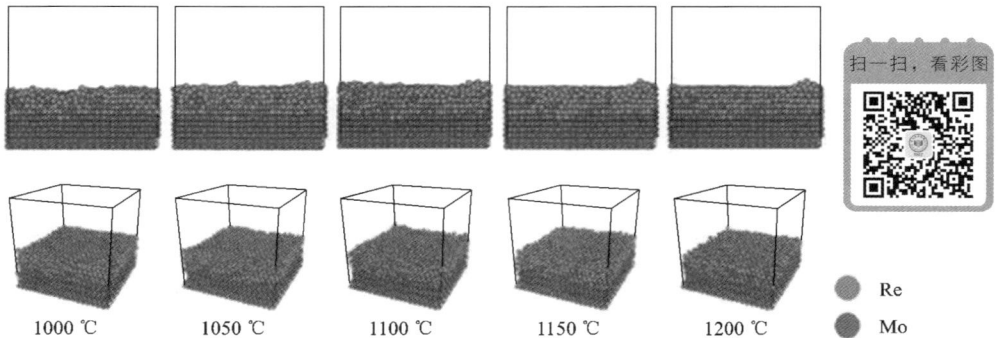

图 3-10　不同衬底温度下的薄膜沉积模拟结果

由图 3-10 可以发现，沉积温度（即衬底温度）对 Re 原子在衬底表面的迁徙具有明显的影响。在较低的沉积温度下，沉积 Re 原子和基底 Mo 原子的扩散较为微弱。随沉积温度的升高，两者的扩散速度增大，Re 原子具有更高的迁移率，Re 原子到达沉积表面时，在短时间内可以迁移到能量最低的位置，形成空位较少，这种现象在 1150 ℃ 及 1200 ℃时尤为明显。由图 3-10 还可以看出，沉积温度愈高，Re 沉积层与 Mo 基底层的界面位置向基底方向偏离基底表面最初位置也就愈大。在界面的两边分别为富 Mo 相和富 Re 相，Mo 原子含量要比 Re 原子含量更多，说明富 Mo 相的厚度要大于富 Re 相的厚度。以上两点说明在 Re 原子向 Mo 基底沉积时，两种原子之间发生了扩散，并且在这个过程中，基底 Mo 原子向 Re 沉积层扩散程度要大于沉积 Re 原子向 Mo 基底内部的扩散程度。研究结果表明，提高衬底温度能够减少 Re 薄膜的空位及表面缺陷，且使 Mo/Re 在界面处的结合略微加强，但仅仅为表面结合。Re 薄膜的微观结构主要受 Mo 基底温度的影响。

4. 原子入射能的影响

图 3-11 显示了不同衬底温度下膜空位密度与原子入射能量的关系。可以发现，衬底温度和原子入射能均对薄膜的空位密度有重要影响。当原子入射能低于 0.4 eV 时，不同温度的薄膜空位密度均出现较为明显的下降趋势，衬底温度越低，下降趋势就越显著，这体现出了在该温度范围内空位密度对温度的变化较为敏感。而进一步提高原子入射能，薄膜空位密度的变化变得较为平缓，表明高原子入射能对 Re 薄膜空位密度的影响有限。

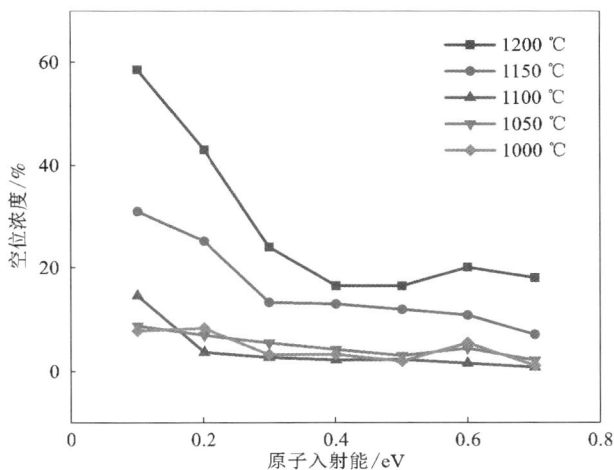

图 3-11　不同衬底温度下膜空位密度与原子入射能量的关系

原子入射能对 Re 薄膜表面粗糙度的影响如图 3-12 所示。当原子入射能为 0.1 eV，Mo 表面生长的 Re 薄膜虽然外延生长，但表面较为粗糙，很容易引入空位及空隙等缺陷。由于入射原子的能量过低，原子迁徙能力弱，易形成小的原子团。当原子入射能升高至 0.4 eV 时，Re 薄膜表面的凸起和凹坑虽有所减小，但仍较为粗糙。当原子入射能大于 0.5 eV 时，Re 薄膜表面变得光滑，薄膜生长模式变为典型的层状生长模式，薄膜中的空位数会减小。这主要是由于高的原子入射能使原子具有更好的迁徙及扩散能力，使 Re 原子到达沉积层表面时，自身扩散到能量最低位置，邻近配位数达到最大，从而获得高质量的薄膜。

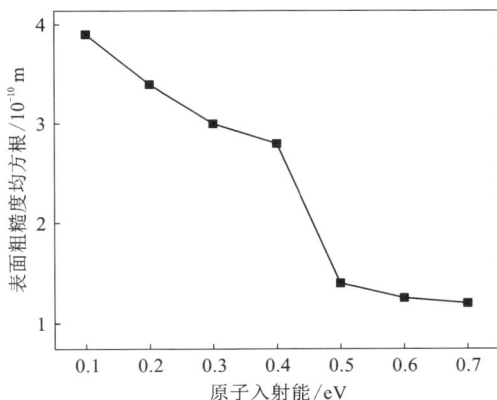

图 3-12　Re 原子入射能量对薄膜表面粗糙度的影响

以上研究结果表明，提高 Re 原子的原子入射能，使薄膜的表面变得更光滑，即降低粗糙度。当入射能量为 0.3~0.5 eV 时，粗糙度减小的幅度较大；同样，Mo/Re 在界面处的结合随着原子入射能的增大也有所加强。

5. 原子入射角的影响

模拟中，固定 Re 原子的入射能量和基底温度，分析研究 Re 原子的入射角度的变化对 Re 沉积薄膜的影响。具体为：设定入射原子的能量为 0.1 eV（物理气相生长及分子束外延生长的典型能量），衬底温度为 1100 ℃，模拟入射角度分别设定为 0°、10°、20°、30° 和 40°。

图 3-13 为原子入射角对沉积薄膜表面形貌影响的模拟结果。从图 3-13 中可以看出，随着原子入射角的不断增加，薄膜表面变得越来越粗糙。沉积初期，不同的原子入射角对沉积形貌无影响，沉积到基底表面的 Re 原子会与基底的表面原子发生互换现象，但仅仅局限在表面一两层内，同时，Re 原子在基底表面也形成一些小岛。这是因为 Re 原子入射点位置是随机分布在 $x-y$ 平面上的，并且不存在已沉积原子对沉积原子的影响。

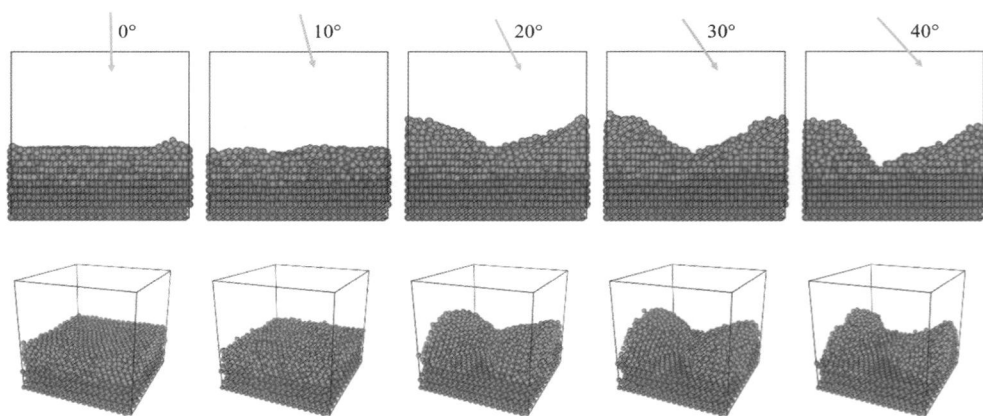

图 3-13　原子入射角对沉积薄膜表面形貌影响的模拟结果

模拟结果表明，当入射角小于 20° 时，入射角对 Re 薄膜表面粗糙度的影响较小，薄膜中存在小的凸起和凹坑；而当入射角超过 20° 时，Re 薄膜的表面粗糙度随入射角的增加而显著增大，入射角对界面的结合和薄膜的非晶化均无影响。因此，为了提高薄膜质量，应尽量减小原子入射角。

图 3-14 为薄膜空位密度与原子入射角的关系曲线。当原子入射角较小时（≤10°），原子入射角对空位密度的影响不是十分明显，这主要是原子在薄膜表

面扩散的结果。原子自身的能量使其能够调整到邻近空位的位置，从而使邻近配位数达到最大。但当原子入射角进一步增加，由于阴影效应及入射原子在沉积之后不能充分扩散，薄膜中的空位密度快速上升，沉积薄膜的质量明显下降。

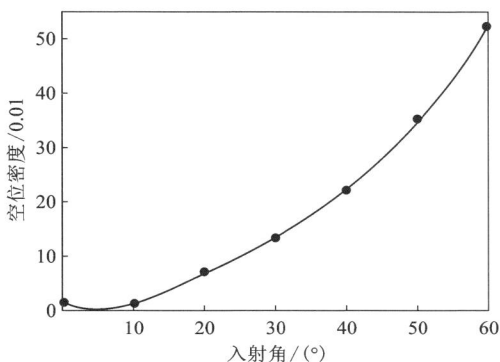

图 3-14 薄膜空位密度与原子入射角的关系曲线

通过以上模拟分析，结合 CVD Re 沉积动力学实验研究，在前述的沉积温度（1100~1300 ℃）范围内，Re 的扩散激活能为 0.6~0.7 eV，原子入射能量对薄膜空位的影响较小，主要影响薄膜质量的因素是衬底温度和入射角度。随着沉积温度的升高，原子扩散能力增强，薄膜的空位减少，质量提高；氯气流量增加，可能导致湍流加剧，有助于提高原子入射角，形成粗糙表面，但会导致空位数量增加，降低薄膜的质量。为了实现特殊形貌粗糙表面的生长，并兼顾沉积质量，沉积温度不宜超过 1300 ℃，氯气流量可设定在 150 mL/min 以内，尽可能使 CVD Re 的沉积反应发生在动力学控制阶段。因此，为获得不同形貌的高质量 CVD Re 材料，可选的沉积温度（T_d）范围为 1100~1300 ℃，氯气流量（Q_{Cl_2}）范围为 50~150 mL/min。

第 4 章　CVD 铼的组织结构及形成机制

4.1　CVD 铼的组织结构

4.1.1　表面形貌

影响 CVD Re 表面形貌的主要工艺参数是沉积温度和氯气流量。在沉积温度 $T_d = 1100 \sim 1300\ ℃$ 和氯气流量 $Q_{Cl_2} = 50 \sim 150\ mL/min$ 的工艺条件下制备了 CVD Re 涂层材料，其表面形貌随工艺参数的变化如图 4-1~图 4-3 所示。

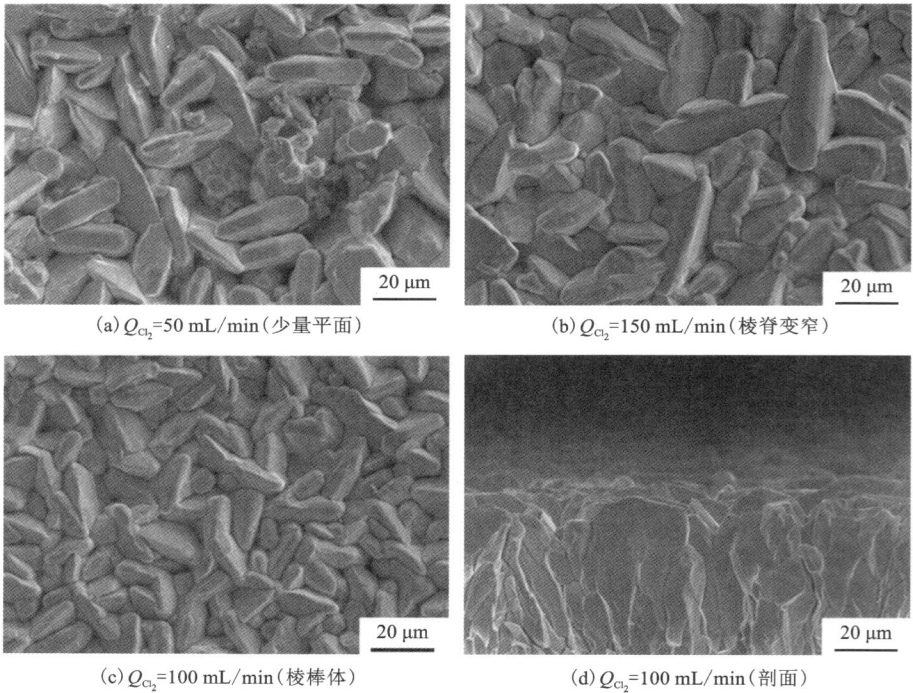

(a) Q_{Cl_2}=50 mL/min（少量平面）　　(b) Q_{Cl_2}=150 mL/min（棱脊变窄）

(c) Q_{Cl_2}=100 mL/min（棱棒体）　　(d) Q_{Cl_2}=100 mL/min（剖面）

图 4-1　CVD Re 表面形貌（$T_d = 1100\ ℃$）

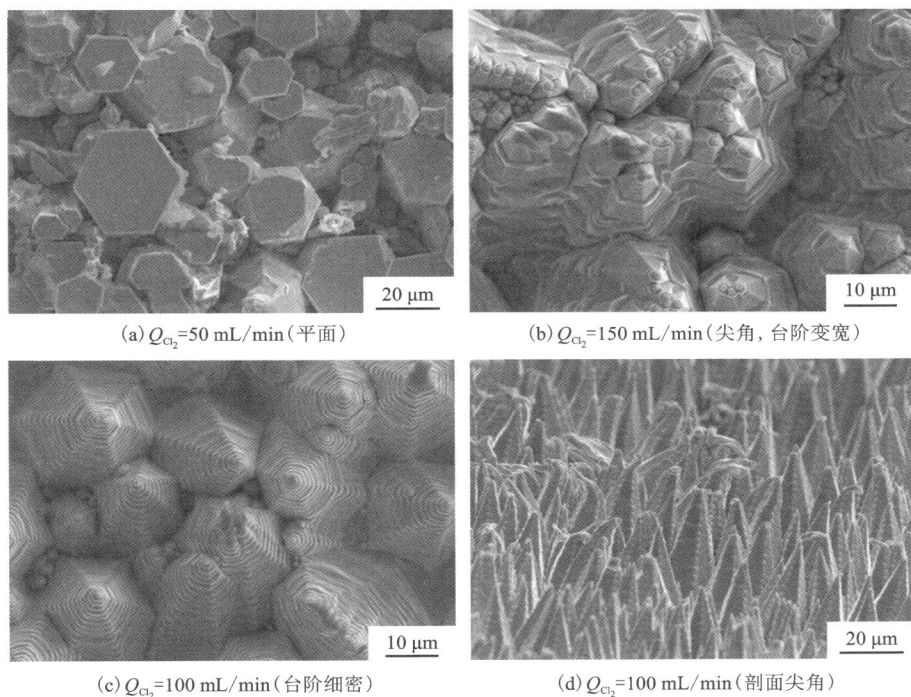

(a) Q_{Cl_2}=50 mL/min（平面）　　　　　(b) Q_{Cl_2}=150 mL/min（尖角，台阶变宽）

(c) Q_{Cl_2}=100 mL/min（台阶细密）　　　　　(d) Q_{Cl_2}=100 mL/min（剖面尖角）

图 4-2　CVD Re 表面形貌（T_d = 1200 ℃）

1. 沉积温度的影响

沉积温度为 1100 ℃时，CVD Re 以底面边长 10 μm 左右的类似三角锥的形状生长，当沉积温度上升为 1200 ℃时，以六棱锥的形貌生长，六棱锥的底面直径约为 20 μm，每个棱锥面上有大量小台阶。而当沉积温度进一步提高至 1300 ℃时，CVD Re 保持六棱锥的形貌生长，此时的六棱锥底面直径增加，约为 40 μm。因此，随着沉积温度的升高，CVD Re 涂层表面逐渐生长为六棱锥形貌，并且六棱锥底部的直径及晶粒尺寸均随沉积温度的升高而增大。

2. 氯气流量的影响

由图 4-2 可以发现，当沉积温度为 1200 ℃时，较低的氯气流量下，CVD Re 表面形成了许多独立的平行于基体的六边形。随着氯气流量的增加，逐渐生长出尖角，锥面周身有许多细密的小台阶，剖面形貌呈尖峰状。进一步增加氯气流量，表面依然保持了六棱锥的结构，但是锥面上台阶的宽度增加；当沉积温度提高至 1300 ℃时（图 4-3），在较低的氯气流量下，表面锥顶不尖锐，增加氯气流量，表面形成规则的六棱锥，六棱锥顶角变得更加尖锐。总之，在相同的沉积温度下，随着氯气流量的增加，CVD Re 的表面形貌由平整面形貌向棱锥凸起结构转变。

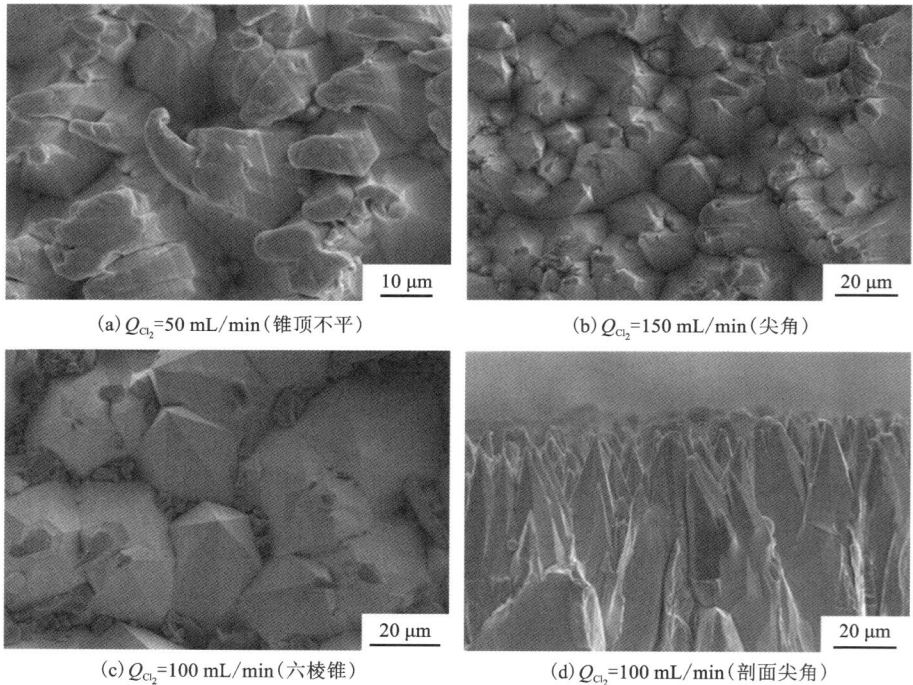

(a) Q_{Cl_2}=50 mL/min（锥顶不平）

(b) Q_{Cl_2}=150 mL/min（尖角）

(c) Q_{Cl_2}=100 mL/min（六棱锥）

(d) Q_{Cl_2}=100 mL/min（剖面尖角）

图 4-3　CVD Re 表面形貌（T_d = 1300 ℃）

本书归纳了几种 CVD Re 较有代表性的形貌，其近似尺寸列于表 4-1 中。总体上，随温度升高其表面生长颗粒形貌由楔形变为六棱锥；随着氯气流量的增加，表面由平顶面逐渐变为尖锐的凸起，尖角高度增加。在化学气相沉积铼过程中，晶粒的形核与生长极大地受到沉积温度和反应气体饱和度的影响。在沉积温度较低（1100 ℃）时，钼基体上的吸附、化学反应和迁移解吸等系列过程比较缓慢，沉积过程为表面反应过程控制。随着沉积时间的增加，反应物（ReCl$_5$）的气相饱和度上升。根据微滴形核理论，Re 晶粒的临界形核半径不断减小，形核速率增加，但生长速率较低，此时涂层表面就呈现为大量细小晶粒堆积形貌。将沉积温度提高至 1300 ℃时，基体表面的吸附、化学反应和迁移解吸等表面控制过程速率加快，沉积过程表现为扩散控制。而随着气相沉积速率的增加，反应物的气相饱和度显著下降，Re 晶粒的临界形核半径将增加，导致形核速率的降低和晶核生长速率的上升，晶粒的聚集融合速率上升，晶粒的生长更加充分，故而沉积涂层表面由具有完整六棱锥形貌的晶粒组成。

表 4-1　CVD Re 表面形貌近似尺寸

沉积温度 /℃	底面尺寸/μm		底面形状	氯气流量 /(mL·min^{-1})	剖面形状	尖角高度 h /μm
	L	L₁				
1100	10 （长）	5 （宽）		50		14.3
1200	18 （直径）	13 （边长）		100		22.7
1300	20	14		150		29.5

4.1.2　晶粒组织

在氯气流量为 100 mL/min，氯化温度为 700 ℃，沉积温度分别为 1100 ℃、1200 ℃ 和 1300 ℃ 的工艺条件下制备 CVD Re 材料，同时对 1200 ℃ 沉积的材料进行 1600 ℃，2 h 的热处理。利用金相和扫描电镜进行观察分析，研究沉积温度及热处理对 CVD Re 材料晶粒组织的影响。

图 4-4 为不同沉积温度下沿沉积方向 CVD Re 的晶粒组织。其中 $(a_1)(b_1)$ (c_1) 为金相组织照片，$(a_2)(b_2)(c_2)$ 为对应的剖面扫描电镜形貌，$(d_1)(d_2)$ 为具有代表性的横纵截面金相组织照片。可以发现，不同的沉积温度下 CVD Re 基本上均形成了柱状晶结构。沉积温度 1100 ℃ 下沉积的 Re 在 Mo 基体衬底附近分布着细小晶粒，而远离基体位置的晶粒逐渐生长成均匀的柱状晶，离基体表面越远，晶粒尺寸越粗大；随着沉积温度的上升，柱状晶直径逐渐增大，由 5 μm 增至 50 μm。

将不同沉积温度得到的铼涂层(厚度为 0.6 mm)进行机械抛光和电解抛光，运用扫描电镜进行观察，结果如图 4-5 所示。发现 CVD Re 的晶粒大小随着沉积温度的升高，从十几微米增大至五十多微米。从电解抛光的扫描电镜形貌中还可以看到，1100 ℃ 和 1200 ℃ 沉积温度下制备的铼涂层晶粒内部较为光滑和完整。当沉积温度达到 1300 ℃ 时，Re 的晶粒内部开始出现少量的平行直线和 V 形、W 形的侵蚀纹。

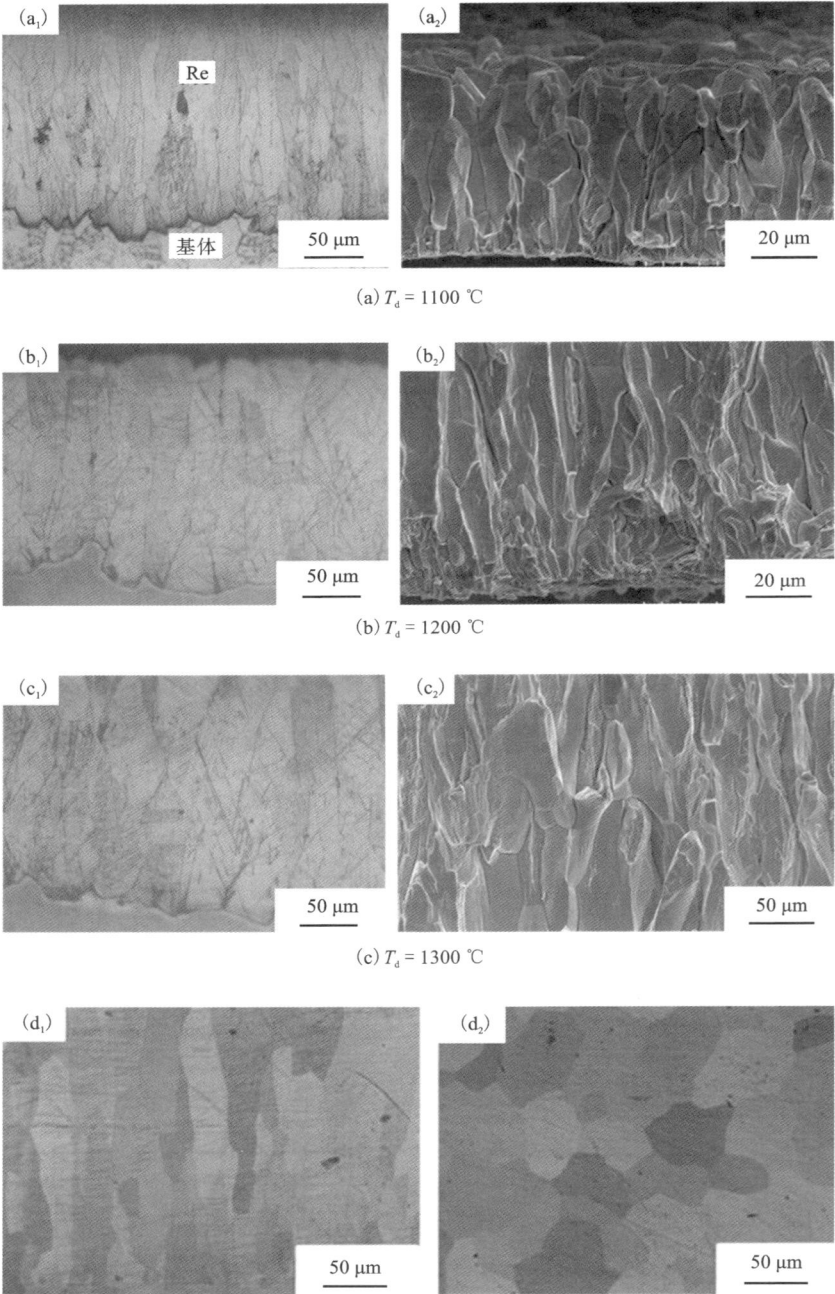

(a) $T_d = 1100\ ^\circ\mathrm{C}$

(b) $T_d = 1200\ ^\circ\mathrm{C}$

(c) $T_d = 1300\ ^\circ\mathrm{C}$

(d) $T_d = 1300\ ^\circ\mathrm{C}$ 的横纵截面

图 4-4　不同沉积温度 CVD Re 的晶粒组织

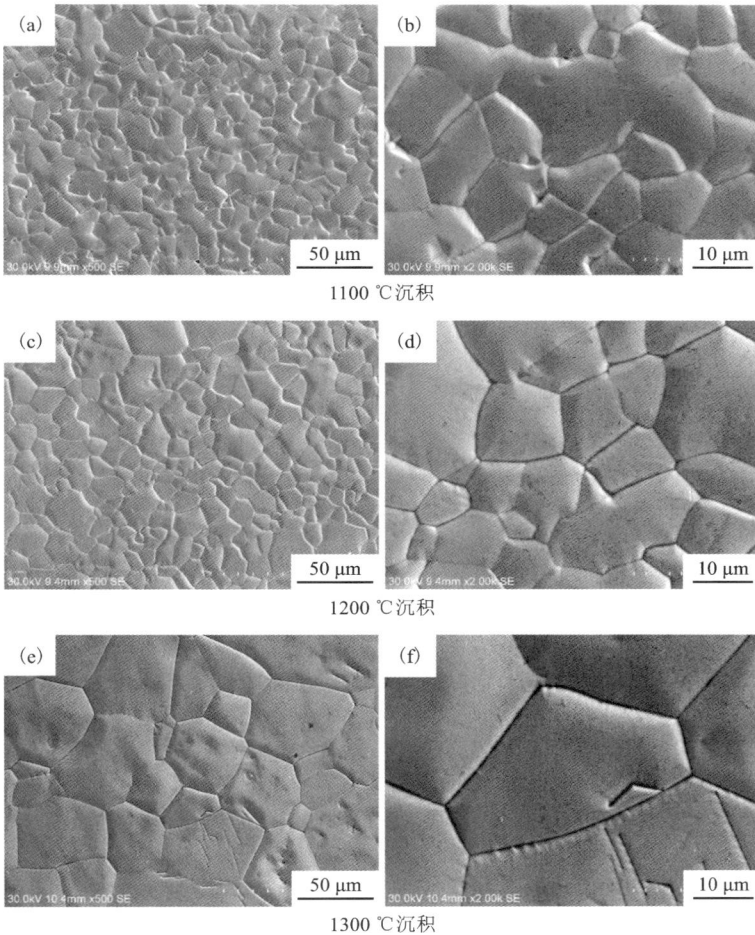

图 4-5　不同沉积温度 CVD 铼涂层晶粒组织的二次电子图像

　　为了定量表征 CVD Re 晶粒的长大情况，运用背散射电子衍射（EBSD）技术对 1200 ℃沉积的厚度分别为 0.6 mm 的铼涂层和 2 mm 的块体材料以及经 1600 ℃热处理 2 h 的 CVD Re 表层进行分析，结果如图 4-6 所示。由图 4-6 可见，CVD Re 涂层的晶粒大小主要分布在 10~15 μm 范围内，而块状 CVD Re 的晶粒尺寸集中于 65 μm。这表明相同沉积条件下，随着沉积时间的延长，晶粒呈显著长大的趋势。1600 ℃高温热处理使得 CVD Re 的晶粒进一步长大，此时的晶粒尺寸大多超过 100 μm，约为热处理前的 2 倍。另外，由图 4-6 还可以发现，1200 ℃沉积的铼涂层中几乎未出现 V 形、W 形的侵蚀纹，但是其在块体材料中出现较多，且热处理后侵蚀纹明显减少。

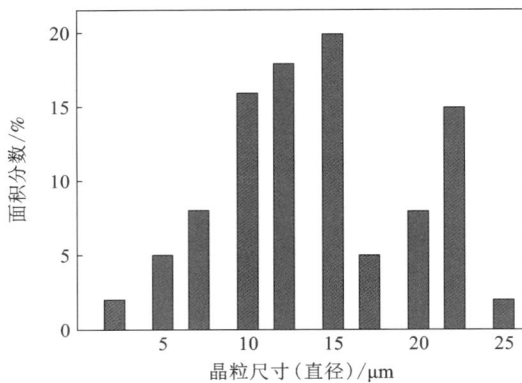

(a) CVD Re涂层

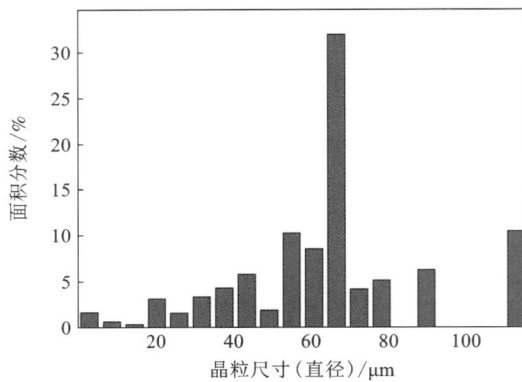

(b) 块体CVD Re

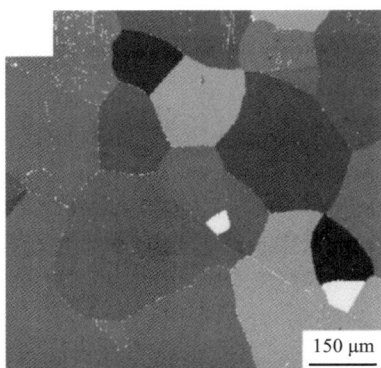
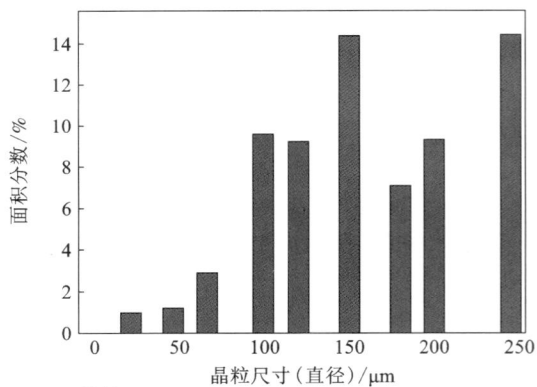

(c) CVD Re热处理

图4-6　1200 ℃沉积 CVD Re 的晶粒分布及晶粒大小统计

4.1.3　微结构

1. 生长孪晶

观察 1200 ℃沉积的 CVD Re 块体材料进行机械抛光并经电解腐蚀后的金相组织，结果如图 4-7 所示。与铼涂层相比，块体 CVD Re 晶粒内部的平行直线和 V 形、W 形侵蚀纹明显增多。在垂直于生长方向的横截面块体 CVD Re 等轴晶晶粒组织中，晶粒内部发现有许多类似平行直线的侵蚀纹，但晶粒与晶粒之间的平行方向并不完全一致；而在沿生长方向的纵截面靠近基体的等轴晶内存在夹角约为 35.3°的较大的 V 形、W 形侵蚀纹，柱状晶内部有许多小的 V 形、W 形侵蚀纹，等轴晶中也有平行分布的侵蚀纹。

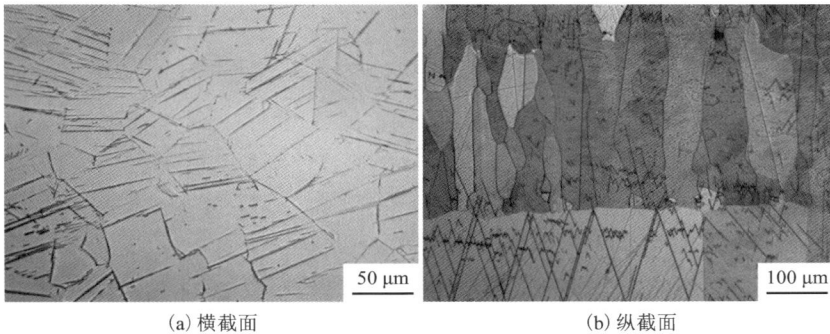

（a）横截面　　　　　　　　　（b）纵截面

图 4-7　1200 ℃沉积温度下块体 CVD Re 的金相图片

对图 4-7 中块体 CVD Re 的侵蚀纹进行观察，如图 4-8 所示。可以看到，横截面等轴晶晶粒内部主要以直线侵蚀纹为主的形式出现；而在纵截面的柱状晶内部则出现许多细小波折纹路，放大后呈一定平行关系的 V 形、W 形侵蚀纹。研究表明，CVD Re 的横截面和纵截面均会出现夹角不同的侵蚀纹。

图 4-9 为 1200 ℃沉积的块体 CVD Re 经 1600 ℃退火处理 2 h 后的扫描电子显微镜二次电子像。图 4-9（a）表明，高温热处理后 CVD Re 的晶粒明显长大，并且在其晶粒内部也发现了许多的平行直线。由于退火温度基本达到了铼的再结晶温度（铼的再结晶温度为 1627 ℃），可以看到再结晶 Re 晶粒开始形成。由图 4-9（b）可以看到晶粒内部的直线有一定宽度，最宽的一条直线约为 2 μm。

对不同沉积温度和厚度的 CVD Re 的微观形貌进行观察表明，CVD Re 涂层的晶粒内部的特殊形貌会随着沉积温度的升高而出现，当沉积厚度达到 2 mm 时，晶粒内部的 V 形、W 形特殊形貌开始普遍出现。高温热处理后，也不会使 CVD Re 晶粒内的这些特殊形貌消失，并且在热处理后 CVD Re 中出现再结晶晶粒。

横截面

纵截面

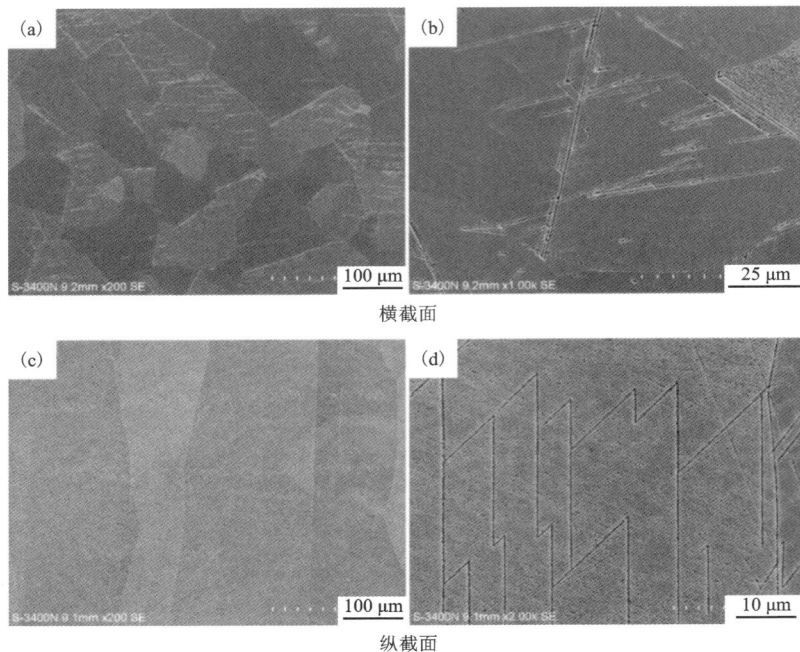

图 4-8　1200 ℃沉积温度下块体 CVD Re 的二次电子图像

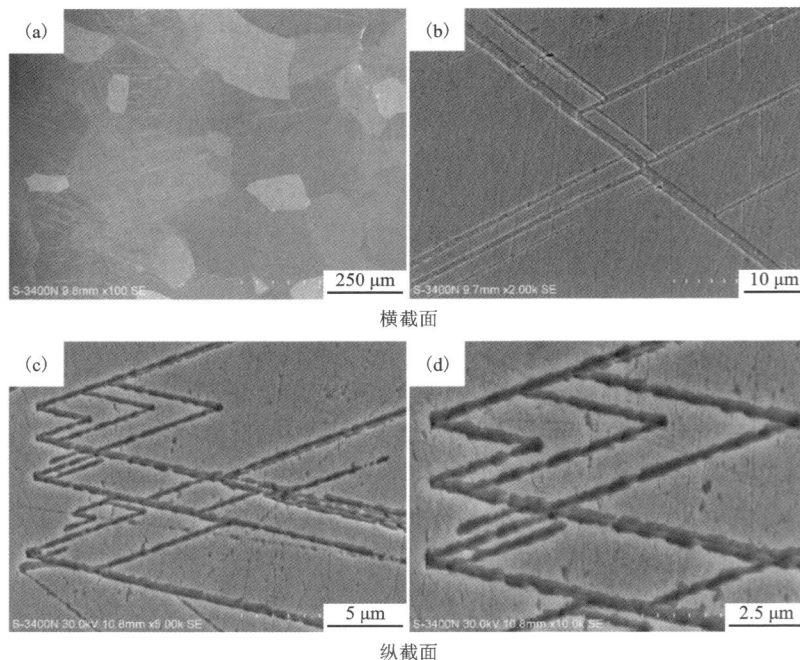

横截面

纵截面

图 4-9　1200 ℃沉积温度下块体 CVD Re 经 1600 ℃热处理 2 h 后的二次电子图像

　　为了确认 CVD Re 材料晶粒组织中侵蚀纹的结构性质，运用 EBSD 技术对 CVD Re 的晶界取向进行统计分析。图 4-10(a) 为沉积态块体 CVD Re 的横截面晶界分布图，可以看到 CVD Re 晶粒内部的许多平行直线被识别为红色的孪晶界，同时晶粒与晶粒之间的晶界也有部分被识别为红色孪晶界。图 4-10(b) 为热处理后的沉积块体 CVD Re 晶界分布图，大部分被识别为红色孪晶界的区域位于晶粒与晶粒之间，晶粒内部的孪晶界数量较少。孪晶界可以作为一种"高能缺陷"的再结晶晶粒的形核点，高温热处理过程中再结晶晶粒在孪晶界处形核长大。

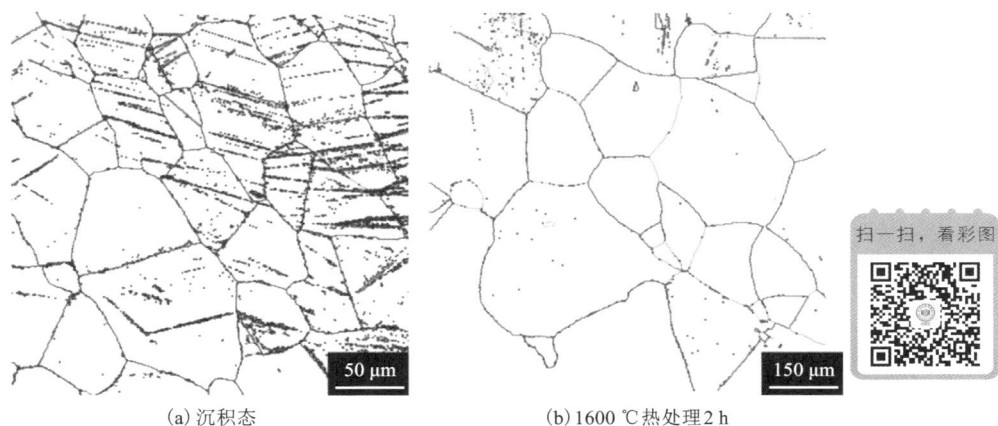

(a) 沉积态　　　　　　　　　　(b) 1600 ℃热处理 2 h

图 4-10　1200 ℃沉积块体 CVD Re 的晶界分布图

　　将图 4-10 中的孪晶界进行统计分析，得到沉积态 CVD Re 扫描区域的孪晶界占整个区域晶界长度的 20.8%，而热处理后的孪晶界占总晶界长度的 6.8%。沉积态和热处理态 CVD Re 中存在的孪晶为同一孪晶系 $\{11\bar{2}1\}$ 孪晶。沉积态 CVD Re 的孪晶密度大于热处理态，并且沉积态的孪晶大部分出现在晶粒内部。孪晶界的出现使得 CVD Re 晶粒进一步细化，这就从微观角度解释了沉积态 CVD Re 材料的力学性能高于热处理态的原因。利用 EBSD 技术的直线测量法对图 4-10(a) 中晶粒内部一些未被识别的平行直线的取向关系进行确认，如图 4-11 所示。由此可以判断 CVD Re 晶粒内部出现的大量平行直线均为 $\{11\bar{2}1\}<\bar{1}\bar{1}26>$ 生长孪晶。采用同样的方法对 CVD Re 纵截面晶粒中的 V 形、W 形侵蚀纹进行分析，发现出现的孪晶也是 $\{11\bar{2}1\}<\bar{1}\bar{1}26>$ 生长孪晶，与 CVD Re 横向中发现的孪晶类型一致。

　　综上，化学气相沉积法制备得到的 CVD Re 垂直于晶粒生长方向的横向和平行于晶粒生长方向的纵向，金相观察到的平行直线和 V 形、W 形侵蚀纹均为同一

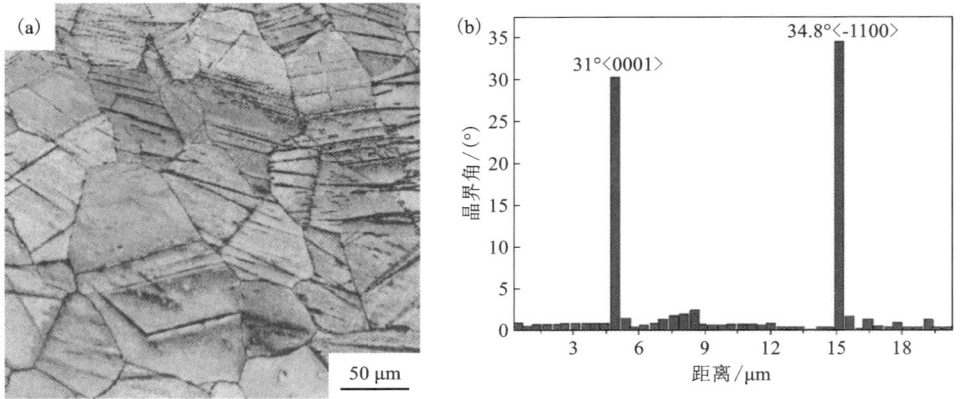

图 4-11　1200 ℃沉积块体 CVD Re 横向等轴晶的 FIT 图(a)及孪晶界与基体的取向关系图(b)

类型生长孪晶界，并且化学气相沉积法制备的铼在未经过任何变形处理时，具有 $\{11\bar{2}1\}$ 这种类型的拉伸孪晶的特征。

根据 Kacher 等人关于纯铼材料孪晶界的研究，铼在压缩或拉伸的条件下孪晶系基本都会是 $\{11\bar{2}1\}<\bar{1}\,\bar{1}26>$。而化学气相沉积法制备的 CVD Re 在未作任何变形的状态下也具有这种类型的孪晶系。晶粒中形成孪晶主要有三种方式：一是通过机械变形产生变形孪晶；二为生长孪晶，包括晶体自气态(如气相沉积)、液态(液相凝固)或固体长大时形成的孪晶；三是变形金属在再结晶退火过程中形成退火孪晶，往往以相互平行的孪晶面为界横贯整个晶粒，在再结晶过程中通过堆垛层错生长成形，也属于生长孪晶。CVD Re 中出现的孪晶应该是属于第二类，即生长孪晶，这些生长缺陷与化学气相沉积法制备的材料具有特定的生长方向有关。

金属铼属六方晶系，一般具有三组滑移系，塑性偏低。但由于 CVD Re 组织中存在生长孪晶，变形时可以改变某些晶体的位相关系，通过孪晶与晶界、滑移的相互作用，很可能激发启动五组滑移系，从而具有较大的塑性变形。

2.微结构精细表征

图 4-12 为 CVD Re 涂层的 TEM 及选区电子衍射图。可以观察到沿两个方向的宽度约为 60 nm 的片层结构相互交叉形成菱形，形成的锐角约为 60°。通过衍射斑点分析，图 4-12 中出现的片层结构为孪晶，孪晶衍射斑点代表的是 $\{11\bar{2}1\}$ $<\bar{1}\,\bar{1}26>$生长孪晶，另一个方向的片层结构则为层错。片层孪晶几乎布满整个扫描区域，表明 CVD Re 涂层中含有高密度的超细孪晶。

图 4-13 为 CVD Re 涂层的 TEM 明场像。由图 4-13(a)可以发现，大量的位错被两个方向相互交叉形成的层片状菱形结构阻断，菱形边界将位错包裹起来，使得位错的滑动距离缩短。4-13(b)为片层孪晶的放大形貌，可以看到大量位错在片层孪晶形成的菱形中相互缠结。孪晶界起到了阻碍位错滑移，进而强化 CVD Re 材料的作用。

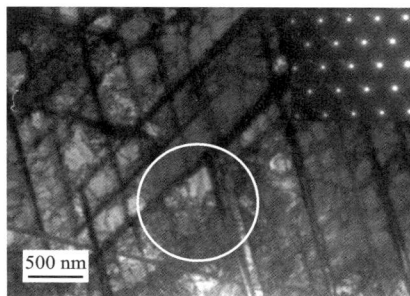

图 4-12　CVD Re 涂层的 TEM 及
选区电子衍射图

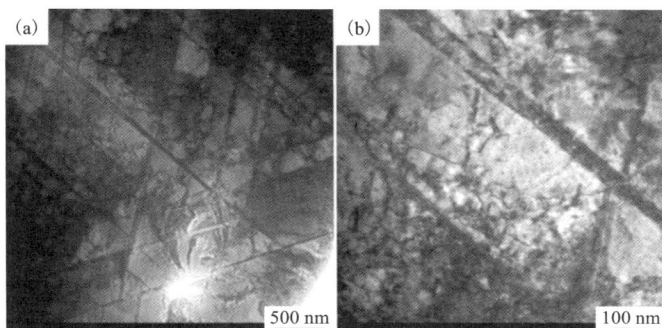

图 4-13　CVD Re 涂层的 TEM 明场像

　　图 4-14 为 CVD Re 涂层中片层孪晶 HRTEM 图。图 4-14(a)中的衍射斑点代表扫描区域有孪晶存在。由放大的图 4-14(b)和(c)可以看到基体中的原子错排，最后形成沿某一晶面相互对称的孪晶。图 4-14(b)显示，孪晶与基体之间形成了台阶状晶界，台阶跨过的原子数超过两个原子。大孪晶晶体内原子之间再次发生错排，形成多次孪晶结构。图 4-14(c)中可以发现基体与孪晶平行于孪晶面，孪晶界两侧的原子完全匹配，为共格孪晶界。

　　通过前述扫描电镜和 EBSD 观察，发现 CVD Re 涂层的晶粒内平行直线和 V 形、W 形侵蚀纹数量随沉积温度和沉积厚度的增加逐渐增多。相应地，块体 CVD Re 材料中的孪晶结构将发生的变化需要进一步深入观察分析。图 4-15 为不同沉积温度下制备块体铼材料的 TEM 图。可以看到此时宽度最小的片层孪晶约为 70 nm，较宽的约为 500 nm，孪晶宽度较 CVD Re 涂层显著增大。通过对衍射图谱的分析，随着沉积厚度的增加，CVD Re 晶粒中形成的孪晶同样为 $\{11\bar{2}1\} <1\bar{1}26>$ 生长孪晶。同时在铼涂层中出现的层错随沉积厚度的增加亦大量消失，这可能与孪晶的形核及生长机制有关。六方晶系铼的层错能较低，更容易形成孪晶，而滑移系的生成较难。

(a) HRTEM观察区域

(b) 1号方框放大图

(c) 2号方框放大图

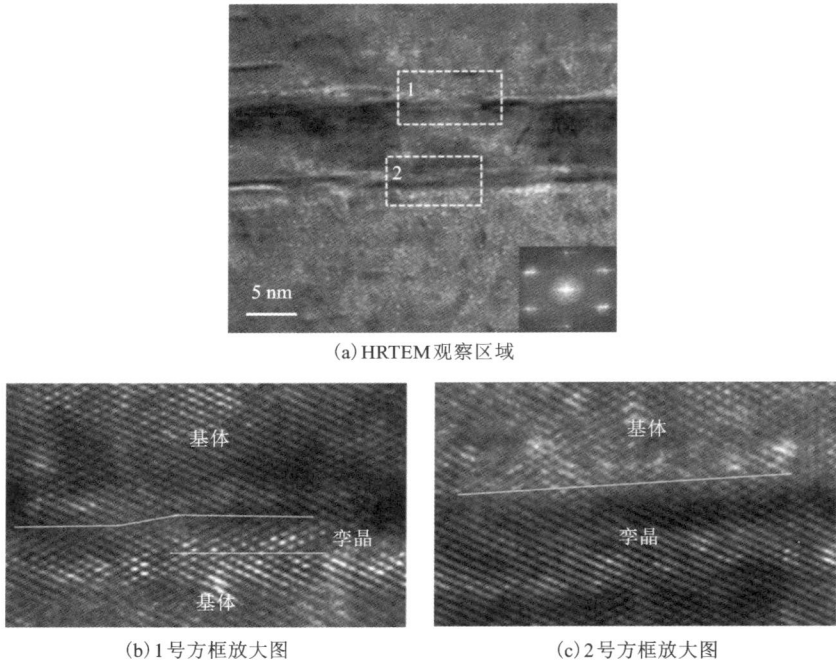

图4-14 CVD Re 涂层中片层孪晶 HRTEM 图

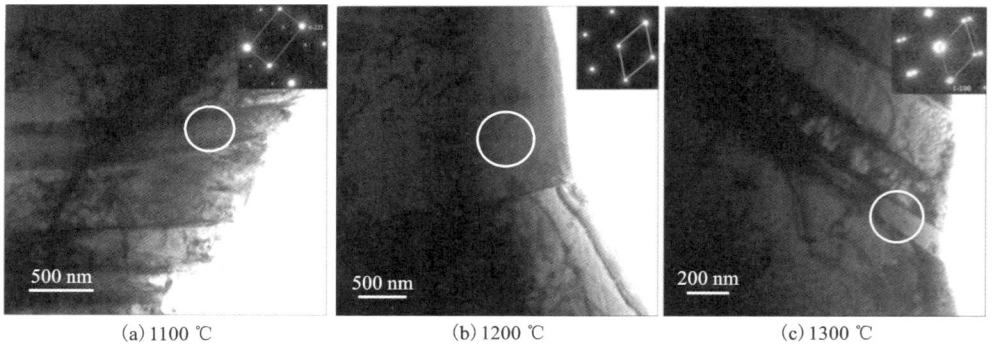

(a) 1100 ℃

(b) 1200 ℃

(c) 1300 ℃

图4-15 不同沉积温度下制备块体 CVD 铼的 TEM 图

孪晶的长大主要指的是孪生位错机制，因此研究 CVD Re 中片层孪晶的长大，应对其位错进行观察分析。图4-16为不同沉积温度下制备的块体 CVD Re 的位错形态。可以发现，其位错类型相似，并且均在晶界或者孪晶界处被阻碍。

位错与孪晶的相互作用也会使得金属的强度、加工硬度及延展性有显著改变。Serra 认为位错除了在孪晶里吸收或塞积，还有可能穿过孪晶界后继续传播。由图 4-16(b) 和 (c) 可知，位错已经接触到孪晶界，试图穿过孪晶界到另一个孪晶或基体晶粒内。

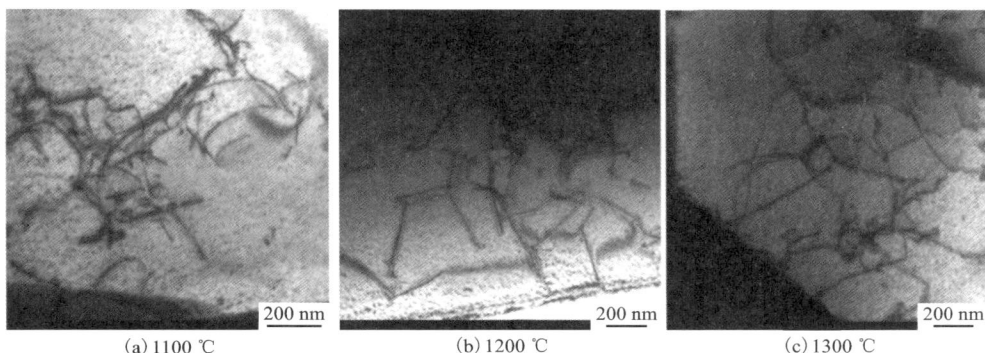

(a) 1100 ℃　　　　　　(b) 1200 ℃　　　　　　(c) 1300 ℃

图 4-16　不同沉积温度下块体 CVD Re 的位错形态

3. 孪晶与晶界交互作用

　　晶体的晶界存在较大的应力梯度和较多的缺陷，通常被认为是孪晶形核的优先位置。图 4-17 为六方晶系 (HCP) 钛金属中观察到的较为典型的孪晶穿透行为。孪晶穿透是指一侧晶粒内已发生的孪晶在晶界处诱发邻近晶粒开动新的孪晶，或者在晶界同一位置处同时向两侧晶粒中生长出孪晶的过程。因此孪晶与晶界的相互作用行为较为复杂，对于孪晶的研究亦十分重要。

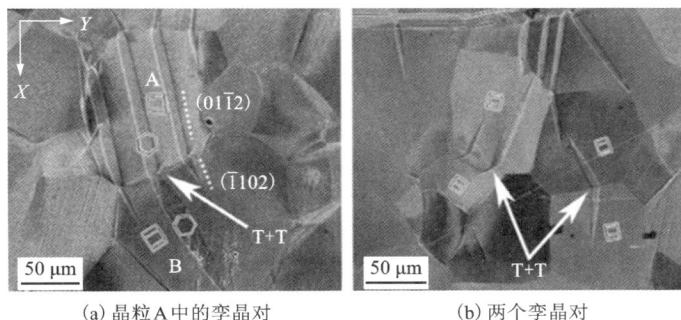

(a) 晶粒 A 中的孪晶对　　　　　(b) 两个孪晶对

图 4-17　HCP 金属中的孪晶穿晶现象

　　图 4-18 为 1100 ℃沉积温度下块体 CVD Re 的 TEM 明场图。由图 4-18(a)
可以看到有部分晶粒沿晶界处掉落。放大的图 4-18(b)中发现位错被片层孪晶
阻拦在基体组织中,其中一条片层孪晶至少穿过了 3 个晶粒,此时片层孪晶的穿
透行为较强。孪晶的穿透行为和应力的集中有关,应力是诱发孪晶形核的关键所
在。此外,小角度晶界处孪晶的穿透行为更强,而大角度晶界反而会阻碍孪晶的
穿透。图 4-18(c)是其中一条片层孪晶,发现穿透的片层孪晶相互之间呈基本平
行的状态。图 4-18(d)中观察到 CVD Re 组织中的层错,层错与孪晶界之间呈现
一定角度。根据孪生时堆垛次序的变化,孪晶的内部是连续的堆垛层错结构。层
错结构出现在基体中,此时的片层孪晶正在形成,因此,具有穿透行为的片层孪
晶均在基体中逐渐形成。

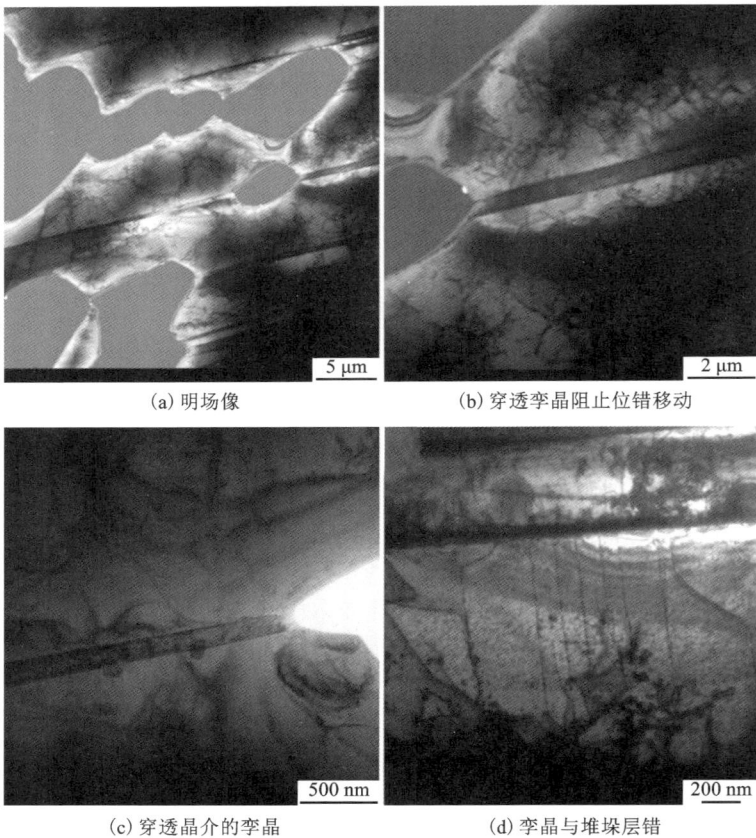

(a) 明场像

(b) 穿透孪晶阻止位错移动

(c) 穿透晶介的孪晶

(d) 孪晶与堆垛层错

图 4-18　1100 ℃沉积温度下块体 CVD Re 的 TEM 明场图

4.2　CVD 铼的织构分析

表面形貌及晶粒组织观察发现，CVD Re 出现了比较明显的定向生长及具有平行结构的生长缺陷。为了更好地理解 Re 的生长取向，分析了不同方法制备 Re 材料的择优取向，包括普通压制烧结(PS)Re、热压烧结(HPS)Re 和 CVD Re，并研究了沉积温度对 CVD Re 择优取向的影响。

首先，通过计算织构系数，定性判断不同方法制备的 Re 以及不同沉积参数制备的 CVD Re 的择优取向；再通过极图、ODF 定量分析织构的三维取向分布，明确不同沉积温度制备的 CVD Re 沉积层的取向分布规律，获得沉积参数与 CVD Re 织构的关系。最后通过对比分析 CVD Re 及 PM Re 的织构区别，明确 CVD Re 的织构特征。

4.2.1　定性分析

图 4-19 为 PS Re、HPS Re 及 CVD Re 的 XRD 图。不同方法制备的 Re 的衍射峰均未出现偏移和宽化；但各自最强峰的位置有所不同：CVD Re 谱线最强峰位于(002)晶面，HPS Re 最强峰位于(101)晶面，PS Re 最强峰位于(002)晶面，次强峰位于(101)晶面。上述 Re 晶粒组织的择优取向可通过织构系数进行定性表征。根据实际测量图谱中各个晶面峰强度和标准衍射强度的比值，代入 Harris 公式计算织构系数：

$$T_{C(hkl)} = \frac{I_{(hkl)}/I_{0(hkl)}}{1/N\left[\sum I_{(hkl)}/I_{0(hkl)}\right]} \tag{4-1}$$

式中：$T_{C(hkl)}$ 代表(hkl)晶面的织构系数；N 为衍射峰个数；$I_{(hkl)}$ 和 $I_{0(hkl)}$ 分别为所测样品晶面衍射峰强度、对应晶面的标准衍射峰强度。根据实际测量出的衍射峰强度，选择(002)、(101)、(102)、(103)四个晶面进行计算，计算结果如表 4-2 所示。CVD Re (002)晶面的织构系数最大，其次是 PS Re，除在(002)面具有择优取向，在(103)、(102)也有少

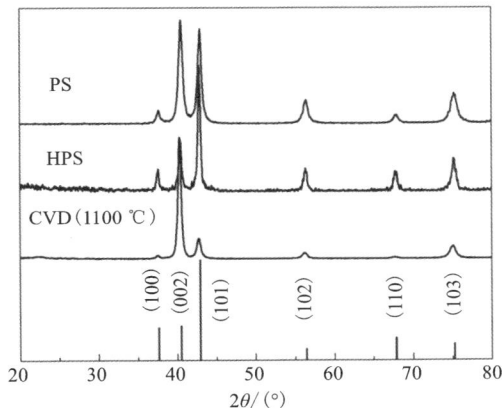

图 4-19　不同方法制备 Re 材料的 XRD 图

量择优取向；而热压烧结 Re 无明显择优取向。

表 4-2 不同方法制备的 Re 材料的织构系数

制备方法	（002）	（101）	（102）	（110）	（103）
PS Re	2.03	0.49	0.95	0.32	1.20
HPS Re	1.06	0.70	0.99	0.83	1.41
CVD Re	2.93	0.09	0.25	0.73	0.73

不同沉积温度下制备的 CVD Re 材料的 XRD 测试结果如图 4-20 所示。所有衍射峰位置一致，未出现宽化和偏移现象，表明 CVD Re 结晶程度良好。值得注意的是，不同沉积温度制得的 Re 的最强衍射峰均出现在（002）晶面位置。

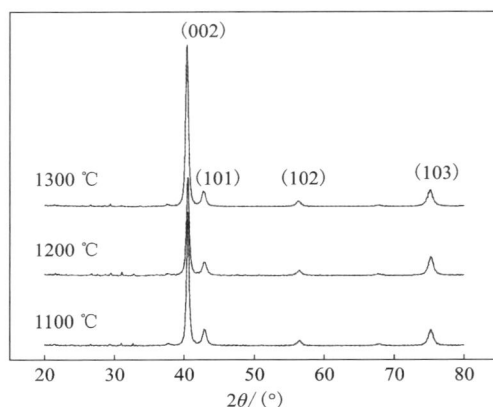

图 4-20 不同沉积温度的 CVD Re 的 XRD 图

同样，根据式（4-1）可以计算得到不同沉积温度制备的 CVD Re 材料的织构系数，结果如表 4-3 所示。可以看出，在 1100 ℃、1200 ℃ 和 1300 ℃ 三个沉积温度下，CVD Re（002）晶面的织构系数始终最大，表明在所选择的沉积温度范围内，CVD Re 沿（002）晶面形成了明显的择优取向。

表 4-3 CVD Re 沉积温度与织构系数的关系

沉积温度/℃	（002）	（101）	（102）	（103）
1100	2.93	0.09	0.25	0.73
1200	2.58	0.10	0.31	1.01
1300	3.07	0.08	0.21	0.64

4.2.2 定量分析

通过上节对织构系数的定性分析，可以判断 CVD Re 晶粒出现了明显的择优取向。通过对晶体取向极图的测量，绘制三维取向分布函数（orientation distribution function，ODF）图，对择优取向进行定量计算分析，可以获得 CVD Re 织构取向的定量结果。

定性分析表明，不同沉积温度下制备的 Re 沉积层，其最强衍射峰均出现在（002）晶面位置，对应的 2θ 在 40.4°左右。保持衍射仪的 X 射线源与计数器的夹角固定在 2θ，只有符合特定的晶面间距的（002）晶面会产生衍射。（002）极图反映了试样表层一定厚度范围内（002）晶面的取向信息。由于 CVD Re 属于六方晶系，需采集 4 张极图，获得 ODF 图，同样的方法采集了（101）、（102）、（110）晶面的极图。

图 4-21~图 4-23 分别为不同沉积温度制备 CVD Re 的极图。（002）极图表明：在 1100~1300 ℃沉积温度下（002）极图均呈现出同心圆环的形状。极图由中心点向外的极半径 α 代表 CVD Re（002）晶面方向与样品坐标系方向的夹角，最外环对应夹角为 90°。距离同心圆环越近，代表衍射强度越大，意味着对应取向的晶粒数目越多。由以上分析可知，CVD Re 具有明显的（002）面纤维织构，由于 Re 具有六方结构，习惯上采用四指数表达晶面，即（0001）。同心圆环状极图说明测试样品的宏观表面与试样的（0001）晶面平行。随着（0001）晶面与试样表面夹角的增大，相应取向的晶粒数目明显减少，1100 ℃、1200 ℃和 1300 ℃沉积的 CVD Re（0001）面极图的黑色等高线分别约为 30°、10°、20°，表明大部分晶粒的（0001）面与宏观表面的夹角小于 30°，CVD Re 具有明显的纤维织构。

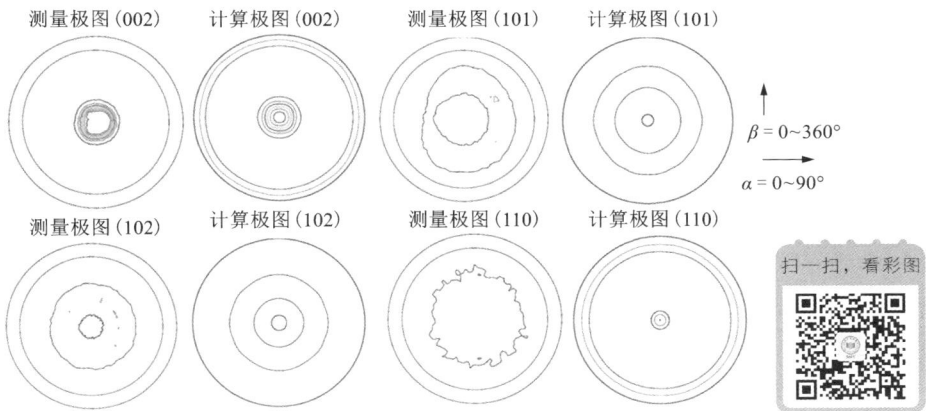

图 4-21　CVD Re 极图（$T_d = 1100$ ℃，$Q_{Cl_2} = 100$ mL/min）

试样的初始位置的取向为 $\alpha = 0°$，$\beta = 0°$，围绕极图中心逆时针旋转，β 由 0°增大到 360°。对比不同沉积温度下得到的 CVD Re 的（002）极图，发现极图等高

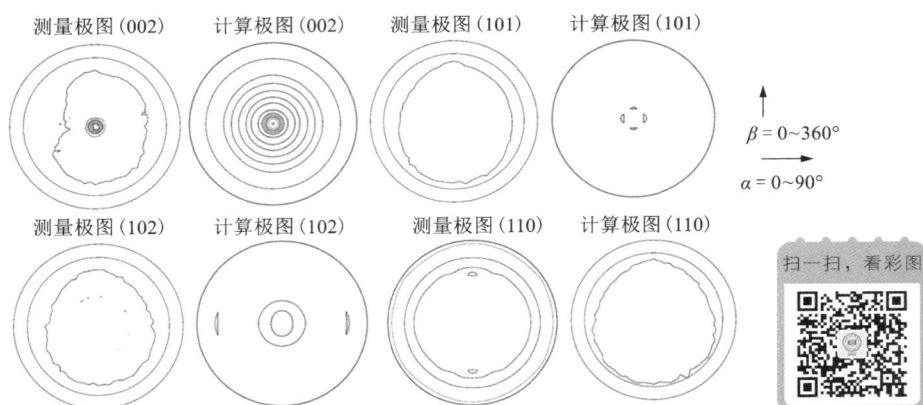

图 4-22　CVD Re 极图（$T_d = 1200\ ℃$，$Q_{Cl_2} = 100\ mL/min$）

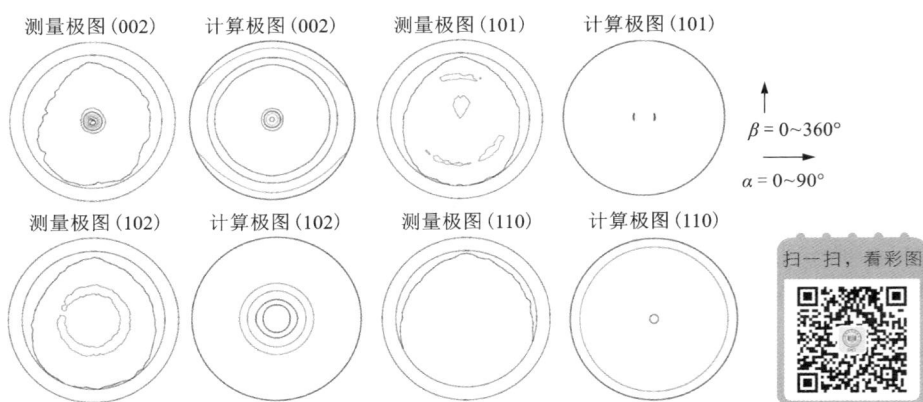

图 4-23　CVD Re 极图（$T_d = 1300\ ℃$，$Q_{Cl_2} = 100\ mL/min$）

线的同心圆比较规则，说明晶粒取向分布与相应的 β 角的关系较弱，（0001）晶面取向在垂直于基体表面方向的二维平面上均匀分布。另外还可以看到，在确定的沉积工艺下得到了极为中心对称的极图，表明化学气相沉积有利于得到晶粒取向均匀一致的材料。其中沉积温度为 1200 ℃ 时同心圆的圆度更加规则（图 4-22），对称性最好，相应的（110）极图中也发现了相同的规律。由于（002）面与（110）面的夹角为 90°，它们的衍射极密度最大值分别出现于 $\alpha = 0°$ 和 $\alpha = 90°$ 时，二者吻合得很好。HPS Re 的极图（图 4-24）中出现了微弱的板织构和极少量的纤维织构。后续将在 ODF 图中进行详细分析。

　　极图只是晶体的取向在二维平面上的投影。利用 ODF 图可以更定量地给出

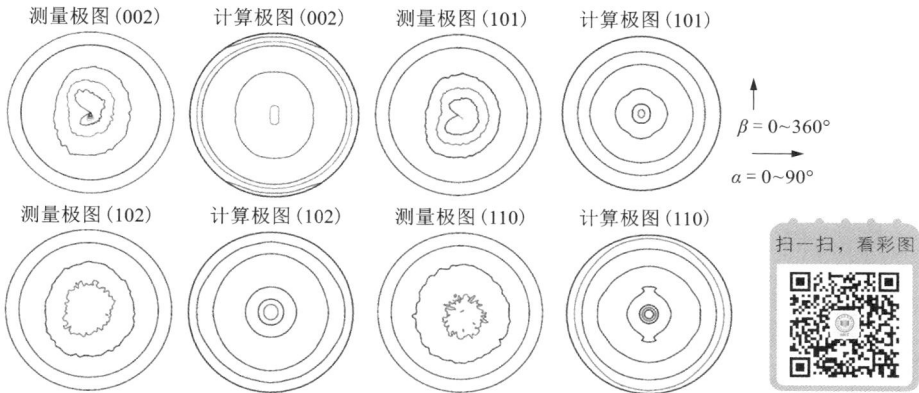

图 4-24　HPS Re 材料的极图

取向的三维信息，并进行定量计算。根据 Re 的四个不同晶面（002）、（101）、（102）、（110）的极图，利用 Bruker Texture Evaluation Program 软件对测得的极图进行背底扣除，散焦校正之后，计算获得试样的取向分布 ODF 图。ODF 图最早由 Bunge 和 Roe 提出，也称 Bunge 符号系统和 Roe 符号系统。Bunge 系统用（φ_1，φ，φ_2）参数表示，Roe 系统则用欧拉角（ψ，θ，φ）表示，两个符号系统实质一致，旋转角度不同。本节以 Bunge 符号系统为例说明该系统的取向表达：首先将样品坐标和晶体坐标系重合放置，晶体坐标系 $O\text{-}XYZ$ 绕 OZ 轴转过 φ_1 角为第一转动，绕 OX 轴转动 φ 为第二转动，再绕新的 OZ 轴转动 φ_2 角为第三转动。这样就可以将晶体坐标系转到特定的取向。六方晶系的米勒指数与 Bunge 符号系统的（φ_1，φ，φ_2）之间的转换关系如式（4-2）和式（4-3）所示。

$$\begin{bmatrix} h \\ k \\ i \\ l \end{bmatrix} = \begin{bmatrix} \frac{\sqrt{3}}{2} & -\frac{1}{2} & 0 \\ 0 & 1 & 0 \\ -\frac{\sqrt{3}}{2} & -\frac{1}{2} & 0 \\ 0 & 0 & \frac{c}{a} \end{bmatrix} \begin{bmatrix} \sin\varphi_2\sin\varphi \\ \cos\varphi_2\sin\varphi \\ \cos\varphi \end{bmatrix} \qquad (4\text{-}2)$$

$$
\begin{bmatrix} u \\ v \\ t \\ w \end{bmatrix} = \begin{bmatrix} \dfrac{2}{3} & -\dfrac{1}{3} & 0 \\[2mm] 0 & \dfrac{2}{3} & 0 \\[2mm] -\dfrac{2}{3} & -\dfrac{1}{3} & 0 \\[2mm] 0 & 0 & \dfrac{c}{a} \end{bmatrix} \begin{bmatrix} \cos\varphi_1\cos\varphi_2 - \sin\varphi_1\sin\varphi_2\cos\varphi \\ -\cos\varphi_1\sin\varphi_2 - \sin\varphi_1\cos\varphi_2\cos\varphi \\ \sin\varphi_1\sin\varphi \end{bmatrix} \tag{4-3}
$$

图 4-25 所示为六方晶系理想 {0001} 基面纤维织构图。$\varphi_1 = 0° \sim 360°$，$\varphi = 0°$，$\varphi_2 = 0° \sim 60°$ 的织构强度变化为一条红色直线，该织构面为 (0001) 晶面。图 4-26~图 4-28 为不同沉积温度下制备的 CVD Re 的 ODF 图。可以看出，ODF 图均出现了带状分布的特征，是典型的纤维织构。对照图 4-25 与 ODF 图发现，1100~1300 ℃ 温度下沉积的 CVD Re 中均存在 (0001) 基面纤维织构，即 CVD Re 的 (0001) 晶面趋向于平行试样基体表面。同时 (0001) 晶面的各晶向随机分布，具体表现为：随着空间方向 (φ_1、φ_2) 的变化，在 ODF 图的各个不同截面均观察到了 (0001) 晶面的某一晶向。这是由于化学气相沉积过程中，在平行于基体表面的二维平面上，晶粒不受约束，晶向随机取向。

在恒 φ_2 角的一系列截面图结果中，取 $\varphi_2 = 30°$ 的截图具体分析 $\varphi = 0° \sim 90°$，$\varphi_1 = 0° \sim 360°$ 变化中产生的所有织构。1100 ℃ 沉积时 (图 4-26)，除 (0001) 基面纤维织以外，在 $\varphi = 30°$ 附近有一较弱的 $(0\bar{2}27)<\bar{7}3\,\bar{4}0>$ 织构，$\varphi = 90°$ 附近有较弱的 $(01\bar{1}0)<0001>$ 织构，这可能与沉积温度较低，不足以使大部分的晶面形成 (002) 织构有关；

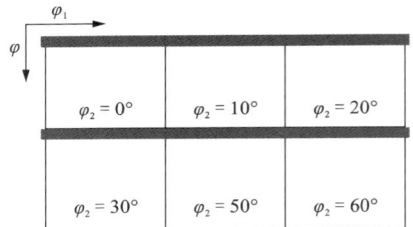

图 4-25 六方晶系理想的 {0001} 基面纤维织构

1200 ℃ 沉积时 (图 4-27)，在 $\varphi = 0° \sim 20°$，形成了极为强烈的 (0001) 基面纤维织构，择优取向分布在极窄的角度范围内；沉积温度 1300 ℃ 时 (图 4-28)，Re 的 (0001) 基面择优取向的散布角度范围增宽，$\varphi = 45°$ 附近有较弱的高晶面指数织构，该织构与 $(0\bar{2}27)<\bar{7}3\,\bar{4}0>$ 为同一晶面族。图 4-29 为 PS Re 的 ODF 图，未发现 (0001) 基面织构，在 $\varphi = 30°$ 附近有较弱的 $(0\bar{2}27)<\bar{7}3\,\bar{4}0>$ 织构，$\varphi = 90°$ 附近有较弱的 $(01\bar{1}0)<0001>$ 织构，择优取向不明显。

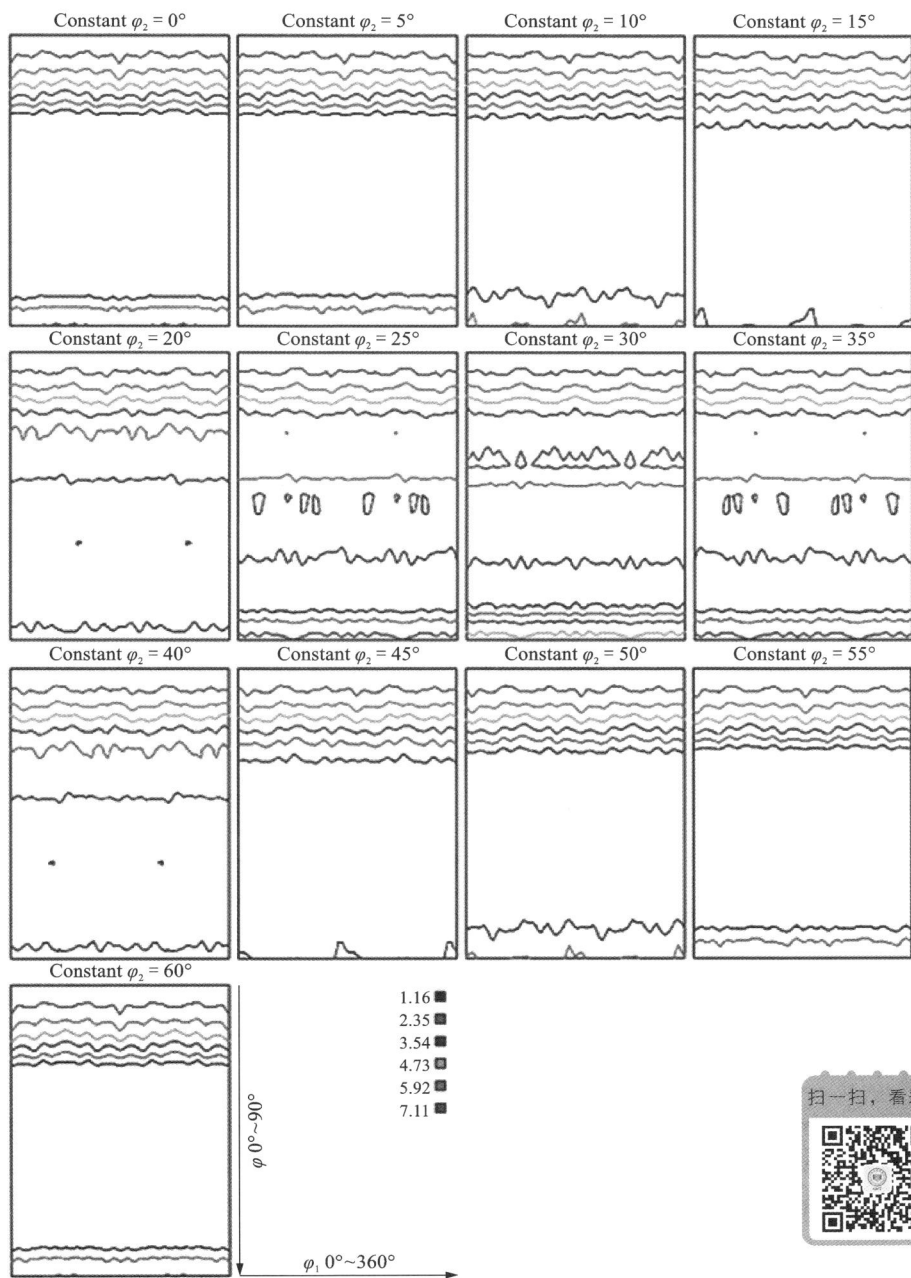

Constant $\varphi_2 = 0°$　Constant $\varphi_2 = 5°$　Constant $\varphi_2 = 10°$　Constant $\varphi_2 = 15°$

Constant $\varphi_2 = 20°$　Constant $\varphi_2 = 25°$　Constant $\varphi_2 = 30°$　Constant $\varphi_2 = 35°$

Constant $\varphi_2 = 40°$　Constant $\varphi_2 = 45°$　Constant $\varphi_2 = 50°$　Constant $\varphi_2 = 55°$

Constant $\varphi_2 = 60°$

1.16
2.35
3.54
4.73
5.92
7.11

$\varphi\ 0°\sim90°$

$\varphi_1\ 0°\sim360°$

$T_d = 1100\ ℃,\ Q_{Cl_2} = 100\ mL/min。$

图 4−26　CVD Re 的 ODF 图（1100 ℃）

Constant $\varphi_2 = 0°$　Constant $\varphi_2 = 5°$　Constant $\varphi_2 = 10°$　Constant $\varphi_2 = 15°$

Constant $\varphi_2 = 20°$　Constant $\varphi_2 = 25°$　Constant $\varphi_2 = 30°$　Constant $\varphi_2 = 35°$

Constant $\varphi_2 = 40°$　Constant $\varphi_2 = 45°$　Constant $\varphi_2 = 50°$　Constant $\varphi_2 = 55°$

Constant $\varphi_2 = 60°$

5.05 ■
10.24 ■
15.43 ■
20.62 ■
25.81 ■
31.00 ■

φ 0°~90°

φ_1 0°~360°

扫一扫，看彩图

$T_d = 1200\ ℃$，$Q_{Cl_2} = 100\ \text{mL/min}$。

图 4-27　CVD Re 的 ODF 图（1200 ℃）

Constant $\varphi_2 = 0°$　Constant $\varphi_2 = 5°$　Constant $\varphi_2 = 10°$　Constant $\varphi_2 = 15°$

Constant $\varphi_2 = 20°$　Constant $\varphi_2 = 25°$　Constant $\varphi_2 = 30°$　Constant $\varphi_2 = 35°$

Constant $\varphi_2 = 40°$　Constant $\varphi_2 = 45°$　Constant $\varphi_2 = 50°$　Constant $\varphi_2 = 55°$

Constant $\varphi_2 = 60°$

1.15 ■
1.33 ■
3.69 ■
7.23 ■
11.95 ■
17.85 ■

ϕ $0° \sim 90°$

φ_1 $0° \sim 360°$

$T_d = 1300\ ℃$，$Q_{Cl_2} = 100\ mL/min$。

图 4-28　CVD Re 的 ODF 图（1300 ℃）

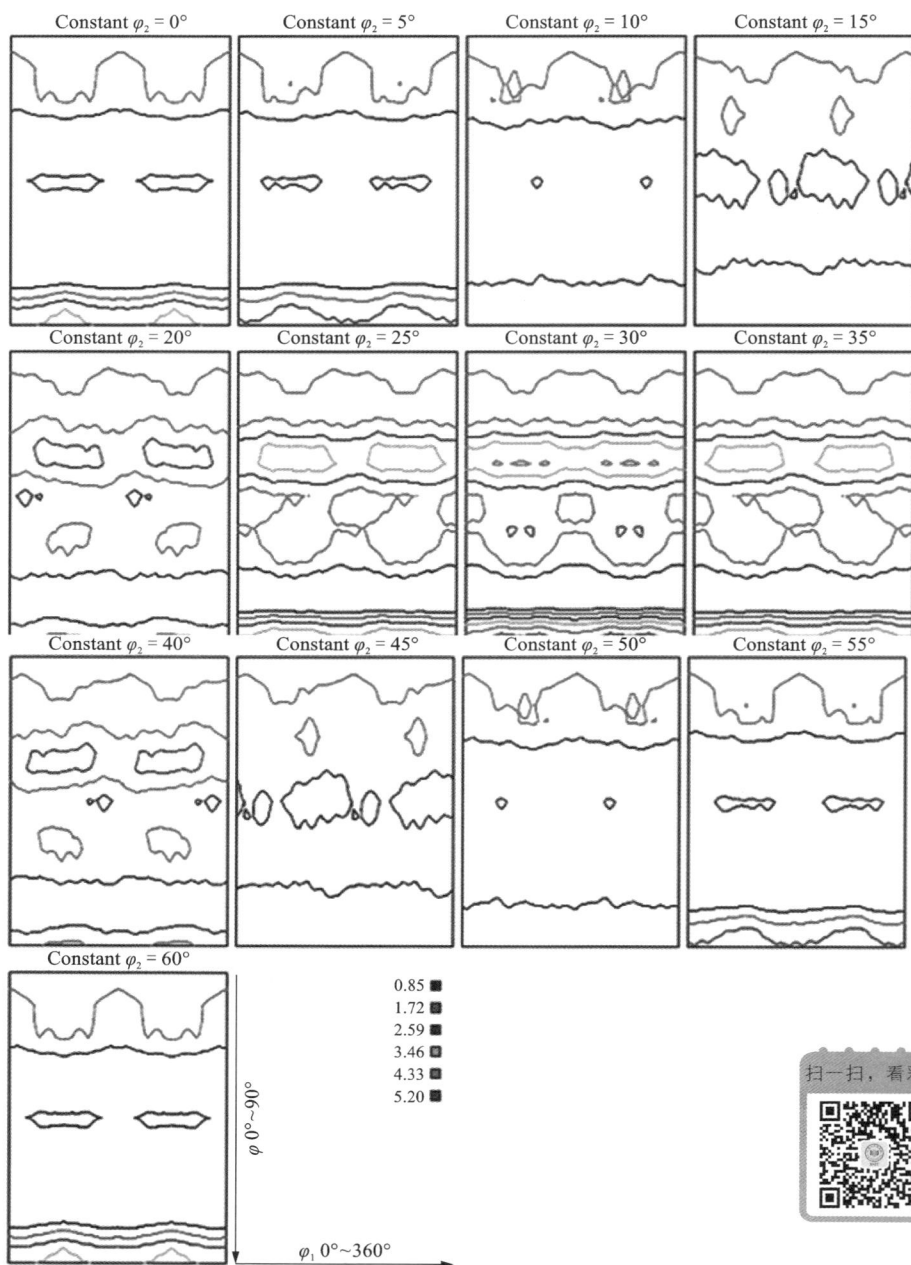

图 4-29 普通压制烧结 Re 的 ODF 图

根据 $\varphi_1 = 0°$，$\varphi = 0° \sim 90°$，$\varphi_2 = 30°$ 各织构的取向程度变化，绘制图 4-30，得到不同制备工艺条件下 Re 织构的取向密度变化。可以看出，在 $\varphi = 0° \sim 20°$，1200 ℃ 沉积 CVD Re 对应的取向密值更大，且下降速度很快，而 1100 ℃ 下的取向密度变化较为平缓。值得注意的是，由于 CVD Re 织构为 (0001) 基面纤维织构，对称性较好，可在取向空间选取一取向线计算理想取向的体积分数。为此，取一代表性的取向线 (0, φ, 30°)，应用高斯函数对 CVD Re 的取向分布进行拟合，如图 4-31 ~ 图 4-33 所示。PS Re 由于择优取向对称性不明显，仅在 90° 附近有少量 (01$\bar{1}$0) 纤维织构，对该段取向分布进行高斯拟合，对称性较低，如图 4-34 所示，可近似计算 (01$\bar{1}$0)<0001> 织构的体积分数。根据上述拟合结果，对相应织构分布的区域进行积分，根据取向分布函数的定义定量计算织构组分的体积分数。

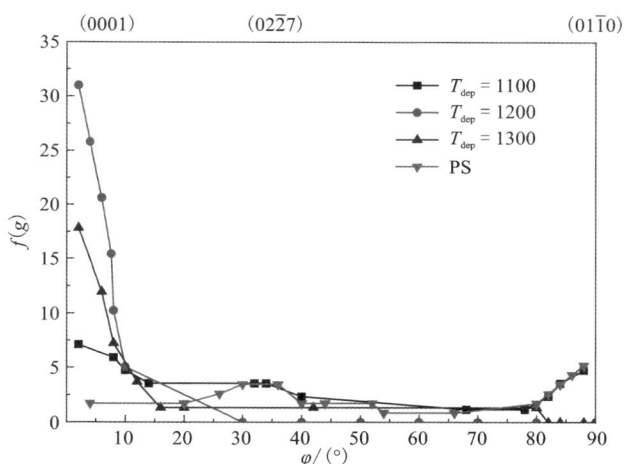

图 4-30　不同制备工艺条件下 Re 织构的取向密度函数变化（$\varphi_1 = 0°$，$\varphi_2 = 30°$）

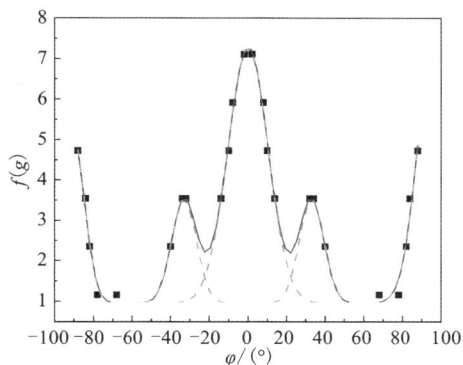

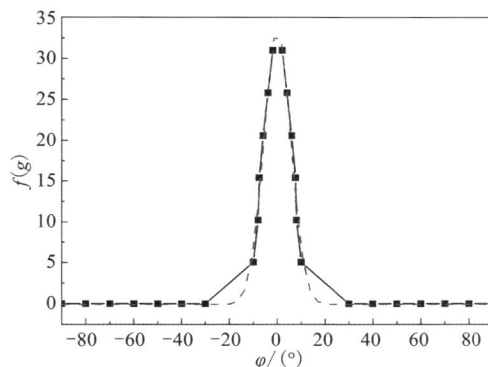

图 4-31　CVD Re 取向密度拟合（$T_d = 1100$ ℃）　图 4-32　CVD Re 取向密度拟合（$T_d = 1200$ ℃）

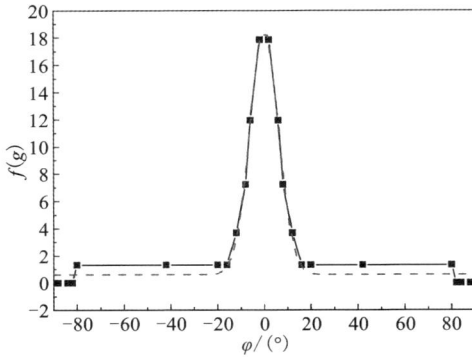

图 4-33　CVD Re 取向密度拟合($T_d = 1300$ ℃)

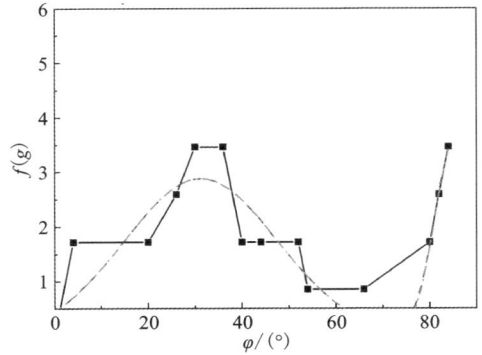

图 4-34　PS Re 取向密度拟合

由取向分布函数公式，可得到在取向空间具有某一取向(ψ_0, θ_0, φ_0)的织构组分(hkl)<uvw>所占的体积分数，各织构类型的定量计算结果如表 4-4 所示。此外，通过散漫程度可知，1200 ℃ 沉积的 CVD Re 择优取向最为明显，1300 ℃ 次之，1100 ℃ 最弱。

表 4-4　织构组分定量计算结果

样品类型	织构类型								
	(0001)纤维织构			(01$\bar{1}$0)纤维织构			(02$\bar{2}$7)<$\bar{7}3\bar{4}$0>面织构		
	最大取向密度	散布宽度	体积分数/%	最大取向密度	散布宽度	体积分数/%	最大取向密度	散布宽度	体积分数/%
CVD Re(1100 ℃)	6.34	20.74	61	4.17	11.92	37	2.57	12.70	15
CVD Re(1200 ℃)	33.79	11.19	主要	无			少		
CVD Re(1300 ℃)	18.17	11.98	主要	无			少		
PS Re				3.57	8.5	24			

通过对比 CVD Re、PM Re 的极图及 ODF 图，可以明确非平衡条件下生长的 CVD Re 晶粒经常出现明显的择优织构取向，这与平衡法(如粉末冶金法)得到的组织会有所不同。沉积温度为 1200 ℃，氯气流量为 100 mL/min 的条件下，CVD Re 沉积层的择优取向最为明显。

4.2.3 微观织构分析

利用 EBSD 技术分析铼涂层及铼块的微观取向分布,通过不同的颜色、灰度和花样来表示材料中不同的织构成分。织构图中包含了晶粒尺寸、形状和相对位置等,通过颜色反映金属的微观织构分布。

图 4-35(a) 为 1200 ℃沉积温度下制备的 CVD Re 涂层取向分布图和反极图。图中晶粒的颜色较为接近橘色,因此整个图 4-35(a) 中扫描区域的晶体取向基本一致。反极图表明,CVD Re 涂层的取向为<0001>方向;图 4-35(b) 为 CVD Re 涂层的晶界分布图。发现有少量的红色晶界分布在晶粒与晶粒之间,这些红色的晶界在细直线系统中判定为孪晶界。对 1200 ℃温度下沉积的 CVD Re 涂层的晶粒组织进行观察[图 4-6(a)],发现组织中的 V 形、W 形侵蚀纹及孪晶界较少。由于材料未经任何形式的形变,由此判断沉积态 CVD Re 涂层组织中形成的孪晶为生长孪晶。

(a) 取向分布图与反极图   (b) 晶界分布图

图 4-35　1200 ℃沉积温度下制备的 CVD Re 涂层

图 4-36(a) 为 1200 ℃沉积态块体 CVD Re 的取向分布图,各晶粒取向基本一致。取向分布统计图中的取向差角度与旋转轴分布表明,31°取向差角在整个取向差角取值范围内相对频率最高,图 4-36(a) 中显示晶粒取向为<0001>。由此得出块体 CVD Re 晶粒间的取向差主要为 31°,择优取向为<0001>,沉积态块体 CVD Re 的晶粒取向为 31°<0001>;图 4-36(b) 显示,经过热处理后块体 CVD Re 各晶粒取向分布也基本相同。从统计图中可以看到 31°取向差角仍然在整个取向差角取值范围内相对频率最高,晶粒取向亦为<0001>方向,热处理并不会改变沉积态块体 CVD Re 的晶体取向。

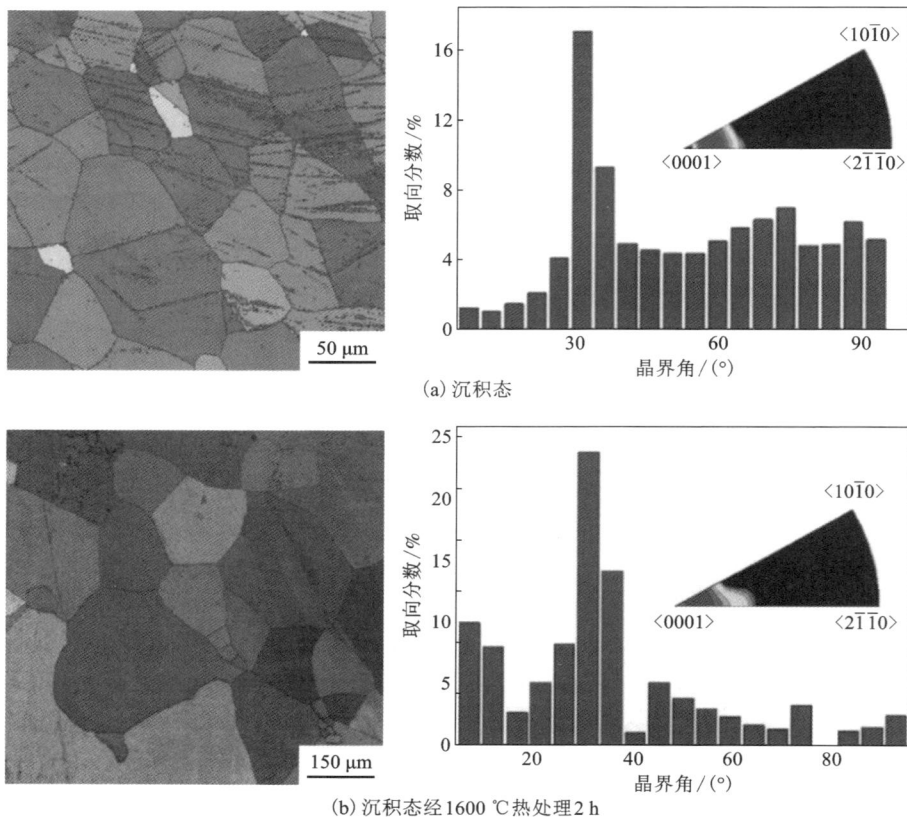

(a) 沉积态

(b) 沉积态经1600 ℃热处理2 h

图4-36　1200 ℃沉积块体 CVD Re 的取向分布图、
统计图和反极图

4.3　CVD 铼的形成机制

晶体的生长受很多因素的影响，其中包括结晶学因素，如晶体生长的几种模型；动力学因素，如表面能和体积能；热力学因素，如热传导等。这三种因素共同影响着晶体的生长，沉积条件的改变使起主要作用的影响因素也发生改变。不同的影响因素将决定晶体的生长形态和方向。结合 CVD Re 的沉积动力学、表面形貌特征和择优取向分析，本节对 CVD Re 的形成机制进行综合分析。

4.3.1　晶粒生长

CVD Re 动力学研究表明，薄膜形成的最初阶段，一些气态原子开始凝聚在衬底表面形核。最初的原子团均匀细小，呈岛状生长，小岛不断合并长大，很快饱和。小岛合并过程中，空出的基底表面又会形成新的小岛，小岛形成与合并不断进行，留下孤立的孔洞和沟道，不断被后来沉积的原子填充。生长模式分为岛状生长、层状生长和层-岛状混合生长。

靠近 Mo 基体侧，CVD Re 形成极小的等轴细晶组织，远离界面外延生长形成柱状晶。沉积初期，Re 与 Mo 的浸润性良好，Re 原子与基体原子键合。沉积数个原子层之后，由于两者的晶格常数不匹配，为了降低表面能，Re 沉积层倾向于将暴露的晶面转变为低能面，当薄膜长到一定厚度后，生长模式由层状模式转变为岛状模式。薄膜形成遵循自由能最低的生长规律，CVD Re 沉积层的生长模式更倾向于层-岛状复合生长模式（Stranski-Krastanov 型）。

薄膜生长过程中，薄膜的组织结构与沉积温度之间一般符合 Movchan-Demchishin 关系，而 Movchan-Demchishin 关系内容主要有三点，具体如下。

（1）$T_d/T_m \leqslant 0.3$ 时（其中 T_d 为沉积温度，T_m 为沉积金属熔点），原子的表面扩散和体扩散能力低，倾向形成细纤维状结构。

（2）$0.3 < T_d/T_m < 0.5$ 时，原子体扩散不充分，但是表面扩散能力较强，沉积形态为柱状晶，晶体内缺陷密度小，晶粒边界致密性高，力学性能好。同时各晶粒表面开始呈现晶体学平面的特有形貌。晶粒尺寸随沉积温度的升高而增加。

（3）$T_d/T_m \geqslant 0.5$ 时，体扩散起主要作用，晶粒组织为等轴晶结构。

根据 Re 的沉积温度 1100 ℃、1200 ℃、1300 ℃ 和熔点 3180 ℃ 计算，T_d/T_m 分别为 0.35、0.38 和 0.41，符合 $0.3 < T_d/T_m < 0.5$。沉积的初始阶段，原子体扩散不充分，主要是依靠原子的表面扩散生长，当原子表面扩散进行得较为充分时，形成的组织为各个晶粒分别外延而形成的均匀柱状晶组织，柱状晶的直径随沉积温度的上升而增加。

实验观察到 CVD Re 的沉积态形貌也与上述描述相吻合。扩散过程中表面扩散发挥主要作用，形成柱状晶的晶粒组织，与 Movchan-Demchishin 关系一致。其形态与薄膜生长的晶带模型中组织形态 2 相符（图 4-37），1100～1300 ℃ 沉积温度下 CVD Re 属于表面扩散控制的生长组织。

对于 Re 而言，沉积温度 1100 ℃（$0.3T_m$ 附近）的临界形核尺寸较小，在已沉积的 Re 层上形核长大形成的晶粒更为细小，堆积稍显疏松［图 4-4（a_1）］；当沉积温度上升至 1300 ℃ 时（接近 $0.5T_m$），Re 组织表面扩散充分，沉积层生长较为致密［图 4-4（c_1）］。随着沉积温度的升高，原子扩散的作用逐渐增强，晶粒内部的缺陷密度随之降低，符合分子动力学模拟的结果。

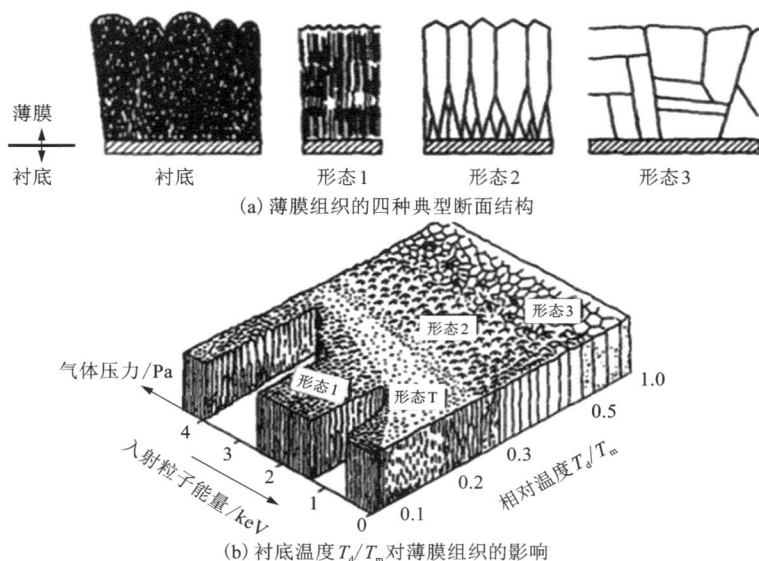

(a) 薄膜组织的四种典型断面结构

(b) 衬底温度 T_d/T_m 对薄膜组织的影响

图 4-37　薄膜生长的晶带模型

4.3.2　织构形成

薄膜生长过程中，内部晶粒组织随着沉积温度的变化而改变，其表面形貌亦随之变化，从低温的拱形表面形貌转化为由晶体学平面构成的多晶形貌。不仅有某一晶向沿特定方向排列，还有晶面亦会沿某一特定的原子面排列。因此，在研究枝晶定向生长的同时，必须考虑到晶面的生长。对于晶面的生长，从结晶学角度来考察，原子面是沿择优生长方向一层一层地堆积的。化学气相沉积就是在外加一个特定的温度场、浓度梯度的情况下，使原子的生长沿某一面排列，晶体表面能在各个方向上不一致，在薄膜沉积过程中，导致薄膜沉积速度随晶体学方向不同而有所差异。

原子密度小的非密排面(高指数晶面)表面能最高，而密排面(低指数晶面)具有较低的表面能。如图 4-38 所示，$a_0 > b_0$，AB、BC、CD 分别为三个晶体学平面。可以看出，AB 晶面上的原子密度最大，BC 晶面的原子密度最小。原子容易被表面能较高的表面吸引，凝聚到像 BC 这样的非密排面，薄膜的沉积速率最高。而其他晶面的生长速率较低，最终晶面 BC 会因生长速率快而消失，晶面 AB、CD 的生长速率相对较慢，晶面面积将不断扩大。最终整个体系内均显现出具有最慢的生长速率的晶面，而这些晶面即为织构面。

上节对 CVD Re 的织构分析表明，Re 沉积层的择优生长晶面主要有：(0001)

基面、$(01\bar{1}0)<0001>$ 和少量的 $(02\bar{2}7)<73\bar{4}0>$ 晶面。可近似认为 AB 面代表 (0001)，CD 面代表 $(01\bar{1}0)$，BC 面代表 $(02\bar{2}7)$。由此可见，整个体系中 CVD Re 的 (0001) 密排面的表面能最低，沉积速度最低，最终形成 (0001) 织构面。

4.3.3 表面形貌

上述分析表明，在沉积温度为 $1100 \sim 1300 ℃$ 下制备的 CVD Re 均形成了 (0001) 基面的择优取向。但是在获得 (0001) 基面织构的同时，各个晶粒露出的外表面不一定全是 (0001)。随着沉积工艺条件的改变，晶

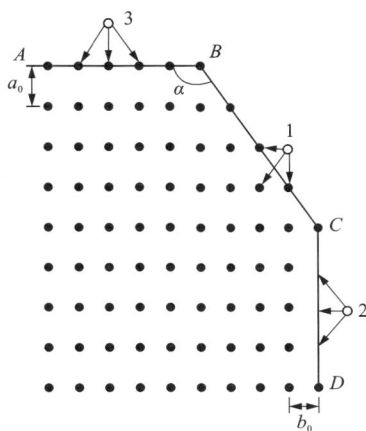

图 4-38　晶体中不同晶面与其生长速率相关性的示意图

体学的表面能及各方向的生长速度亦将发生改变，生长速度最快的方向则取决于具体的工艺条件。

如图 4-38 中当 AB 面和 BC 面夹角 $\alpha > 90°$ 时，生长速率越快的晶面面积会逐渐减小，生长速率较慢的晶面会不断增大。值得注意的是，由于密排面晶面间距大于非密排面，因此，当 AB 面生长速度加快，晶体的表面形貌以凸起为主。而当 BC 面生长速度加快，晶体的表面形貌以平面为主。这就意味着密排面 AB 生长速度越快，最终消失时表面形貌越尖锐，BC 面生长速度越快，最终消失时，表面形貌越平整。

1. 表面形貌与沉积参数的关系

研究表明，制备工艺对 CVD Re 的表面形貌具有重要影响。固定氯气流量分别为 100 mL/min 和 150 mL/min 的情况下，当沉积温度在 $1100 \sim 1300 ℃$，CVD Re 表面均形成了尖角形貌，从 1100 ℃ 沉积出的三棱锥形貌转变为 $1200 \sim 1300 ℃$ 沉积出的六棱锥的形貌。表明在该工艺条件下，AB 面 (0001) 的生长速率较快，且高于 $BC(02\bar{2}7)$ 面的生长速率，表面形成凸起的尖角；随着沉积温度的升高，高指数晶面（BC 面）生长速度加快，形成六棱锥，且六棱锥的顶角加大，这是因为沉积温度上升至 1300 ℃ 时，出现了新的择优取向，意味在该择优取向下形成的六棱锥顶角会更大。

沉积温度分别为 1100 ℃、1200 ℃、1300 ℃，氯气流量在 $50 \sim 150$ mL/min 范围内调整，CVD Re 的表面形貌亦发生了较为规律的变化：随着氯气流量的增加，表面形貌均出现了由平面转为尖角凸起的现象，在 $1200 \sim 1300 ℃$ 温度下沉积的 Re 则呈现了极为明显的六棱锥形貌，说明在氯气流量较低（50 mL/min）时，BC 面

的生长速率大于 AB 面,呈现平面形貌;随着氯气流量的增加($100 \sim 150$ mL/min),密排 AB 面的生长速率快速增加,非密排 BC 面的生长速率减慢,表面变得尖锐。

2. 晶面生长与沉积参数的关系

上述分析表明:在现有的动力学控制阶段,降低沉积温度,提高氯气流量,有助于密排面的生长;提高沉积温度,降低氯气流量,有助于非密排面的生长。

结合织构及表面形貌分析进行如下推理:低温沉积(1100 ℃)时,沉积速率慢, AB 面、CD 面的生长速度大于 BC 面,但是晶面生长速度差异较小,形成近似长方体的楔形表面形貌;高温沉积时虽然原子排列仍以(0001)密排面为主,但是沉积速率加快,BC 面、CD 面的生长速度加快,尤其 BC 面的生长速度加快,形成了底面为六边形的棱锥体表面形貌;随着温度的升高,BC 面生长越快,与 AB 面((0001)面)的夹角 α 也逐渐增加,最终整个体系内都将显现出具有最慢的生长速率的晶面即(0001)面。

结合 CVD Re 的动力学规律:目前所选的氯气流量使反应尚属于质量转移控制步骤,一般来说倾向于材料表面平整,意味着 BC 面生长速率大于 AB 面。继续提高流量,反应为动力学控制,在相同的沉积温度下,随着氯气流量增加,AB 面的生长速率加快,表面形貌由平整变得更加尖锐。

总之,在所选择的沉积参数范围内,低温、高氯气流量时沉积速率慢,有利于密排面的生长;高温、低氯气流量时,沉积速率快,有助于非密排面的生长,但随着温度的上升,择优生长的非密排面与密排面的夹角逐渐加大。要获得平整的光滑平面需要提高沉积温度,降低氯气的流量;若希望获得更加尖锐的表面形貌,则需降低沉积温度(低于 1300 ℃),提高氯气流量(高于 100 mL/min)。

第 5 章　CVD 铼的性能及应用

5.1　物理力学性能

5.1.1　密度与硬度

　　表 5-1 列出了不同沉积温度制备的 CVD Re 的密度。在 1100～1300 ℃ 的沉积温度下，CVD Re 的相对密度超过 99.4%。1300 ℃ 沉积的 Re 致密度最高，达到理论密度的 99.9%。沉积过程中，CVD Re 表面原子的扩散能力随沉积温度的上升而增强，沉积温度越高，Re 原子扩散越充分，材料就越致密。

表 5-1　不同沉积温度制备的 CVD Re 的密度

沉积温度/℃	密度/($g \cdot cm^{-3}$)	相对密度/%
1100	20.900	99.4
1200	20.965	99.7
1300	20.991	99.9

　　图 5-1 描述了 CVD Re 材料的维氏硬度与沉积温度的关系。CVD Re 硬度在 HV563～610 范围内波动，高于商用 PM Re 的硬度（HV227）。其中，沉积温度 1100 ℃ 时 CVD Re 硬度最低；沉积温度为 1300 ℃ 时最高。CVD Re 硬度随着沉积温度升高而升高，这与其密度的变化规律一致。

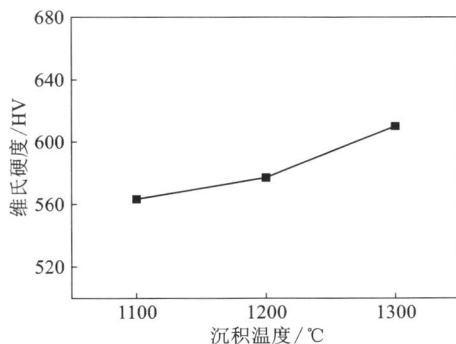

图 5-1　CVD Re 的维氏硬度与沉积温度的关系

5.1.2 室温力学性能

1. 沉积温度的影响

图 5-2 显示了不同沉积温度制备的 CVD Re 室温力学性能的变化。可以看出，随着沉积温度的上升，CVD Re 的极限抗拉强度呈小幅下降趋势。沉积温度 1200 ℃ 制备的 CVD Re 的延伸率最高，沉积温度 1100 ℃ 与 1300 ℃ 的 CVD Re 的延伸率接近。

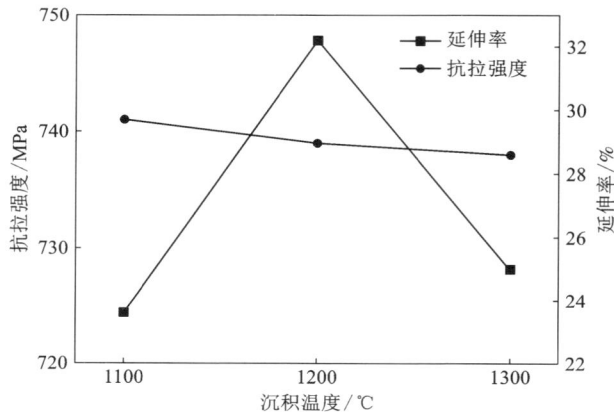

图 5-2 沉积温度对 CVD Re 室温力学性能的影响

图 5-3 为 CVD Re 的室温拉伸断口形貌，发现其断口均为沿晶断裂，在晶界三叉点观察到微孔。其中 1200 ℃ 沉积 Re 的微孔最为明显，微孔主要分布在分次沉积的 Re 层之间，对应的延伸率也最高，表明多层沉积结构有助于提高 Re 的塑性，这一现象与美国 Ultramet 公司制备 Re 的过程中为了防止柱状晶连续长大，需分次沉积 Re 相符。在所选沉积温度下，CVD Re 均表现出柱状晶的形貌特征，晶粒间结合紧密。晶粒随着沉积温度由低到高逐渐长大，晶粒尺寸依次约为 40 μm、60 μm 和 100 μm。

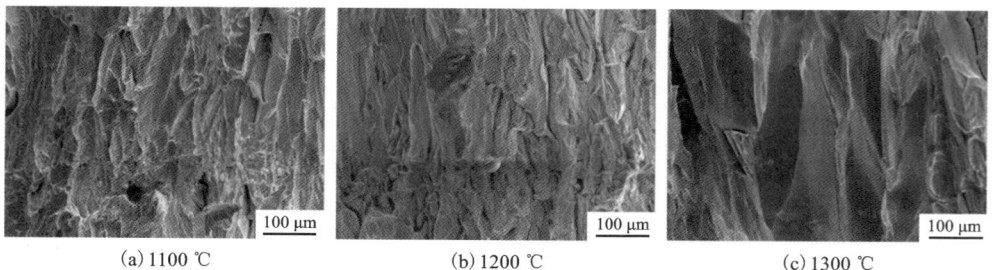

(a) 1100 ℃   (b) 1200 ℃   (c) 1300 ℃

图 5-3 CVD Re 的室温拉伸断口形貌

2. 热处理的影响

图 5-4 和图 5-5 分别显示了高温热处理对 CVD Re 抗拉强度及延伸率的影响规律(热处理时间均为 2 h)。与沉积态相比,1400 ℃ 热处理后 CVD Re 的抗拉强度有小幅增加。但随着热处理温度的上升,其抗拉强度迅速下降。这种变化趋势与 Re 沉积层的内应力及晶粒再结晶存在一定关联:CVD Re 本身在高温下沉积,沉积结束后从高温冷却至室温的过程中沉积层内将会产生一定的残余应力,1400 ℃ 热处理可以有效消除这种残余应力;而当热处理温度进一步提高至1600 ℃ 以上时,CVD Re 的晶粒逐渐长大,抗拉强度随之下降,温度越高,下降越明显。在所有热处理温度下,1100 ℃ 下制备的 CVD Re 的抗拉强度高于较高沉积温度下制备的 CVD Re,但差异并不大。CVD Re 的延伸率随热处理温度的变化表现出与抗拉强度类似的规律:1400 ℃ 热处理后,CVD Re 的延伸率最高,而当热处理温度提升至 1600 ℃ 以上时,延伸率呈下降趋势。延伸率与抗拉强度呈同向变化,即强度高,延伸率高,反之亦然。这与金属材料的强度与延伸率之间一般呈反向变化的规律不同,可能与 CVD Re 特殊的组织结构特征有关,其机理值得进一步深入分析研究。

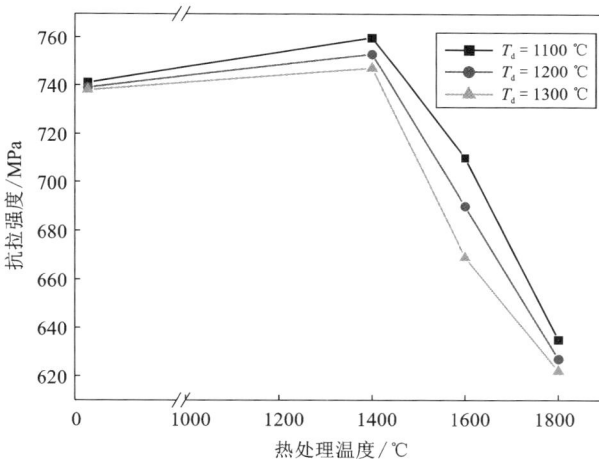

图 5-4　热处理温度对 CVD Re 抗拉强度的影响

表 5-2 列出了热处理时间对 CVD Re 室温力学性能的影响。可以看出,随着热处理时间的增加,CVD Re 的抗拉强度和延伸率均小幅增加。与热处理温度相比,热处理时间对 CVD Re 室温力学性能的影响较小。整体来看,1400 ℃ 是较理想的热处理温度,可有效提升沉积态 CVD Re 材料的抗拉强度及塑性。

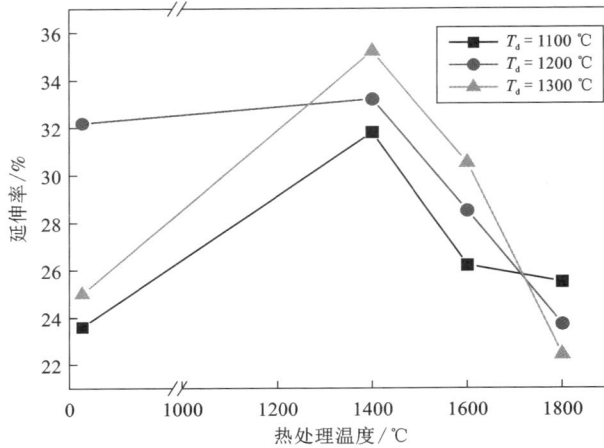

图 5-5 热处理温度对 CVD Re 延伸率的影响

表 5-2　CVD Re 室温力学性能随热处理时间的变化

材料(1100 ℃沉积)	热处理条件/(温度/℃×时间/h)	抗拉强度/MPa	断裂延伸率/%
CVD Re	未热处理	741	23.50
CVD Re	1600×2	710	26.20
CVD Re	1600×4	728	32.00

3. 制备工艺的影响

本书开展了 CVD Re 与 PM Re 室温力学性能的对比研究。PM Re 包括两种：热压烧结铼和热压烧结后的冷轧铼。热压烧结在真空热压炉内进行，烧结温度为 1500 ℃，压力为 30 MPa，烧结时间为 40 min，热压烧结 Re 的密度为理论密度的 92%~93%。对热压烧结 Re 实施 60% 的冷轧变形，中间退火温度为 1600 ℃，通氢气保护，最终成品密度接近铼的理论密度。

铼材料的室温力学性能列于表 5-3 中。可以看出，1100 ℃的 CVD Re 的抗拉强度和延伸率明显高于 PM Re，表现出优良的力学性能。原始状态的热压烧结 Re 的抗拉强度和延伸率最低，这可能与热压烧结 Re 的致密度较低有关。其断口形貌如图 5-6 所示，属于典型的沿晶断裂，呈脆性断裂特征。冷轧变形处理，热压烧结 Re 的抗拉强度及延伸率显著提升。经 1800 ℃，0.5 h 退火后，冷轧 Re 的抗拉强度小幅下降，而断裂延伸率进一步提高。

表 5-3　CVD Re 及 PM Re 材料的室温力学性能

材料	热处理条件	抗拉强度/MPa	断裂延伸率/%
CVD Re(1100 ℃)	未热处理	741	23.50
CVD Re(1100 ℃)	1600 ℃×4 h	728	32.00
热压烧结 Re	未退火	472	1.10
热压烧结后的冷轧 Re(加工态)	未退火	712	7.00
热压烧结后的冷轧 Re(退火态)	1800 ℃×0.5 h	644	19.00

(a) 宏观形貌　　　　　　　　(b) 微观形貌

图 5-6　热压烧结 Re 的拉伸断口形貌

5.1.3　高温力学性能

1. 高温拉伸性能

表 5-4 列出了不同沉积温度制备 CVD Re 的高温力学性能。可以看到，相同沉积温度下制备的 CVD Re，随着测试温度的升高，极限抗拉强度显著降低。高温下的延伸率低于室温延伸率，这也符合材料在高温下的一般特征。沉积温度为 1300 ℃制备的 CVD Re 具有最高的高温抗拉强度，当测试温度为 1800 ℃时，其抗拉强度达到 160.1 MPa。为了更好地对比，表 5-5 列出了美国 TRW 公司的粉末冶金轧制 RS 片材在 1800 ℃的高温力学性能。1100 ℃和 1300 ℃沉积温度下制备的 CVD Re 的极限抗拉强度及延伸率均明显高于 RS Re 材料。

表 5-4　不同沉积温度制备 CVD Re 的高温力学性能

测试温度 /℃	1100 ℃沉积		1200 ℃沉积		1300 ℃沉积	
	极限强度/MPa	延伸率/%	极限强度/MPa	延伸率/%	极限强度/MPa	延伸率/%
RT	741	23.6	739	32.2	738	22.5
1400	236.3	12	294	5.8	338.8	8

续表 5-4

测试温度 /℃	1100 ℃沉积		1200 ℃沉积		1300 ℃沉积	
	极限强度/MPa	延伸率/%	极限强度/MPa	延伸率/%	极限强度/MPa	延伸率/%
1600	>181.8*	—	215	15.6	222.2	9.8
1600	>172.0*	—	118.4	1.9	>176.3*	—
1800	130.9	18	88	—	160.1	11.4

* 多个样品未拉断, 从夹持部位脱开。

表 5-5　粉末冶金轧制 Re 的高温力学性能

测试温度/℃	抗拉强度/MPa	屈服强度 $\sigma_{0.2}$/MPa	断裂延伸率/%
1800	116.8	64.7	2.6

图 5-7 为 1100 ℃沉积 CVD Re 的高温拉伸断口形貌。测试温度在 1600 ℃以下的断口形貌呈现沿晶断裂的特征, 由于 Re 分次沉积, 沿不同沉积层之间出现了台阶状断口, 可以观察到韧窝微孔; 当测试温度升至 1800 ℃时, 表现出准解理断裂的特征, 晶内产生撕裂棱, 属于微孔和解理断裂两种机制的混合, 宏观上表现出一定的塑性。1300 ℃沉积的 CVD Re 样品, 高温拉伸断口形貌同样呈现出了沿晶断裂的特征, 在沉积层之间出现了裂纹, 晶内观察到撕裂棱及韧窝(图 5-8)。

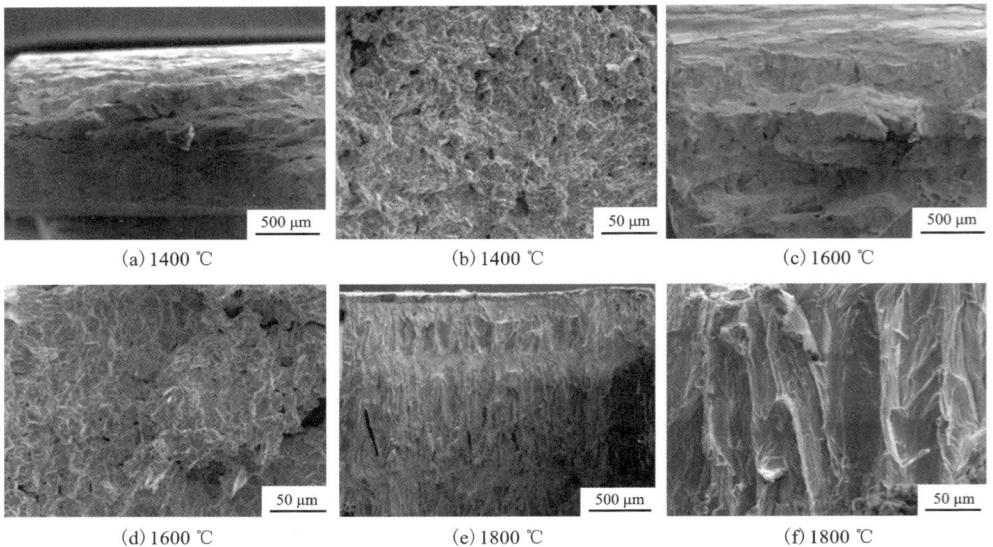

(a) 1400 ℃　　　　(b) 1400 ℃　　　　(c) 1600 ℃

(d) 1600 ℃　　　　(e) 1800 ℃　　　　(f) 1800 ℃

图 5-7　不同测试温度下 1100 ℃沉积 CVD Re 高温拉伸断口形貌

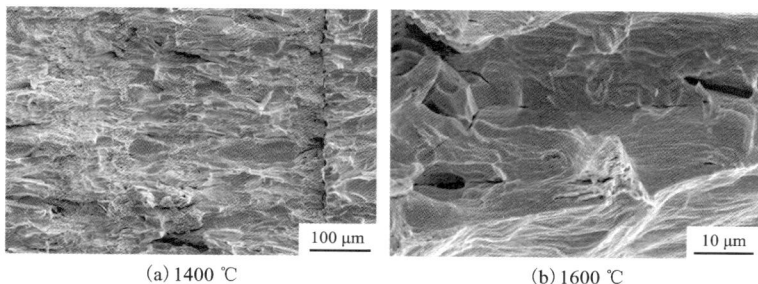

(a) 1400 ℃　　　　　　　　　　(b) 1600 ℃

图 5-8　不同测试温度下 1300 ℃沉积 CVD Re 高温拉伸断口形貌

　　高温下，晶界附近是弱化区域，在常温或不太高的温度($T<0.3T_m$)下，晶界可以起到阻止变形的作用不同（细晶强化）。而高温下纯金属晶界本身非但不能阻止材料的变形，还会因为自身产生变形，在切应力的作用下，自晶界两侧产生相对滑动，促使晶内变形。这种情况下，可以预期：粗晶粒的材料反而具有较好的高温强度。实验表明，1300 ℃沉积 CVD Re 的晶粒较 1100 ℃沉积 CVD Re 的晶粒粗大，但其高温强度优异。CVD Re 材料断裂的同时具备韧窝及解理两种特征，宏观表现出一定塑性。CVD Re 材料的强韧化机理将在下一节进行分析。

　　2. 高温蠕变性能

　　室温拉伸实验结果表明，1200 ℃沉积的 CVD Re 具有优异的综合室温力学性能，选取同一样品进行高温蠕变性能测试。将试样加工成长 50 mm、宽 1.5 mm、厚 1.5 mm 的蠕变试验件。实验条件：蠕变温度为 1649 ℃、加载应力为 27.6 MPa、蠕变时间为 5 h、升温速率为 40 ℃/min，测试环境为高真空。通过实验，得到 CVD Re 材料的蠕变应变量为 0.60%，稳态蠕变速率为 0.12%/h，均显著低于 PM Re 材料（表 1-4）。

5.1.4　强韧化机制

　　本书第 1 章关于铼材料力学性能的测试数据表明：CVD Re 的屈服强度和高温蠕变性能明显高于 PM Re，且 CVD Re 材料同时具备较高的强度和塑性，二者的断裂方式也存在较大的差异；第 4 章对 CVD Re 的组织结构研究发现，沉积态 CVD Re 材料中形成了具有明显择优取向的柱状晶和生长孪晶。本章节将对室温拉伸和高温蠕变 CVD Re 的微观结构组织进行观察分析，探索 CVD Re 的强韧化机制。

　　1. 室温拉伸组织结构

　　选择 1200 ℃沉积态以及经 1400 ℃、1800 ℃热处理 2 h 后的 CVD Re 室温拉

伸断裂试样进行金相观察分析，如图 5-9 所示。可以发现，拉伸后沉积态 CVD Re 晶粒内出现了较多的平行直线状侵蚀纹，即孪晶组织。由于晶界对滑移的阻碍作用，大部分形变滑移带被阻滞在晶粒内部。与沉积态 CVD Re 的金相组织对比(图 4-7)，室温拉伸变形后 CVD Re 晶粒内的孪晶明显增多。另外，由图 5-9 还可以看到晶粒中的滑移线与拉伸方向一致。因此，除生长孪晶外，CVD Re 拉伸变形组织中，还应该出现了形变孪晶。

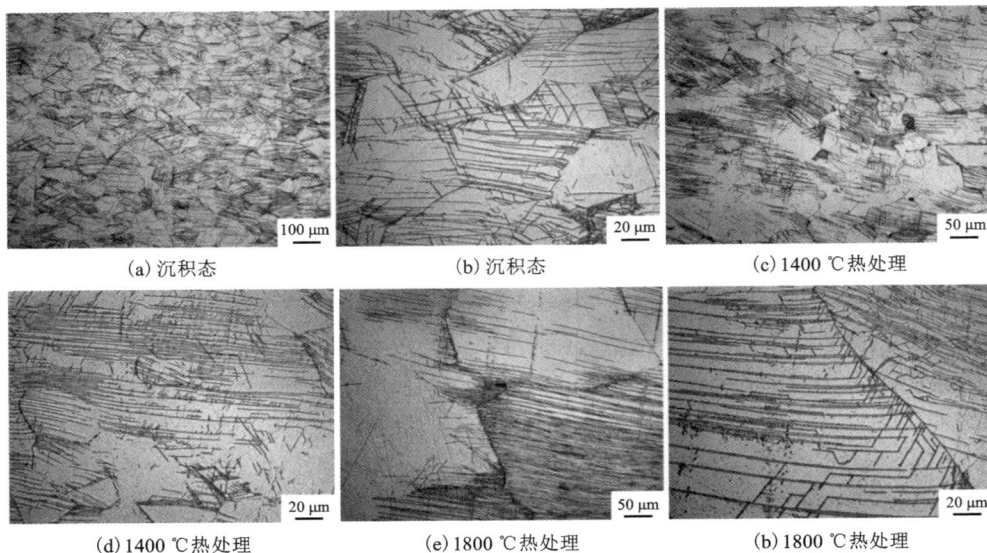

(a) 沉积态	(b) 沉积态	(c) 1400 ℃热处理
(d) 1400 ℃热处理	(e) 1800 ℃热处理	(b) 1800 ℃热处理

图 5-9 CVD Re 室温拉伸形变金相组织

1400 ℃热处理试样室温拉伸后，其金相组织与沉积态形变组织具有相似的形貌特征。晶内仍保留了较多的侵蚀纹，同向性更强，晶界对晶粒内滑移的阻碍作用减弱，滑移带有穿过晶界到达邻近晶粒内部的现象；对 1800 ℃热处理的 CVD Re 室温拉伸金相组织观察发现，CVD Re 的晶粒尺寸明显增大，并且滑移带聚集在一些晶粒内部。滑移带被沿另一个方向的位错直线阻拦在晶界处，阻碍了滑移带的滑移运动。

图 5-10 为 1200 ℃沉积态 CVD Re 室温拉伸试样的 TEM 形貌。可以发现片层状结构相互交叉形成菱形结构[图 5-10(a)]。两个方向相互交叉的片层状结构，其中一个方向的片层状结构为层错，而另一个方向的片层状结构则为片层孪晶，并发现位错在孪晶界处被阻拦[图 5-10(b)]。对比 1200 ℃沉积态 CVD Re 的 TEM 明场像，发现经拉伸形变后试样位错数量增加，这是因为室温拉伸形变后使得位错在晶体中出现塞积、交割，位错的运动变得困难，最终引起晶体材料的加工硬化。

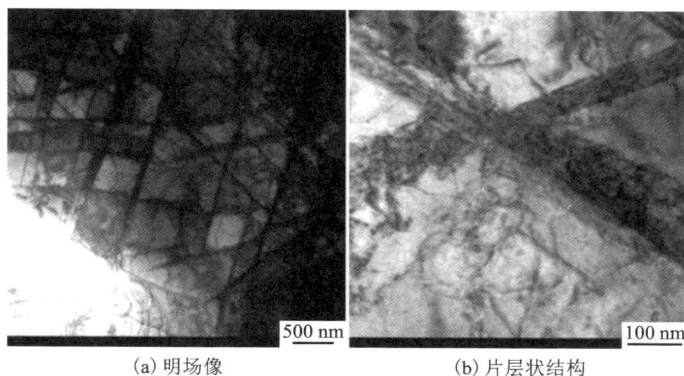

(a) 明场像　　　　　　　　　　(b) 片层状结构

图 5-10　CVD Re 室温拉伸试样 TEM 形貌

　　由图 5-11 的 TEM 明场像及其衍射斑分析可知，1200 ℃沉积的 CVD Re 经室温拉伸变形后同样具有$\{11\bar{2}1\}<\bar{1}\ \bar{1}26>$孪晶，这与 Kacher 关于纯铼在压缩或拉伸形变形成的孪晶系统一致。本书第 4 章的研究发现，CVD Re 在沉积过程中原位形成了$\{11\bar{2}1\}<\bar{1}126>$这种类型的孪晶系，拉伸形变后孪晶系并未发生改变。

　　利用高分辨透射电镜(HRTEM)，对室温拉伸形变 CVD Re 组织中的片层孪晶结构进行进一步精细分析表征，如图 5-12 所示。对图 5-12(b) 中的选区衍射斑点进行分析、表明：片层组织中有孪晶存在。在片层状形变孪晶界上分布有多次孪晶，孪晶界出现原子错排，并由此形成了具有一定厚度的孪晶界；图 5-12(c) 中的观察区域同样发现有孪晶组织，且孪晶界面为共格孪晶界。图 5-12(b) 和图 5-12(c) 图片的下半部分为位错形貌，可以看到位错的存在使得片

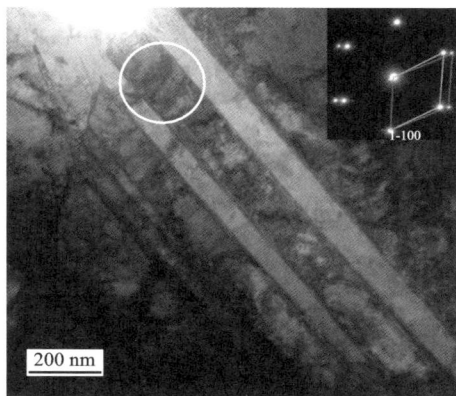

图 5-11　CVD Re 室温拉伸形变 TEM 明场像
及选区衍射斑

层孪晶内部再次发生孪晶结构的概率降低。由此可以得出，经室温拉伸后，CVD Re 形变孪晶内的原子发生错排的位置集中在孪晶界周围。

2. 高温蠕变组织结构

　　对 1200 ℃沉积的高温蠕变 CVD Re 试验件分别进行了金相、扫描电镜和透射电镜观察。由图 5-13 的金相组织可以看到，蠕变后 CVD Re 组织中出现了许多

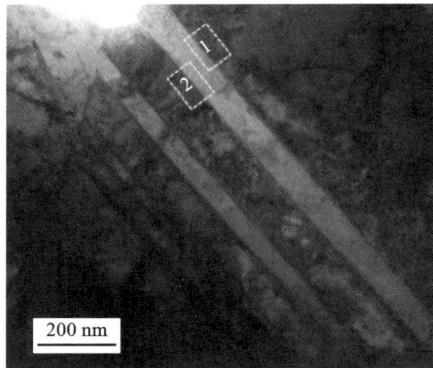

(a) 选区位置示意图

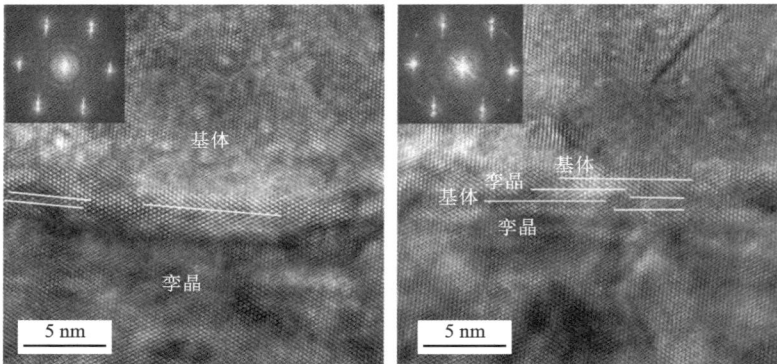

(b) 1号选区放大形貌　　　　　　　　(c) 2号选区放大形貌

图 5-12　CVD Re 室温拉伸形变 HRTEM 明场像

再结晶晶粒，进一步放大观察发现晶粒内部有少量平行直线和 V 形、W 形侵蚀纹，但与同一沉积温度下制备的沉积态 CVD Re 相比，蠕变形变后晶粒内部的侵蚀纹显著减少。扫描电镜的二次电子像中可以观察到晶界有少量的孔洞(图 5-14)。放大观察发现，晶界内部出现孔洞和侵蚀纹。图 5-15 为高温蠕变 CVD Re 的 TEM 微观结构组织明场像。观察发现蠕变后 CVD Re 晶粒内的孪晶等片层结构几乎消失，但却产生了较多具有一定方向性的位错线分布于基体中[图 5-15(a)]，部分区域可以观察到位错网[图 5-15(b)]，位错网的形成与位错塞积及交滑移密切相关。

　　位错强化的途径有两种，一种是使存在位错的金属材料位错密度增加，从而达到增加金属强度的效果。另一种是使金属材料中的位错密度几乎为零，金属材料的实际强度和理论强度就一致。通过对沉积态和室温拉伸后 CVD Re 的组织结

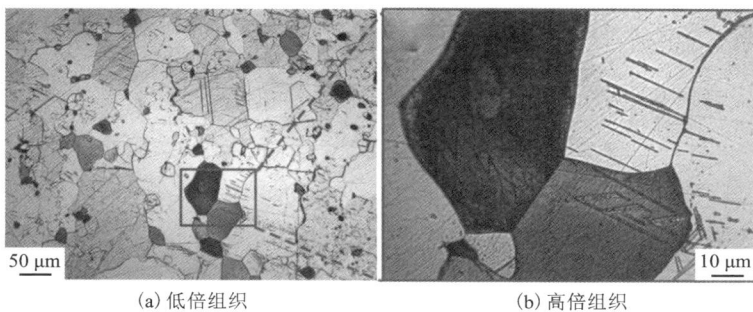

(a) 低倍组织　　　　　　　　　　　(b) 高倍组织

图 5-13　高温蠕变 CVD Re 的金相组织

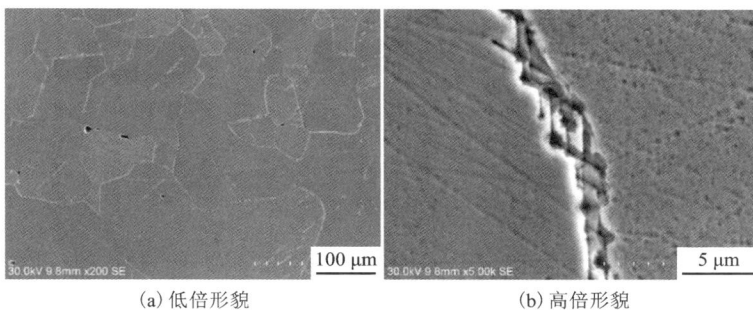

(a) 低倍形貌　　　　　　　　　　　(b) 高倍形貌

图 5-14　高温蠕变 CVD Re 的 SEM 形貌

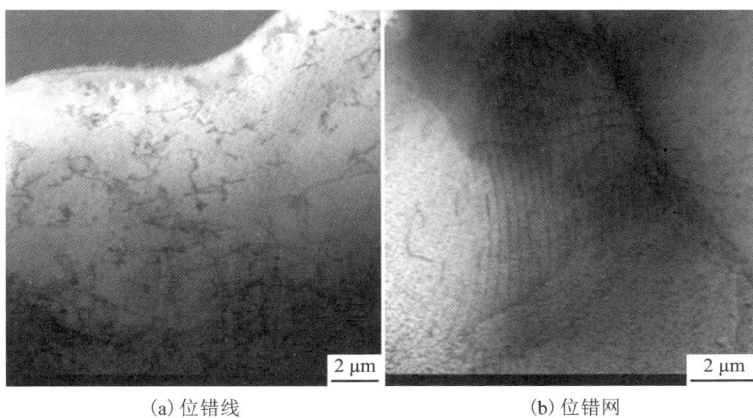

(a) 位错线　　　　　　　　　　　(b) 位错网

图 5-15　高温蠕变 CVD Re 的 TEM 明场像

构观察，发现沉积态的 CVD Re 既具有层错、生长孪晶结构，又具有大量位错塞积在这些片层结构间。室温拉伸组织中还出现了形变孪晶，而高温蠕变后 CVD Re 组织中的孪晶虽然几乎消失，但却残留了大量具有方向性的位错线和位错网。这些类片层结构极大地限制了高温蠕变变形的发展，最终使得 CVD Re 材料具有较小的高温蠕变应变量。

5.2　发射率

材料的发射率主要由材料的本征属性和结构形态共同决定。本书第 1 章的分析表明，铼的发射率与其表面状态密切相关。通过本书第 4 章的研究发现，沉积温度和氯气流量显著影响 CVD Re 沉积层的组织结构和表面形貌。改变沉积温度，底面从长方形变为六边形；根据氯气流量的不同，表面逐渐从平顶面变为尖锐的凸起，并出现了六棱锥的特殊形貌。其中 1200~1300 ℃，氯气流量 100 mL/min 的表面形貌较具有代表性，与 Ultramet 公司报道的黑铼涂层形貌近似。本节将针对这一系列特殊形貌的 CVD Re 沉积层进行室温、高温发射率的实验测量，分析发射率与沉积参数及表面形貌之间的关系，明确具有高发射率 Re 的沉积条件，并解释其形成机制。

5.2.1　法向全发射率

分别测量了不同沉积条件(沉积温度 T_d = 1100 ℃、1200 ℃、1300 ℃，氯气流量 F_{Cl_2} = 50 mL/min、100 mL/min、150 mL/min)CVD Re 的法向全发射率(ε_n)，结果如图 5-16 所示。可以看出，CVD Re 的法向全发射率基本上随着沉积温度的升高而呈上升趋势；相同沉积温度下，随着氯气流量的增加法向全发射率明显增大，法向全发射率为 0.71~0.86。

同时测量了不同表面光洁度的 PM Re(分别用 800 目、1200 目和 1500 目打磨抛光)的法向全发射率，测试结果如图 5-17 所示。如果发现 PM Re 的表面越光滑，其法向全发射率越低。但是还存在疑问，即抛光状态 PM Re 的法向发射率达到了 0.68~0.80，远远高于参考文献报道的 PM Re 的法向全发射率数据，与常规光滑表面金属的低发射率特点也不相符。其个中原因还需进一步研究，可能与辐射计的间接测量误差较大有一定关系。为此，采用直接测量方法，通过通电加热的方式，测量 Re 材料高温下的半球全发射率。

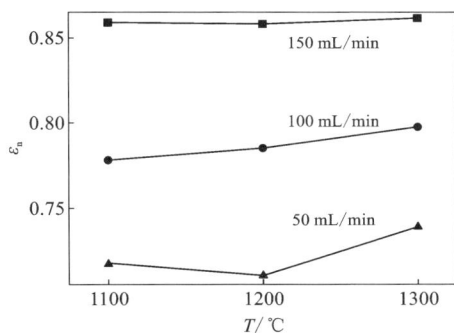

图 5-16　CVD Re 的法向全发射率

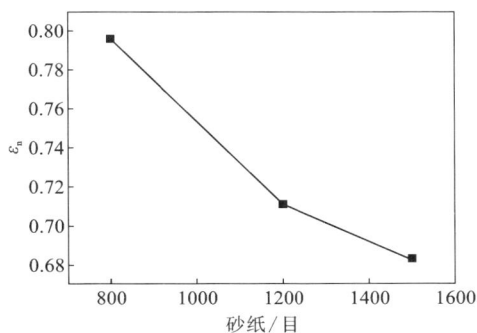

图 5-17　PM Re 的法向全发射率

5.2.2　半球全发射率

为了对比不同制备工艺以及不同表面状态 Re 材料发射率的异同,本节半球全发射率(ε_h)测试样品包括不同 CVD 工艺制备的沉积态、表面抛光、表面抛光后经热处理与氧化的 CVD Re,以及表面抛光 PM Re。

首先,对比不同制备工艺对半球发射率的影响。选择氯气流量 100 mL/min,沉积温度分别为 1100 ℃、1200 ℃ 和 1300 ℃ 的沉积态 CVD Re 进行半球全发射率测量,并与 PM Re 的发射率进行对比,如图 5-18 所示。可以看出,随着测试温度的上升,CVD Re 的半球发射率基本呈线性增加,1300 ℃ 沉积 Re 的上升速率最

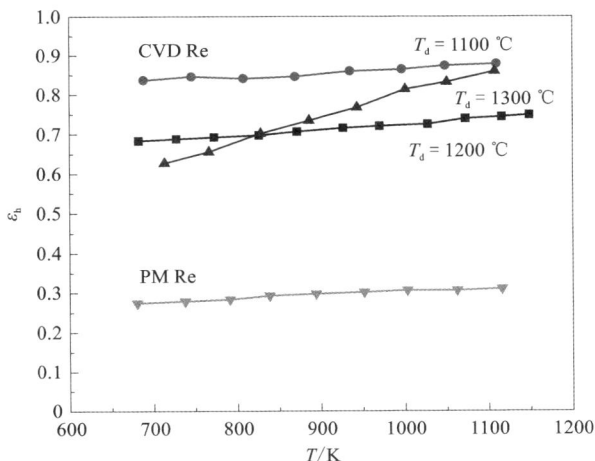

图 5-18　CVD Re 的半球全发射率与 PM Re 发射率对比($Q_{Cl_2} = 100$ mL/min)

大。沉积温度 1100 ℃ 的 CVD Re 的发射率最高（≥0.83）；沉积温度 1300 ℃ 的次之（0.62~0.83），1200 ℃ 的相对较低（0.68~0.74），基本达到文献中黑铼的发射率的水平。同时发现，PM Re 的半球发射率仅为 0.28~0.31，与文献报道的 Re 的发射率 0.245（测试温度 1137 ℃）结果非常接近。CVD Re 的发射率远高于 PM Re。

其次，为了验证 CVD Re 具有高发射率是否与其表面形貌有关，将 1200 ℃ 沉积态 CVD Re 测试面抛光至镜面（$R_a < 0.1\ \mu m$），以消除特殊的表面形貌。同时，对相同状态的样品分别进行了热处理和氧化处理。测试上述样品的半球全发射率，并与 PM Re 进行对比，结果示于图 5-19 中。发现抛光后 CVD Re 的半球全发射率显著降低，且低于同样抛光后的 PM Re。图 5-20 显示，经 1600 ℃，3 h 的真空热处理后，抛光 CVD Re 的半球全发射率稍有提升，但依然低于 PM Re 的半球全发射率；而经过 1200 ℃，10 min 氧化后，抛光 CVD Re 的半球全发射率明显提高，且高于 PM Re 材料。

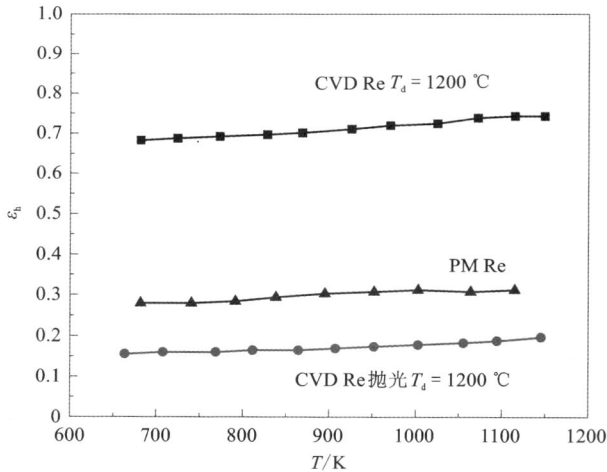

图 5-19　抛光状态 CVD Re 的半球全发射率

综合半球全发射率的测量结果表明，材料表面状态对半球全发射率有着极大的影响。沉积态 CVD Re 的半球全发射率普遍高于 PM Re，表面抛光显著降低 CVD Re 的半球全发射率；氧化和热处理可在一定程度上提高半球全发射率，两者相比，氧化对半球全发射率的提升效果更为明显。

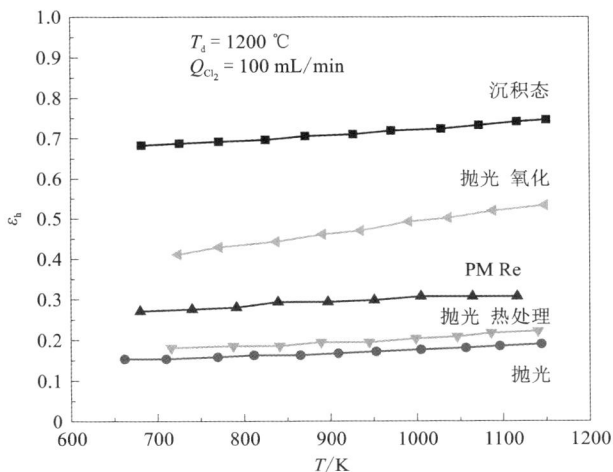

图 5-20　CVD Re(抛光)热处理及氧化后的半球全发射率

5.2.3　发射率的影响因素

目前，关于材料的发射率是否是其本征属性，或者是只与组织结构及表面状态有关还没有定论。本节通过理论计算、材料的组织结构及表面形貌分析，探索影响铼材料发射率的微观机制。上节中，针对 PM Re 发射率数据因测试方法的不同结果差异很大。测试结果表明，半球全发射率更能反映 CVD Re 的真实情况，因此，本节的发射率均为半球全发射率。

1. 铼的本征性能

金属晶体材料，主要由大量带正电荷的原子核和带负电荷的核外电子共同组成。其中，带正电的原子核在平衡位置附近作微小的振动，其振动程度可用振动频率、德拜温度和热容等物理参数表征；带负电的核外电子分布在原子核外，形成电子云，起到连接作用，其运动规律可用赝势和电子云图表征。当金属晶体材料受到电磁波作用时，核外电子受到电磁场的作用力而发生移动。与此同时，原子核由于电子云的分布变化也会发生一定程度的移动。两者相互作用形成偶极矩（负电荷中心间的距离 d 与电荷中心所带电量 q 的乘积）。也就是说，热辐射对材料影响的微观机制为晶体与电磁波的吸收和散射。基于此，本节根据固体物理晶格动力学理论，基于 Re 的晶体结构，重点分析 Re 的极化现象，给出 Re 的介电常数和光学常数、反射率的内在作用机制。

计算及建模：计算过程中，使用 VASP 模拟软件进行量子力学计算。具体设置如下。

（1）选择广义梯度近似下的 PBEsol 泛函形式，因为广义梯度近似对金属材料的描述较为准确。

（2）赝势选择 PAW 赝势，描述价电子与离子之间的相互作用。需要注意的是，Re 原子的价电子组态为 $5d^5 6s^2$。

（3）为了考虑计算机的计算精度和计算能力，计算截断能选择 400 eV。

（4）分析布里渊区时，选择常见的 k 点网格进行探讨（8×8×6 Monkhorst-Pack）。

（5）需要注意的是，高斯展宽宽度设定为 0.05 eV，且 Hellmann-Feynman 力小于 0.1 eV/nm 时，停止静态弛豫过程。

（6）此外，采用 DFPT 的线性响应方法计算 Γ 点声子频率，利用不同的原子位移获得整个布里渊区内的声子谱，在声子谱的基础上进一步选用准谐德拜模型模拟 Re 的热力学性质。

根据无机晶格数据库，Re 空间群为 P63/mmc（No. 194），原子序数为 75。Re 的晶体结构示意图如图 5-21 所示。可见，晶胞中拥有 2 个等价原子，分别占据了 2c（0. 3333, 0. 6667, 0. 25）位置。本书建立了 2×2×2（16 个原子）的超胞进行计算。

热力学性质计算：根据晶格动力学理论，晶体材料的热力学状态函数（熵、焓、吉布斯自由能、亥姆霍兹自由能、内能等）的实质是特性函数和配分函数，核心是能态密度分布。因此，利用第一性原理计算材料的声子谱，可以得出其晶格最大振动频率，进而获得德拜温度和热容。在此基础上，可以得出晶体材料的所有热力学函数。

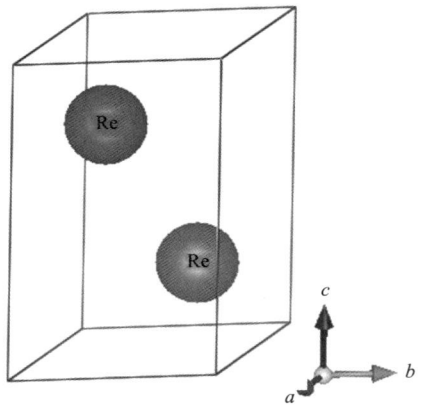

图 5-21　空间群 P63/mmc（No. 194）的金属 Re 的晶体结构图

图 5-22 为金属 Re 的亥姆霍兹自由能、振动熵和恒容热容 C_v。由于第一性原理计算为恒温恒容过程，因此亥姆霍兹自由能判据更为合适。此外，利用声子给出的内能，结合 Mott 理论，可以获得体系影响最大的振动熵。可以发现，从 0 K 到 1000 K 的温度范围内，Re 的亥姆霍兹自由能逐渐减小，在 1000 K 时达到最小，为 -24 kJ/mol。这一结果预示：温度升高，体系的稳定性下降，反应活性增加。此外，在 273.15 K 以上温度时，热容变化不大，说明热容较为稳定；熵的变化逐渐增加，这是因为温度升高，晶格振动频率增大，振动引起的混乱度增加，即振动熵增加。

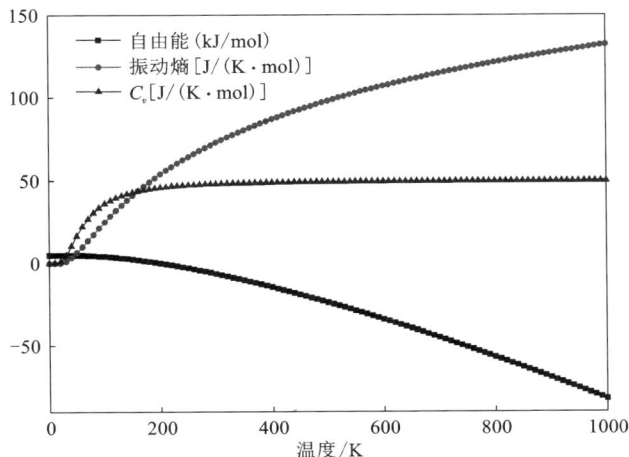

图 5-22　金属 Re 的亥姆霍兹自由能、振动熵和恒容热容 C_v

介电常数计算如下。

（1）振动模。

金属 Re 的振动模可以利用晶体结构分析。由于 Re 原胞中含有 2 个原子，每个原子的自由度是 3，共计 6 个自由度。其中 3 个是声学支，另外 3 个是光学支。

对于光学支，利用群理论和对称性，中心声子模可以分解为：

$$\Gamma_{opt} = E_{2g} \oplus B_{2g} \tag{5-1}$$

式中：Γ 点的光学支声子模有两种，一种是 E_{2g} 为 2 重简并，一种是 B_{2g} 为 1 重简并。

（2）玻恩有效电荷。

玻恩有效电荷是固体物理学中的重要物理量，它能表征极化对离子位移的倒数，可以说明化学键的离子性和共价性，其具体形式如下：

$$Z_{ij}^* = \frac{\Omega}{e} \frac{\partial P_i}{\partial u_j}, \ i, j = x, y, z \tag{5-2}$$

式中：Ω 为体积；e 为电子电荷；P_i 为沿 i 方向的极化；u_j 为沿 j 方向的位移。

通过第一性原理计算得知，每个 Re 离子的玻恩有效电荷 $Z_{11} = Z_{22} = 0.1436$，$Z_{33} = 0.3757$（由于对称性关系，每个非对角元都是完全对称且为零）。可以发现，Re 原子的玻恩有效电荷很小，即 Re 的稳定性较好。

（3）静态介电常数。

根据法拉第定律，物质在外界电场和磁场的作用下，将产生反抗外加磁场的作用力以延缓电场和磁场的变化。因此，将物质中电磁场的减小与外加电场的比值称为介电常数。特别地，静态介电常数是指在静电场作用下测量的介电常数。

于是，静态介电常数可以根据声子 $\varepsilon_{ph,i}$ 和电子 $\varepsilon_{\infty,ij}$ 两部分计算。

$$\varepsilon_{ij} = \varepsilon_{\infty,ij} + \varepsilon_{ph,ij} = \varepsilon_{\infty,ij} + \Omega_0^2 \sum_{\lambda} \frac{Z_{\lambda,i}^* Z_{\lambda,j}^*}{\omega_{\lambda}^2} \qquad (5-3)$$

式中：ω_{λ} 和 $Z_{\lambda,i}^*$ 分别为红外活性声子频率和 i 方向的模式有效电荷矢量，$\Omega_0^2 = 4\pi e^2/m_0 V_0$，为有效等离子体频率。这里原子质量 $m_0 = 1$ amu，电荷 e，密度为 $1/V_0$（V_0 是 2 个原子的原胞体积）。根据式（5-3）可以获得 Re 金属的静态介电常数。已知介电常数有两个独立的分量 $\varepsilon_{11} = \varepsilon_{22}$ 和 ε_{33}，其平均值为 $\bar{\varepsilon} = \frac{1}{3} \sum_{\alpha=1}^{3} \varepsilon_{ii}$。对于半导体材料，声子为主要贡献。表 5-6 列出了金属 Re 的电子贡献和声子贡献，可以发现声子的贡献为零，电子的贡献平均值为 59.515。也就是说，金属 Re 的导电性良好。

表 5-6　金属 Re 的电子贡献、声子贡献和总的介电张量

介电常数		ii		平均介电常数	
		11	33		
计算值	$\varepsilon_{\infty,ij}$	57.936	62.672	$\bar{\varepsilon}_{\infty}$	59.515
	$\varepsilon_{ph,ij}$	0	0	$\bar{\varepsilon}_{ph}$	0
	ε_{ij}	57.936	62.672	$\bar{\varepsilon}$	59.515

图 5-23 显示了金属 Re 的介电常数、光学指标与入射光子能量的关系。图 5-23（a）中，静态介电常数为 57，与表 5-6 基本一致（59.5）。介电常数实部变化不大，虚部有较大的波动。具体地，入射光子频率增大，实部和虚部都出现了先增大后减小的趋势，且虚部对光学特性的影响较大。

利用介电常数的实部和虚部，可以获得能量损失函数 $L(\omega)$、消光系数 $k(\omega)$、吸收系数 $I(\omega)$ 和反射率 $R(\omega)$ 等光学特性参数，如图 5-23（b）所示。其中，能量损失函数表征电子通过材料时损失的能量，光学吸收系数表示光子通过材料时损失的能量。能量损失函数出现了尖锐峰，并与吸收和反射谱一一对应，预示着 Re 金属的能量损失较少。在此只考虑本征吸收不考虑偏振吸收，红外区域，光吸收系数基本维持不变（0.5×10^5），证实了 Re 金属的光吸收能量较强。金属 Re 在红外区域 0.6 eV 处反射率达到峰值，约为 0.7。基于上述结论，根据能量守恒关系 $R+A+T=1$，（反射率 R、吸收率 A 和透射率 T）和基尔霍夫定律，金属 Re 的反射率为 0.7，吸收率为 0.3，透射率为 0；发射率等于吸收率为 0.3。计算得到的发射率结果与 PM Re 的半球全发射率实测值及文献报道数值相似，表明不具备特殊表面形貌的 Re 材料本身与常规金属一样，具有较低的发射率。

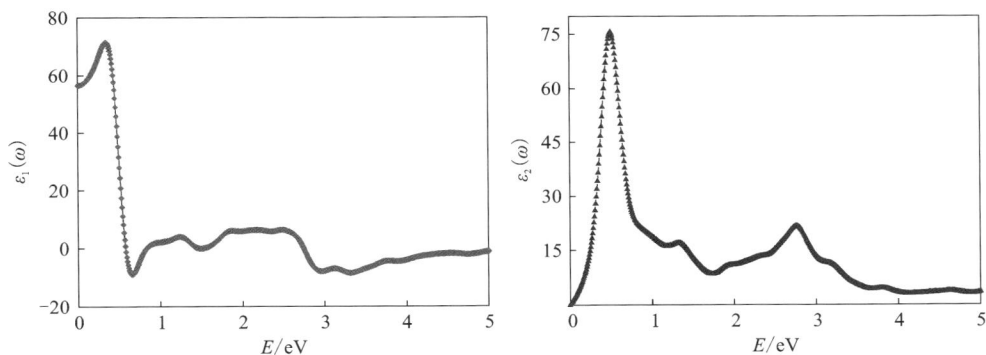

(a) 金属Re介电常数实部ε_1和虚部ε_2与入射光子能量的关系

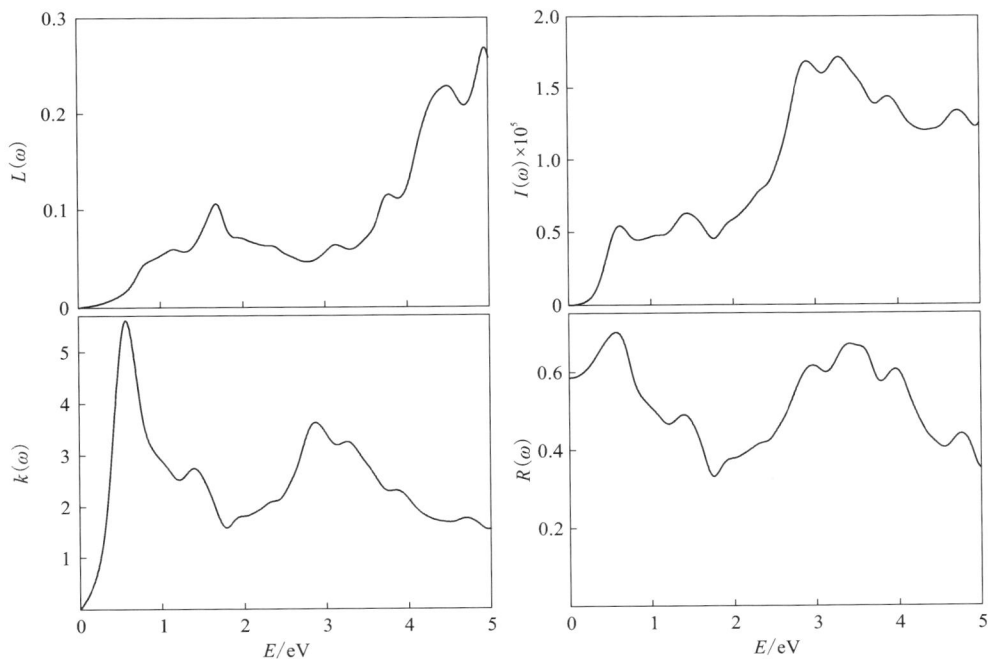

(b) 金属Re的能量损失函数$L(\omega)$、消光系数$k(\omega)$、吸收系数$I(\omega)$和反射率$R(\omega)$与入射光子能量的关系

图 5-23　金属 Re 的介电常数、光学指标与入射光子能量的关系

2. 表面形貌对发射率的影响

材料的热辐射性能不仅取决于物质本身，还与表面状态密切相关。首先采用三维光学显微镜进行三维表面成像并测量表面粗糙度。粗糙度可用于描述一定取样长度范围内轮廓高低的差异，与 SEM 形貌观察相比三维表面成像更具有统计意义。对半球全发射率测试样品的表面粗糙度进行测量，包括在沉积温度为 1100~

1300 ℃，氯气流量为 100 mL/min 条件下沉积的 CVD Re 和抛光状态的 PM Re。

由于 CVD Re 的形貌呈现了一定的规则，其枝状结构的尖锐程度与轮廓的长径比有关，根据粗糙度和表面形貌的测量尺寸，对形貌的高径比进行比例换算，构造随机表面分布，进一步理解 CVD Re 的形貌特征与发射率之间的关系。

（1）表面粗糙度测量。

表面粗糙度是指加工表面具有的较小间距和微小峰谷的不平度。其两波峰或两波谷之间的距离（波距）很小，属于微观几何形状误差。表面粗糙度越小，则表面越光滑。通过三维光学显微镜的成像和测量获得了 CVD Re 和 PM Re 表面粗糙度的测量结果，如表 5-7 所示。

①Ra 指轮廓的算术平均偏差，是在一个取样长度内，纵坐标 $Z(x)$ 绝对值的算术平均值。

②Rp 指最大轮廓峰高。

③Rq 指轮廓的均方根偏差，是在一个取样长度内，纵坐标 $Z(x)$ 的平方根。

④Rt 指轮廓的总高度，是在评定长度内，最大轮廓峰高 Z_p 和最大轮廓谷深 Z_v 之和。

⑤Rv 指最大轮廓谷深。

以 Ra（1300 ℃）表示 1300 ℃沉积 CVD Re 的 Ra，以此类推。

首先根据常用的粗糙度概念对比不同沉积温度 CVD Re 的粗糙度：Ra（1300 ℃）>Ra（1100 ℃）>Ra（1200 ℃），沉积温度 1200 ℃的 CVD Re 粗糙度最小，半球全发射率亦最低，但尚不能完全解释 1100 ℃沉积的 CVD Re 发射率最大的原因。根据粗糙度的概念，轮廓总高度 Rt 较适合用于衡量 CVD Re 表面形貌中的枝状尖角高度，轮廓总高度 Rt 呈现以下变化规律：Rt（1100 ℃）>Rt（1300 ℃）>Rt（1200 ℃），轮廓总高度越高，半球全发射率越高。抛光的 PM Re 表面最光滑，因而发射率最低。

表 5-7　不同方法制备 Re 材料的表面粗糙度　　　　　单位：μm

样品名称	制备条件	Ra	Rp	Rq	Rt	Rv
CVD Re	1100 ℃沉积	26.774	93.513	32.654	195.612	−102.092
	1200 ℃沉积	22.04	98.815	27.394	149.722	−50.907
	1300 ℃沉积	32.97	103.267	39.114	178.72	−75.453
PM Re	表面抛光	0.10	11.815	0.211	21.07	−9.255

图 5-24 为实测粗糙度时获得的三维表面形貌。1100 ℃沉积的 CVD Re 较为细密，而 1300 ℃的 CVD Re 直径较粗，但是高度很高，两种状态 CVD Re 的粗糙

度均较大，仅从粗糙度无法完全判断发射率与表面形貌的直接关联，但是三维表面形貌出现了明显的针状特征。根据形貌观察和 1300 ℃ 沉积 CVD Re 的高温发射率变化规律，CVD Re 的发射率除了与宏观粗糙度有关外，还应考虑表面枝状微结构的长径比。通过随机粗糙表面的构建，进一步明确 CVD Re 的沉积参数、形貌特征与发射率之间的关系。

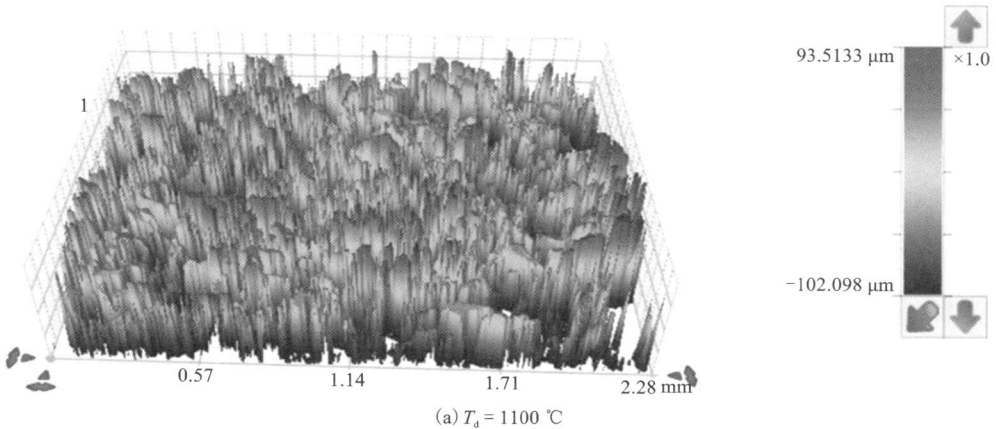

(a) $T_d = 1100$ ℃

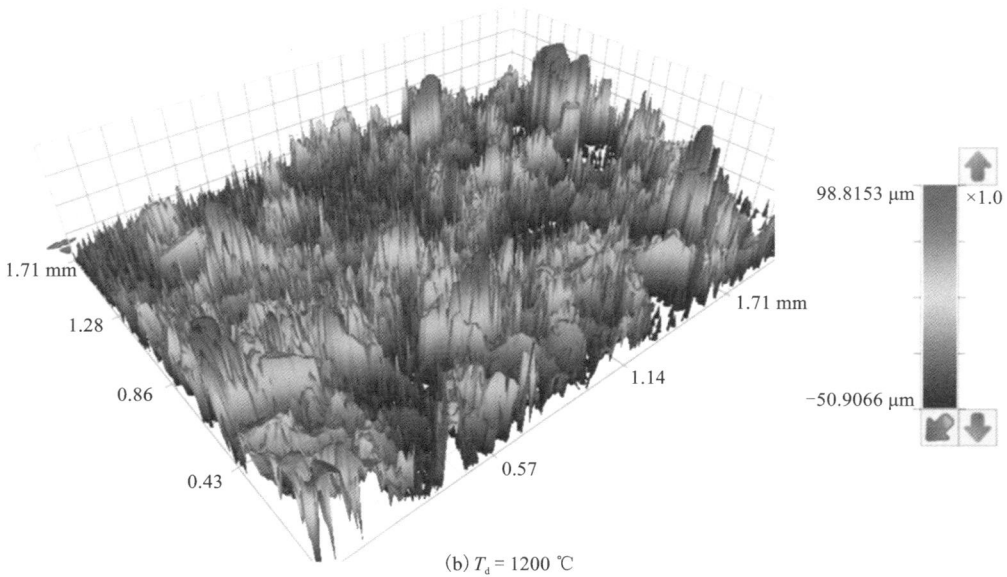

(b) $T_d = 1200$ ℃

(c) $T_d = 1300\ ℃$

(d) 表面抛光 PM Re

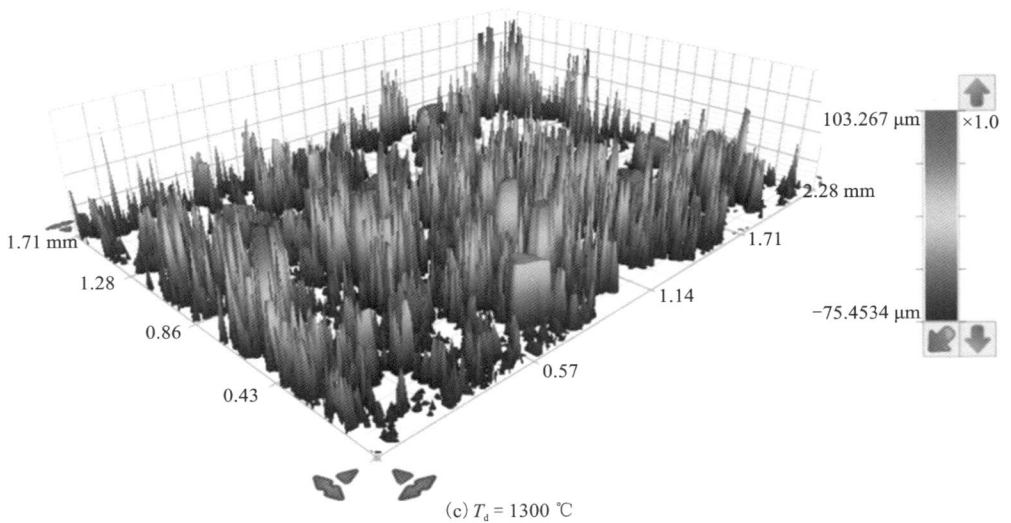

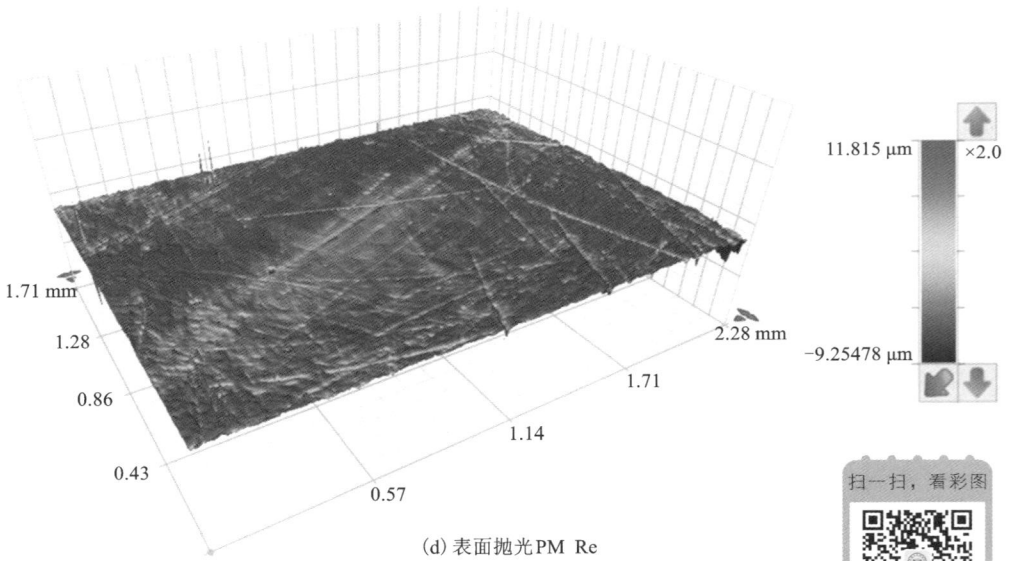

图 5-24　CVD Re 与 PM Re 的三维表面形貌

扫一扫，看彩图

（2）粗糙表面的模拟构建。

对三维随机粗糙表面进行构建，分析 CVD Re 表面枝状结构的长径比与粗糙表面及半球全发射率的关系。使用 Matlab 语言中自带的随机数发生器，产生独立的、满足均匀分布的随机数，并且利用这些随机数来构造满足 Gauss 分布的随机表面。随机粗糙表面被看作是定义在空间坐标上的随机过程，主要考虑最常见也

是最重要的一类随机表面,即由 Gauss 随机过程产生表面,其统计性质可由以下参数完全确定。

①均方根高度, $\sigma = \sqrt{\langle \delta^2(x) \rangle_s}$,单位 μm。 $\delta(x)$ 代表二维随机表面的高度与水平坐标的函数关系; $\langle \ \rangle_s$ 表示沿整个粗糙面求平均。

②相关长度 l ,某些特定分布的粗糙表面,单一的均方根 σ 并不能完全描述粗糙面的特性。需要加入相关长度 l 建立相关函数,当粗糙表面上任意两点的距离大于 l 时,说明这两点的高度在统计学上相互独立。相关长度 $l \to \infty$ 的极限情况下,表面为光滑表面(镜面)。

③功率谱密度,对相关函数进行 Fourier 变换,可得到高度起伏的功率谱密度。

④特征函数定义为粗糙面高低起伏的概率密度函数的 Fourier 变换。

基于 CVD Re 表面形貌和粗糙度测量结果,模拟的粗糙面 x , y 方向的总长度 $L = 500$ μm, $\sigma = 10 \sim 30$ μm, $l = 1 \sim 30$ μm。表面形貌观察显示,1100 ℃沉积 Re 层表面为细小的长棱状,而 1200 ℃和 1300 ℃沉积的 CVD Re 沉积层表面形貌为六棱锥,对应均方根及相关长度的概念。近似设定如下。

①3 个沉积条件下,沉积温度 1100 ℃时 CVD Re 表面形貌的相关长度 l 最小(设定 $l = 5$ μm),1200 ℃、1300 ℃沉积温度 Re 沉积层的相关长度是 1100 ℃沉积温度的 2 倍,则 $l = 10$ μm。

②结合 CVD Re 表面形貌的剖面尖角的高度(表 4-1)和粗糙度测量(表 5-7)数据结果,认为 1100 ℃沉积 CVD Re 的均方根高度与 1200 ℃沉积 Re 的均方根高度相等(设定 $\sigma = 10$ μm),而 1300 ℃沉积温度制备的 Re 表面形貌均方根高度是前 2 个沉积条件下的 2 倍,则 $\sigma = 20$ μm。

综上,3 组表面形貌的参数分别设定为:沉积温度 1100 ℃的 CVD Re 表面($l = 5$ μm, $\sigma = 10$ μm);沉积温度 1200 ℃的 CVD Re 表面($l = 10$ μm, $\sigma = 10$ μm);沉积温度 1300 ℃的 CVD Re 表面($l = 10$ μm, $\sigma = 20$ μm)。CVD Re 的表面状态模拟结果如图 5-25 所示,3 个沉积温度形成表面结构的长径比近似按照(均方根高度/相关长度)获得,依次为 2、1、2。通过直观对比观察发现,1100 ℃沉积 CVD Re 的表面粗糙度最高,1300 ℃次之,1200 ℃的粗糙度最小。粗糙度越大,则发射率越高,构造表面粗糙度的变化规律与沉积态 CVD Re 的发射率的测量结果较为一致。

此外,与 1100 ℃,1200 ℃沉积的 CVD Re 相比,1300 ℃沉积的 CVD Re 发射率随温度变化斜率最大(图 5-18),这与 1300 ℃的择优取向及尖锐光滑的六棱锥形貌有关。1300 ℃沉积 CVD Re 的表面结构长径比与 1100 ℃的相同,高温下的表面发射率接近,1200 ℃的长径比最小,因而高温发射率也较小。

由粗糙表面的模拟状态图(图 5-26)可以看出:随机表面的轮廓与相关长度

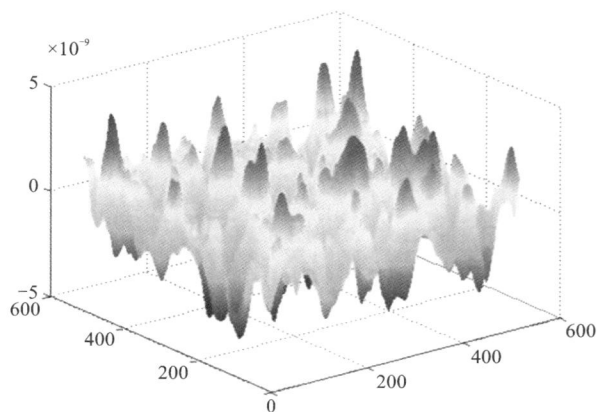

（a）l = 5 μm　σ = 10 μm（1100 ℃ VCD Re的表面状态近似）

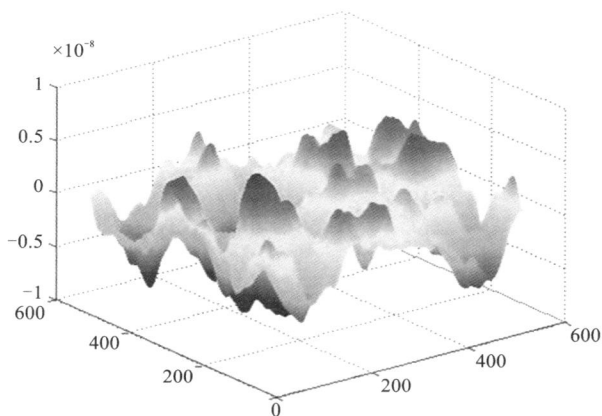

（b）l = 10 μm　σ = 10 μm（1200 ℃沉积的表面状态近似）

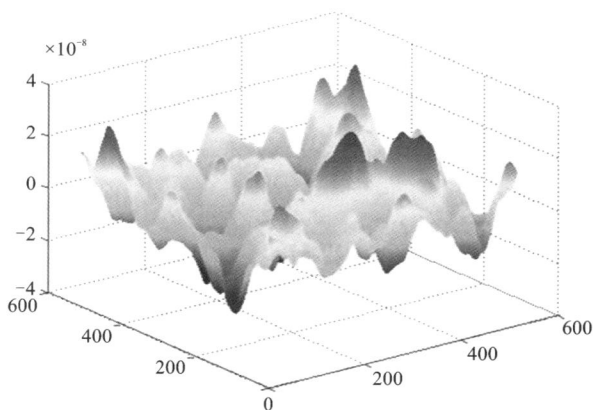

（c）l = 10 μm　σ = 20 μm（1300 ℃ VCD Re的表面状态近似）

图 5-25　不同沉积温度 CVD Re 的表面状态模拟结果

扫一扫，看彩图

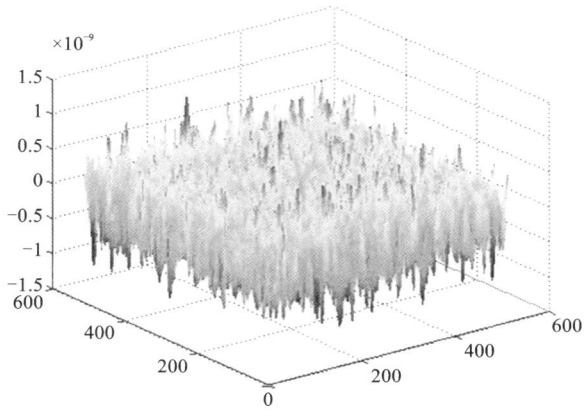

(a) $l = 1$ μm　$\sigma = 10$ μm

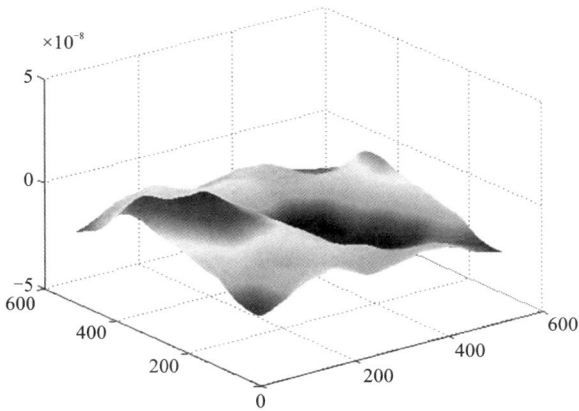

(b) $l = 30$ μm　$\sigma = 10$ μm

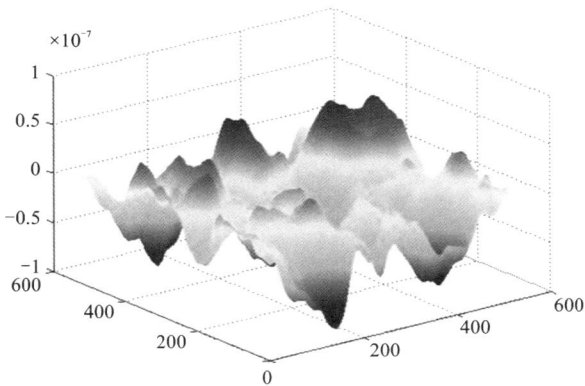

(c) $l = 10$ μm　$\sigma = 30$ μm

图 5-26　相关长度 l 和均方根 σ 的变化对表面模拟状态的影响

l，均方根高度 σ 紧密相关：当均方根高度 σ 一定时，相关长度 l 越小，轮廓的峰值越大，表面越粗糙[图 5-26(a)]；当均方根高度 σ 一定时，相关长度 l 越大，轮廓值越小，表面越光滑[图 5-26(b)]；相关长度 l 的改变对材料表面粗糙度影响十分明显。当相关长度 l 一定时，均方根高度 σ 越高，表面形貌倾向粗糙化，如图 5-26(c)所示。

基于发射率与表面状态关系分析，并结合 CVD Re 的生长机制，可以作如下推测：在 1300 ℃沉积温度的基础上降低沉积温度，可减小表面生长颗粒直径(相关长度 l 降低)；同时适当提高氯气流量，保持择优织构及尖锐的六棱锥形貌(均方根高度 σ 增加)，可以提高表面结构的长径比，进而获得具有更高发射率的 CVD Re。

3. 织构对发射率的影响

通过随机粗糙表面的构建较好地解释了沉积态 CVD Re 发射率的变化规律。值得注意的是，虽然粗糙表面的 CVD Re 发射率远高于 PM Re，但抛光后 CVD Re 却比 PM Re 发射率还要低。

基于辐射和物质相互作用理论，物质在 $1\sim25~\mu m$ 波段的辐射和吸收的动力是分子振动，即分子振动导致的分子偶极矩的改变。振动对称性越小，偶极矩改变越大，辐射越强。因此可以使用掺杂造成畸变的方法来增加物质的辐射能力。相反，纯晶体结构越整齐、规律性及周期性越好，物质的红外发射率也越小。抛光后，材料的发射率与表面层分子的成分、结构和缺陷有关。

一方面，织构分析表明 CVD Re 的(0001)基面的择优取向明显，而且对称性较高。(0001)是六方结构的密排面，单位面积内与辐射波作用的粒子最多，CVD Re 抛光后不仅宏观具有镜面效应，微观的密排对称结构也具有镜面效应，反射率高，则发射率低。而 PM Re 无明显的择优取向，其抛光状态和 CVD Re 抛光表面框比反射率低，所以其发射率高于同样抛光状态的 CVD Re；另一方面，所制备的 CVD Re 致密度较高，经同样的条件抛光后，表面非常光滑(图 5-27)，而 PM Re 表面存在微观孔洞缺陷(图 5-28)，这也是抛光 PM Re 的发射率高于抛光 CVD Re 的一个原因。

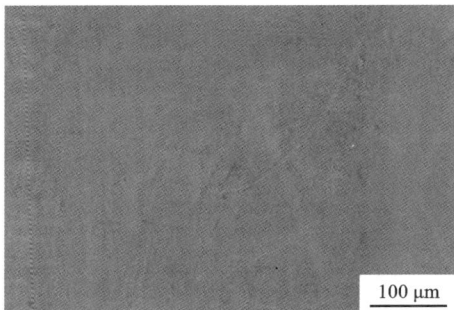

图 5-27　CVD Re 的抛光表面

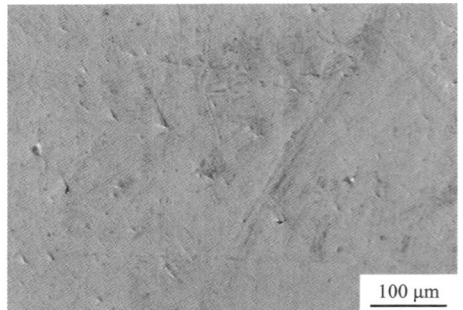

图 5-28　PM Re 的抛光表面

4. 氧化与热处理对发射率的影响

氧化和热处理均使材料的热辐射能力得到提高，而氧化的作用更为明显。根据对高温合金氧化行为的研究分析：材料未氧化时主要是金属晶体，能产生红外辐射的分子振动很少，而且金属晶体内的大量自由电子对红外辐射有很强的反射作用，不利于红外辐射的产生和吸收；而氧化后，合金表面生成了大量的离子晶体，不同离子之间的相对振动将产生一定的电偶极矩变化，通过电偶极矩的变化，离子晶体的长光学波可以和红外辐射相互作用，并交换能量，从而产生和吸收红外辐射。

抛光 CVD Re 氧化处理后，显露出了非常整齐的台阶结构（图 5-29），与（0001）面的择优取向完全一致。微观的粗糙结构同样有助于材料发射率的提高，这也可以解释氧化后 CVD Re 的发射率得到成倍提升。而热处理后 CVD Re 的发射率略有提高，与氧化态相比，热处理对发射率的影响相对较小。

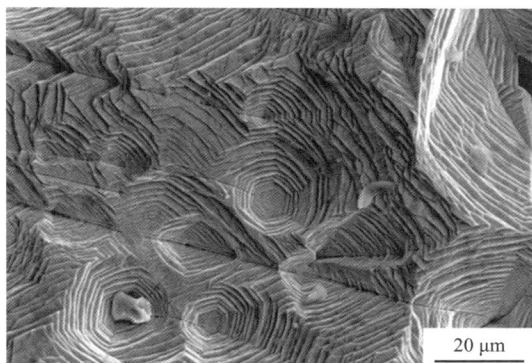

图 5-29　抛光 CVD Re 经氧化处理后的表面形貌

5.3　氧化动力学

早在 20 世纪 60 年代，研究者就对 Re 材料在空气中的氧化行为和氧化产物进行了研究。与 W、Mo、Ta 和 Nb 等难熔金属一样，Re 的抗氧化能力也较差。在空气中 600 ℃ 即开始氧化并形成极易挥发的 Re_2O_7。随着温度的上升，Re 的氧化失重迅速增加。Re 氧化后可能形成的氧化物多达 7 种，但最为常见的氧化物有 4 种，即 Re_2O_7、ReO_2、ReO_3 和 Re_2O_5 等。研究发现，在各实验温度下，粉末冶金和电弧铸造法制备的 Re 的氧化失重均遵循线性规律，并且两种方法制备的 Re 的氧化情况没有差别。

以上研究确定 Re 氧化实验的时间均很短，仅有数分钟。考虑到 Re 作为高温结构材料应用时，工作时间一般都比较长，胡昌义等将氧化时间延长至数小时，研究 CVD Re 和 PM Re 在空气中的氧化动力学规律。

5.3.1 氧化时间的影响

图 5-30 和图 5-31 分别为 PM Re 和 CVD Re 在不同温度下的氧化失重与氧化时间的关系。图 5-30 显示：PM Re 的氧化失重存在两种规律性，即抛物线规律和直线规律。在氧化温度高于 1000 ℃ 的情况下，PM Re 的氧化失重与氧化时间关系曲线成抛物线，符合瓦格纳的厚膜氧化理论；当温度等于和低于 907 ℃ 时，呈直线关系。而 CVD Re 在较低温度下氧化失重随时间变化均为直线关系（图 5-31），二者的氧化规律基本一致。

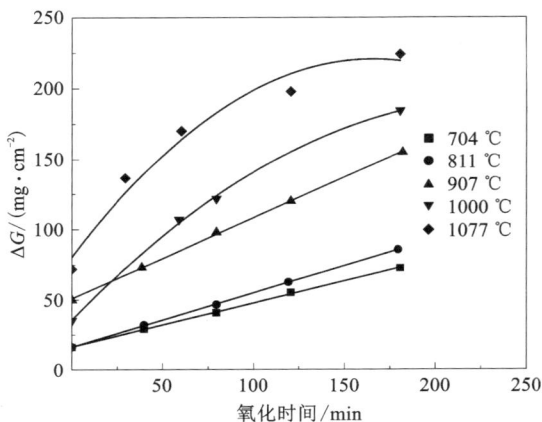

图 5-30 PM Re 氧化失重与氧化时间的关系

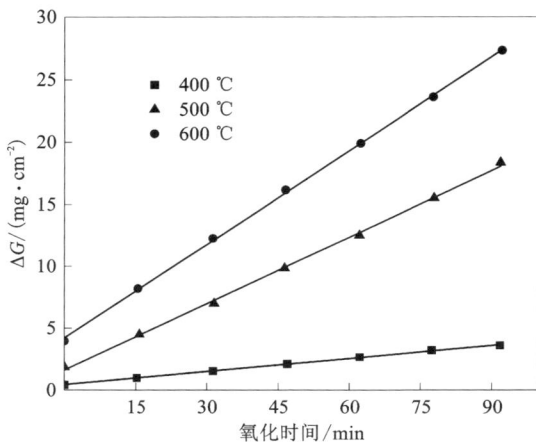

图 5-31 CVD Re 氧化失重与氧化时间的关系

5.3.2　沉积温度的影响

图 5-32 和图 5-33 分别为 PM Re 和 CVD Re 氧化失重的对数与绝对温度倒数的线性关系。在单对数坐标系中，氧化失重与绝对温度的倒数呈直线关系。两种方法制备的 Re 的氧化动力学规律均符合 Arrhenius 方程，即

$$\Delta G = Ae^{-E/RT} \tag{5-4}$$

$$\lg(\Delta G) = \lg A - E/R(1/T) \tag{5-5}$$

依据图 5-32，图 5-33 和式(5-5)，可以计算得到 PM Re 和 CVD Re 的氧化平均激活能 E 分别为 38.8 kJ/mol 和 31.9 kJ/mol。

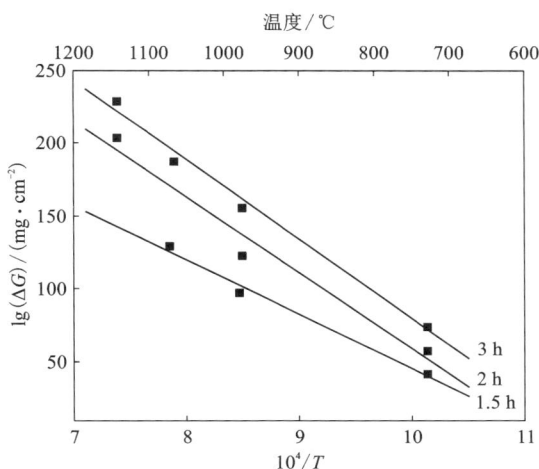

图 5-32　PM Re 氧化失重与温度的关系

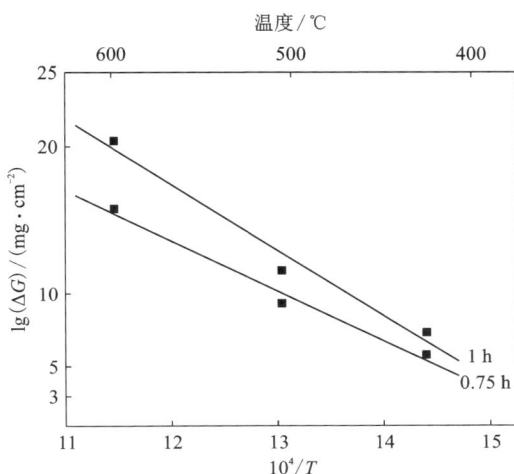

图 5-33　CVD Re 氧化失重与温度的关系

5.4 典型应用

20世纪80年代中期开始，美国国家航空航天局（USA，NASA）持续资助Re/Ir材料及发动机技术研究。采用多种技术制备喷管Re基体，主要包括CVD（Ultramet）、PM（TRW）和EF技术（Engelhard）。各种技术制备的铼喷管均有地面试车成功的报道，但在飞行中应用的是Ultramet公司采用CVD法制备的Re/Ir发动机。

图5-34示出了CVD法制备的铼/铱喷管及工艺过程简图。首先将金属Mo加工成喷管内表面形状的芯模，然后利用CVD在Mo芯模表面沉积50~100 μm的Ir涂层，然后再在Ir涂层上沉积所需要厚度的Re基体及Re辐射涂层，最后利用化学或电化学方法将Mo芯模去除即得到Re/Ir复合材料喷管。为了解决发动机的组装问题，还需要在Re/Ir喷管的两端沉积Nb层，再通过电子束焊接方法实现Re喷管与喷注器及喷管延伸段的连接。图5-35为已组装的推力为445 N推力的铼/铱发动机。

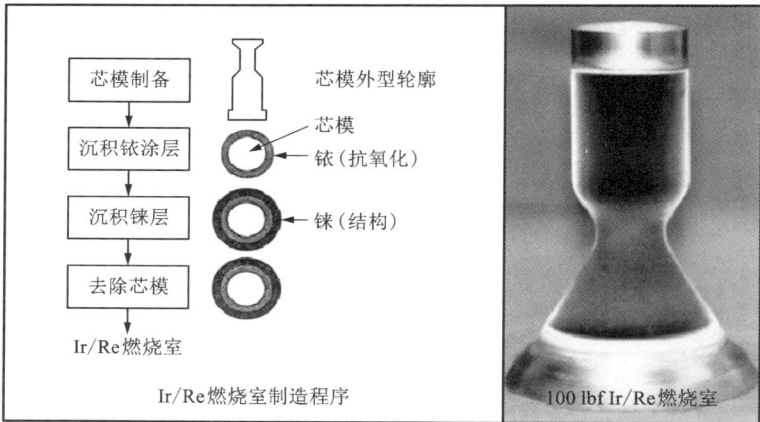

图 5-34　Re/Ir 喷管及制备工艺过程

图 5-35　R-4D-14 型 445N 高性能液体远地点 Re/Ir 发动机

　　采用 CVD 制备 Re/Ir 喷管的关键是适用的 CVD 装置的设计和最佳 CVD 工艺参数的确定。这些条件包括：前驱体化合物及基体材料的选择、气体种类与流速、基体温度、前驱体加热温度，以及沉积室几何形状与尺寸等。Ultramet 公司采用 CVD 技术制备了 100 多只 Re/Ir 喷管，推力从 22 N 至 490 N 不等。利用各种推进剂对 Re/Ir 发动机进行热试车，累计点火实验时间超过 200 h。发动机工作温度超过 1800 ℃，最高达 2200 ℃，真空比冲性能达 322 s，Re/Ir 发动机的工作温度和性能较铌合金发动机均有大幅提升。

　　1999 年，R-4D-14 型 Re/Ir 发动机首次应用于休斯 601HP 卫星推进系统，由于发射装置故障，卫星未能准确进入近地点轨道。2000 年在 702 推进系统进行了第二次飞行，成功地将卫星送入远地点轨道。CVD 制备的 Re/Ir 发动机在后续多种卫星的条件系统中得到推广应用。英国也曾开展铼/铱发动机的研究，但未获成功。

　　21 世纪初以来，我国相关单位也开展了 Re/Ir 喷管的研制工作。分别采用 CVD(昆明贵金属研究所)、ED(国防科技大学) 和 PM(航天材料及工艺研究所) 法制备了 Re/Ir 材料喷管，并进行了热试车验证。虽然在发动机设计、喷管制备成型及连接技术等方面取得了进展，但目前仍处于研制的起步阶段，距工程应用仍有较大差距。

第6章 化学气相沉积铌/铼复合材料

高强、轻质及低成本化是航天发动机喷管耐热材料的发展趋势。喷管材料已从第一代的铌合金/硅化物材料，发展到第二代的铂铑合金和最先进的第三代铼/铱材料，工作温度亦由 1300 ℃ 提高至 1800 ℃ 以上。美国国家航空航天局(USA, NASA) 采用化学气相沉积法制备的铼/铱发动机已实现其在卫星上的应用，处于国际领先地位。纯铼作为喷管结构材料具有高温强度高的性能优势，但存在材料密度大、价格高及连接困难等问题；难熔金属铌具有高熔点、低密度、低价格及塑性好的特点，但强度较低。将铌与铼的性能优势结合起来，以 Nb 为基体、Re 为强化相，创新设计新型轻质、高强及低成本的 Nb/Re 层状复合材料具有重要的应用前景。本章在 CVD Nb 和 CVD Re 研究的基础上，重点介绍 Nb/Re 层状复合材料的设计与 CVD 制备、析出相结构与力学性能、沉积过程分子动力学模拟及再结晶动力学等。

6.1　Nb/Re 复合材料的设计与制备

复合准则(Rule of Mixture, ROM)认为，复合材料的性能与组元的体积分数成正比。由于 Re 的熔点及强度远高于 Nb，本节以 Nb 为复合材料基体，Re 为强化层，设计结构相对简单的二层 Nb/Re 层状复合材料，Re 的体积分数分别设计为 20%、30% 和 40%，复合材料厚度设计为 1 mm。

图 6-1 为二层 Nb/Re 层状复合材料制备的结构示意图。以长方体难熔金属 Mo 为基体制备 Nb/Re 层状复合材料，先沉积 Re 再沉积 Nb。在已获得的优化 CVD 工艺的条件下，Re 和 Nb 的沉积速率分别为 0.085 mm/h 和 0.24 mm/h。图 6-2 是采用现场氯化 CVD 技术制备 Nb/Re 层状复合材料的装置示意图。整个沉积装置为感应加热(冷壁式)开管气流系统，H_2 从十字形石英管顶端通入(沉积 Nb 时无须通入 H_2)，Cl_2 分别从两端通入氯化室，最后产生的尾气经处理后由真空泵从底部抽出。

图 6-3 是 CVD 制备的 Nb/Re 层状复合材料及其加工成拉伸试样的过程。利用线切割法将复合材料与基体分离，采用化学腐蚀方法去除钼芯基体。将沉积层自基体切下[图 6-3(a)]，并加工成长条形样品[图 6-3(b)]；随后线切割成拉伸样品[图 6-3(c)]，由样品的侧面图可以看出 Nb 层与 Re 层复合在一起[图 6-3(d)]，

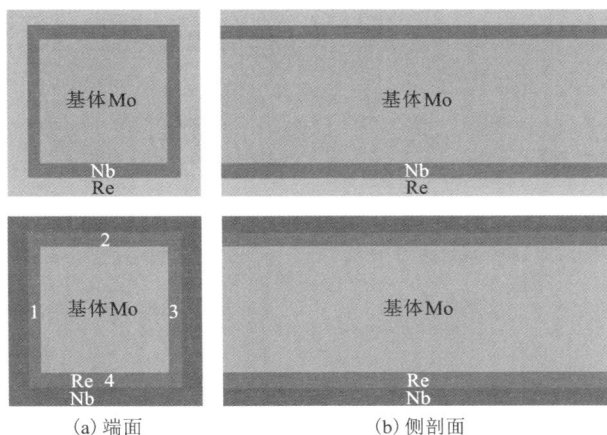

图 6-1　二层 Nb/Re 层状复合材料制备结构示意图

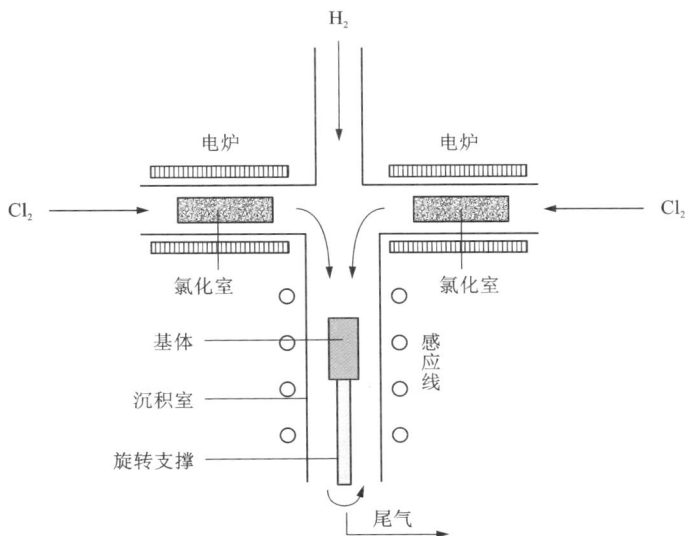

图 6-2　现场氯化制备 Nb/Re 层状复合材料的 CVD 装置示意图

成功制备出 Nb/Re 层状复合材料。

　　利用扫描电镜观察测量复合材料的厚度(图 6-4)。20%Re、30%Re 和 40%Re 三个系列样品的实际平均厚度分别为 1.05 mm、1.00 mm 和 0.88 mm；Re 的实际体积分数分别为 21.5%、35% 和 45%，与设定的 Re 体积分数有一定偏差。

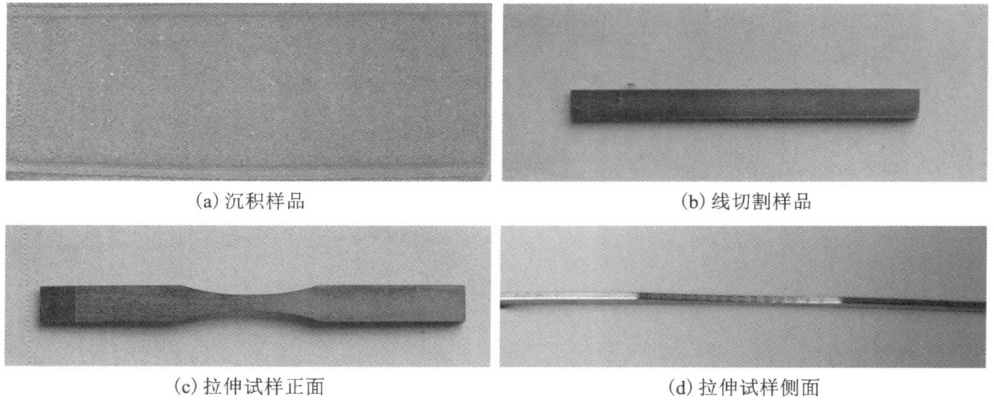

(a) 沉积样品

(b) 线切割样品

(c) 拉伸试样正面

(d) 拉伸试样侧面

图 6-3　CVD 法制备的 Nb/Re 层状复合材料

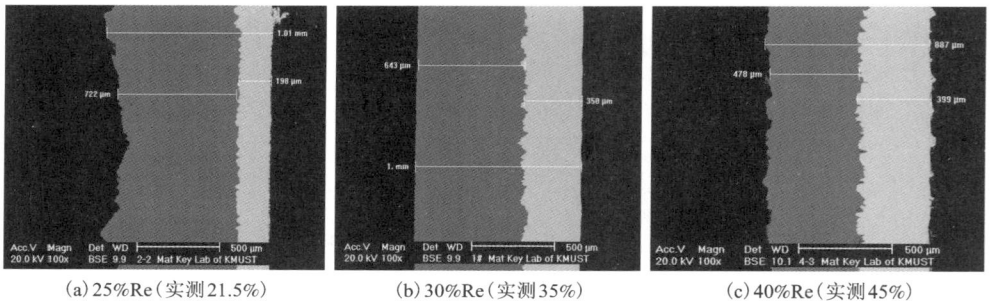

(a) 25%Re（实测21.5%）

(b) 30%Re（实测35%）

(c) 40%Re（实测45%）

图 6-4　Nb/Re 复合材料层厚的 SEM 测量

6.2　界面析出相结构及力学性能

界面析出相结构与特性对复合材料的力学性能具有重要影响。本节基于材料热力学相图和密度泛函（DFT），阐明 Nb/Re 复合材料界面析出相结构及热力学特性，为复合材料力学性能的调控提供理论依据。

6.2.1　析出相结构及热力学稳定性

图 6-5 为 Nb-Re 二元合金相图，Nb/Re 复合材料的界面处可形成 Nb-Re 合金组织。随着 Re 含量的增加，Nb-Re 合金室温组织中依次形成了 Nb 相、Nb+x 相、x 相和 Re+x 相，其中 x 为析出相。通过全球局域搜索（CALYPSO），确定了 x 相结构可能为 $Nb_{19}Re_{39}$、$Nb_{17}Re_{41}$、Nb_7Re_8、Nb_4Re、Nb_5Re_2 和 $NbRe_3$ 等结构。

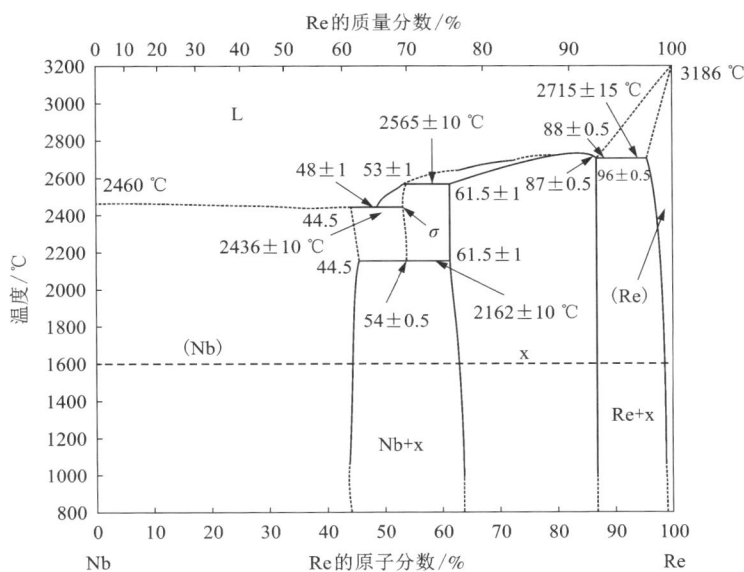

图 6-5　Nb-Re 二元合金相图

　　Nb/Re 复合材料中析出相的晶体结构如图 6-6 所示。其中，$Nb_{19}Re_{39}$、$Nb_{17}Re_{41}$ 和 Nb_7Re_8 为正交晶系，空间群为 I-43M；而 Nb_4Re，Nb_5Re_2 和 $NbRe_3$ 为

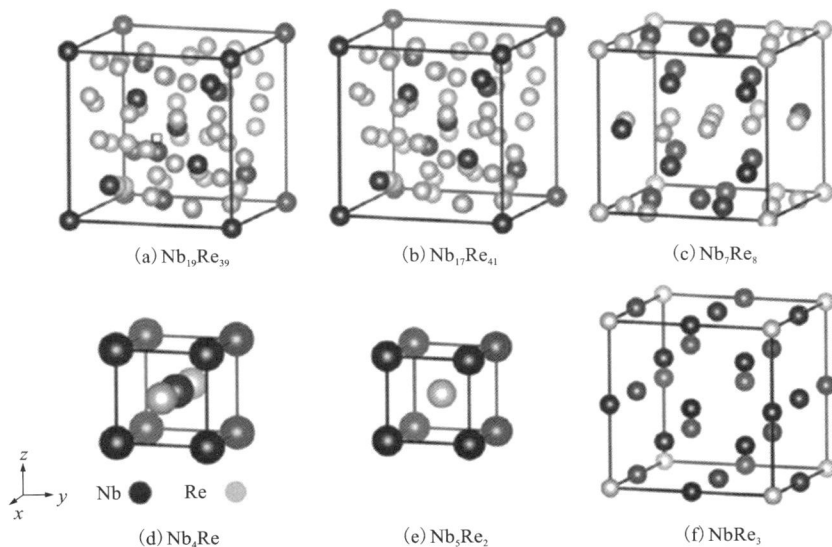

(a) $Nb_{19}Re_{39}$　　　　(b) $Nb_{17}Re_{41}$　　　　(c) Nb_7Re_8

(d) Nb_4Re　　　　(e) Nb_5Re_2　　　　(f) $NbRe_3$

图 6-6　Nb-Re 析出相结构

立方晶系，空间群为 PM-3M。在对晶格结构优化和静态自洽后，得到了析出相的平衡晶格结构。表 6-1 列出了各种 Nb_xRe_y 化合物优化后晶胞的晶格参数和实验值。通过对比发现本书与之前研究者所得到的实验结果相吻合，说明本书得到的数据较为可靠。

表 6-1　Nb_xRe_y 化合物的晶格参数、结合能和生成焓

晶系	化合物	$a/Å$	$b/Å$	$c/Å$	E_{coh}/eV	$\Delta_rH_m/(kJ \cdot mol^{-1})$
立方	Nb_5Re_2	4.15	4.15	4.15	−7.05	−44.16
		4.16	4.16	4.16		
	Nb_4Re	3.92	3.92	3.92	−8.35	−19.91
		3.53	3.53	3.53		
	$NbRe_3$	5.07	5.07	5.07	−5.70	−30.09
		5.11	5.11	5.11		
正交	$Nb_{19}Re_{39}$	6.33	6.33	2.88	−6.49	51.88
		6.33	6.33	2.88		
	$Nb_{17}Re_{41}$	5.76	5.76	3.17	−7.31	−37.64
		5.76	5.76	3.17		
	Nb_7Re_8	5.76	5.76	3.17	−7.16	−4.69
		5.69	5.69	3.16		

为了确定 $Nb_{19}Re_{39}$、$Nb_{17}Re_{41}$、Nb_7Re_8、Nb_4Re、Nb_5Re_2 和 $NbRe_3$ 能否在复合材料中稳定存在，根据式(6-1)和式(6-2)计算了不同析出相的结合能和生成焓。

$$E_{coh}(Nb_xRe_y) = \frac{1}{x+y}[E_{tot}(Nb_xRe_y) - xE_{iso}(Nb) - yE_{iso}(Re)] \qquad (6-1)$$

$$\Delta_rH_m(Nb_xRe_y) = -\frac{1}{x+y}[E_{tot}(Nb_xRe_y) - xE_{coh}(Nb) - yE_{coh}(Re)] \qquad (6-2)$$

式中：$E_{coh}(Nb_xRe_y)$ 和 $\Delta_rH_m(Nb_xRe_y)$ 分别为析出相的结合能和生成焓；E_{tot} 为单胞的总能；$E_{iso}(Nb)$ 为孤立单原子体系的能量；$E_{coh}(Nb)$ 为晶胞中每个原子能量的平均值。通过计算发现，除 $Nb_{19}Re_{39}$ 外，其他析出相的生成焓均为负值，表明 $Nb_{17}Re_{41}$、Nb_7Re_8、Nb_4Re、Nb_5Re_2 和 $NbRe_3$ 等相均能稳定存在。根据生成焓的大小，可以推测出该化合物在热力学上的稳定性顺序为 $Nb_5Re_2 > Nb_{17}Re_{41} > NbRe_3 > Nb_4Re > Nb_7Re_8$。

6.2.2　析出相的机械稳定性及力学性能

为了进一步验证不同类型的析出相在 Nb/Re 复合材料中的稳定性，对析出物的弹性力学矩阵也进行了相关计算。通过在不同方向上加载微小的应变，进一步优化晶格中的原子位置，得到晶格微变形后的应力张量，从而确定物质的弹性系数。形变过程中，当弹性应变能为正值时，结构满足机械稳定性条件。这一过程主要是通过晶体的弹性常数数据，通过 Born 准则来判定不同晶格的机械稳定性。

对于正交晶系：

$$C_{ii} > 0, \quad C_{11} + C_{22} + C_{33} + 2(C_{12} + C_{13} + C_{23}) > 0$$

$$C_{11} + C_{22} - 2C_{12} > 0, \quad C_{11} + C_{33} - 2C_{13} > 0, \quad C_{22} + C_{33} - 2C_{23} > 0$$

对于立方晶系：

$$(C_{11} - C_{12}) > 0, \quad C_{11} > 0, \quad C_{44} > 0, \quad (C_{11} + 2C_{12}) > 0$$

表 6-2 为析出相的力学矩阵。通过对不同晶系的力学矩阵进行稳定性判定，其均能满足机械稳定性判据，可以稳定存在，这一结果与生成焓计算结果一致。

表 6-2　Nb-Re 析出相的力学矩阵　　　　单位：GPa

晶系	析出相	C_{11}	C_{12}	C_{13}	C_{33}	C_{44}	C_{66}	C_{22}	C_{23}	C_{55}
正交	Nb_5Re_2	700.5	370.2	370.2	580.7	160.7	250.7	550.4	480.4	220.8
	Nb_4Re	770.2	570.5	560.6	670.1	130.3	170.5	640.1	340.9	300.9
立方	$NbRe_3$	520.3	114.1	124.3	305.2	183.3	167.5	625.7	187.3	229.1
	$Nb_{17}Re_{41}$	643.4	123.4	463.3	146.4	386.2	248.7	196.7	575.7	224.1
	Nb_7Re_8	840.7	687.4	684.4	693.6	429.6	323.7	640.7	584.4	23.7

弹性常数 C_{11}、C_{22} 和 C_{33} 分别表示 X 轴、Y 轴和 Z 轴方向上的线性压缩抵抗力。由表 6-2 可以看出，不同类型析出相的 C_{11} 和 C_{33} 数值均较大，这意味着不同类型析出相在单轴条件下 X 轴和 Z 轴方向不易被压缩，其中 Nb_7Re_8 在 C_{11} 上具有最大值 840.7 GPa，表明 Nb_7Re_8 在 X 轴上具有最高的抵抗力；同时还可以发现 Nb_7Re_8 在 C_{11}、C_{22}、C_{33} 上均比 C_{44} 大，这表明在正应力作用下 Nb_7Re_8 的抗变形能力强于切应力作用下的抗应变能力。

弹性常数决定了晶体对外力的响应，它可以描述体积模量、剪切模量、杨氏模量和泊松比等物理量，并且在决定材料强度方面起着重要作用。同时，弹性常数还与固体中的其他一些属性相关，如声子谱、原子间势、热膨胀率和德拜温度等。根据 Voigt-Reuss 近似，其中 Voigt 为应变相对均匀分布的情况，Reuss 近似为应力相对均匀分布的情况。两者的算术平均值反映了材料的体积模量和剪切模量。

对于正交晶系,体积模量 B 和剪切模量 G 可表示为:

$$B_V = [C_{11} + C_{22} + C_{33} + 2(C_{12} + C_{13} + C_{23})]/9 \tag{6-3}$$

$$G_V = [C_{11} + C_{22} + C_{33} + 3(C_{44} + C_{55} + C_{66}) - (C_{12} + C_{13} + C_{23})]/15 \tag{6-4}$$

$$M = C_{13}(C_{12}C_{23} - C_{13}C_{22}) + C_{23}(C_{12}C_{13} - C_{23}C_{11}) + C_{33}(C_{11}C_{22} - C_{12}^2) \tag{6-5}$$

$$B_R = M \cdot [C_{11}(C_{22} + C_{33} - 2C_{23}) + C_{22}(C_{33} - 2C_{13}) - 2C_{33}C_{12} + C_{12}(2C_{23} - C_{12}) + C_{13}(2C_{12} - C_{13}) + C_{23}(2C_{13} - C_{23})]^{-1} \tag{6-6}$$

$$G_R = 15 \cdot \{4[C_{11}(C_{22} + C_{33} + C_{23}) + C_{22}(C_{33} + C_{13}) + C_{33}C_{12} - C_{12}(C_{23} + C_{12}) - C_{13}(C_{12} + C_{13}) - C_{23}(C_{13} + C_{23})]/M + 3[(1/C_{44}) + (1/C_{55}) + (1/C_{66})]\}^{-1} \tag{6-7}$$

对于立方晶系:

$$B_V = B_R = (C_{11} + 2C_{12})/3 \tag{6-8}$$

$$G_V = (C_{11} - C_{12} + 3C_{44})/5 \tag{6-9}$$

$$G_R = \frac{5(C_{11} - C_{12})C_{44}}{[4C_{44} + 3(C_{11} - C_{12})]} \tag{6-10}$$

弹性模量的理论值可以通过 Voigt-Reuss-Hill 平均估算,其中:

$$B_H = \frac{B_V + B_R}{2} \tag{6-11}$$

$$G_H = \frac{G_V + G_R}{2} \tag{6-12}$$

杨氏模量是纵向的弹性模量,是用于描述固体材料的抗变形能力的物理参数,其值可以作为衡量材料产生弹性变形难易程度的指标,数值越大,则说明材料发生弹性变形的应力越大。按照 Voigt-Reuss-Hill 近似,$M_H = 1/2(M_R + M_V)$,$M = B/G$,杨氏模量 E 和泊松比 ν 可以通过以下计算得到:

$$v = \frac{3B_H - 2G_H}{2(3B_H + G_H)} \tag{6-13}$$

$$E = \frac{9B_H G_H}{(3B_H + G_H)} \tag{6-14}$$

体积模量是测量固体对体积变化抵抗力的参量,表征材料在流体静压力作用下抵抗变形的能力。表 6-3 列出了 Nb-Re 析出相的模量、泊松比和硬度。Nb_5Re_2、Nb_4Re、$NbRe_3$、$Nb_{17}Re_{41}$ 和 Nb_7Re_8 的体积模量分别为 479.9 GPa、463.5 GPa、235.0 GPa、360.3 GPa 和 738.5 GPa。

　　化合物的硬度与其内部的结构密切相关,一般情况下,离子键长越小排列越紧密,晶格能越大,晶体硬度就越大。材料的硬度和材料的弹塑性有关,一些半经验模型用于预测材料的硬度(维氏硬度 $=2(k^2 G_H)^{0.585}-3.0$,其中 k 为玻尔兹曼常数, G_H 为剪切模量)。计算结果表明,在不同类型的 Nb-Re 析出相中 Nb_7Re_8 的硬度最高,达 21.3 GPa,明显高于其他类型的析出相。

　　B_H/G_H 是评价材料韧性的一个重要指标。当 $B_H/G_H > 1.75$ 时,被认定为韧性材料,而当 $B_H/G_H < 1.75$ 时,则被认定为脆性材料。表 6-3 中数据显示,在各种不同类型的 Nb-Re 界面析出相中,只有 Nb_7Re_8 相的 B_H/G_H 超过 1.75,表明 Nb_7Re_8 相同时具备较高的强度和良好的韧性。

表 6-3　Nb-Re 界面析出相的体积模量、剪切模量、杨氏模量、泊松比和硬度

析出相	B/GPa			G/GPa			E/GPa	B_H/G_H	ν	硬度/MPa
	B_V	B_R	B_H	G_V	G_R	G_H				
Nb_5Re_2	479.9	514.8	497.3	56.5	497.3	276.9	296.5	1.21	0.19	11.0
Nb_4Re	463.5	558.3	510.9	100.3	510.9	305.6	361.1	1.26	0.18	9.0
$NbRe_3$	235.0	255.6	245.3	167.8	245.3	206.5	426.1	0.72	0.21	20.9
$Nb_{17}Re_{41}$	360.3	367.9	352.2	406.9	364.1	385.5	694.0	1.52	0.20	16.6
Nb_7Re_8	738.5	738.5	364.1	141.7	738.5	440.1	510.1	1.81	0.39	21.3

　　为进一步讨论不同方向上析出相的力学性能,采用球面坐标法,计算了各析出相的杨氏模量三维取向以及其在(001)、(100)和(010)晶面的二维投影,如图 6-7 所示。右侧的颜色变化坐标代表杨氏模量的大小变化。计算所得析出相的整体各向异性指数如表 6-4 所示。不难发现,各析出相均存在不同程度的机械各向异性,其中 Nb_7Re_8 和 Nb_5Re_2 的模量分别表现出最弱和最强的各向异性。

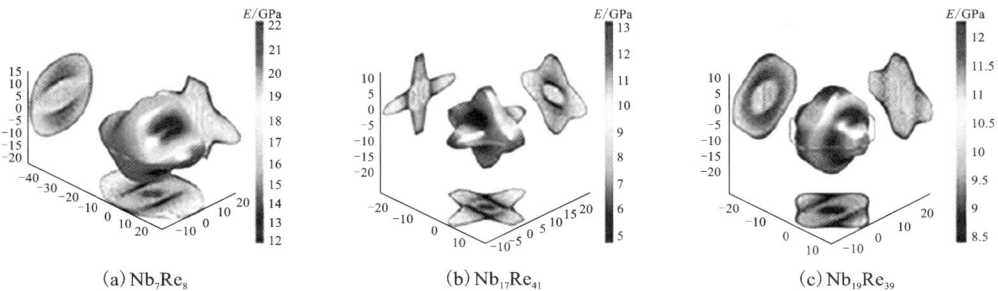

(a) Nb_7Re_8　　　　(b) $Nb_{17}Re_{41}$　　　　(c) $Nb_{19}Re_{39}$

(d) Nb₄Re   (e) NbRe₃   (f) Nb₅Re₂

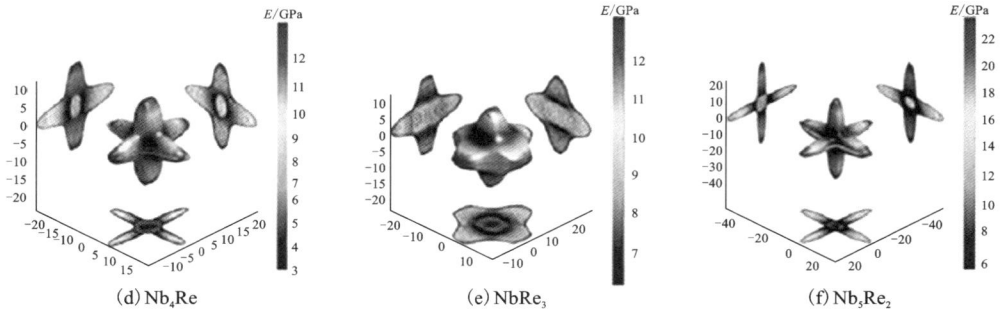

图 6-7　杨氏模量三维图

扫一扫，看彩图

表 6-4　总体各向异性指数(A^U)，各向异性指数(A_G 和 A_B)和
剪切模量的各向异性指数(A_1, A_2 和 A_3)

析出相	A^U	A_B	A_G	A_1	A_2	A_3
Nb₅Re₂	2.03	0.13	0.10	1.95	2.04	1.61
Nb₄Re	1.02	0.01	0.03	0.64	1.02	0.79
NbRe₃	0.40	0.01	0.12	0.22	0.23	0.11
Nb₁₇Re₄₁	1.26	0.72	0.25	0.75	1.34	0.93
Nb₇Re₈	0.20	0.32	0.06	0.27	0.96	0.16

6.3　沉积过程分子动力学模拟

6.3.1　模拟模型及过程

模型建立及势函数选取：选用难熔金属 Mo 材料作为模拟体系模型的基底。假设 Mo 基底平面无限延伸，轴向采用自由边界条件，重点分析沉积条件对沉积薄膜的影响。结合实验，考虑选取衬底温度、入射原子能量和入射角度范围分别为 1100~1200 ℃、0.1~0.7 eV 和 0°~40°。通过改变不同的参数来模拟薄膜的生长过程，然后通过一些微观分析技术对薄膜微观结构进行表征。选取合适的势函数，能够准确反映体系中原子或分子之间的相互作用情况，是分子动力学模拟成功的关键一步。对于 Mo/Nb 体系，采用嵌入式 EAM 势，能够有效反映 Mo、Nb 原子之间的相互作用力。

沉积过程模拟：首先，在沉积之前，对 Mo 基底进行弛豫，使 Mo 基底温度达到设定的温度值，且在给定值附近上下波动。弛豫之后温度达到稳定值，使衬底表面的微观结构更接近真实衬底表面的初始状态；其次，开始 Re 原子沉积过程。Re 入射原子的入射点位置随机分布在平面上，距衬底表面之间的距离恒定为 2 nm。两个沉积原子之间的沉积间隔为 5 ps，共沉积 6000 个 Nb 原子。模拟过程中每隔 5000 时间步输出原子坐标的信息文件，以及其他物理量数据。沉积完成之后，系统继续弛豫 50000 时间步。

6.3.2　原子的运动及空位的形成

薄膜沉积过程中由于多晶核的形成，各晶核竞相生长，同时由于岛状生长时晶体具有较低的表面能，薄膜生长按岛状模式进行，因此表面变得越来越粗糙。薄膜的岛状生长甚至纤维状生长便产生了阴影效应，使薄膜内部组织出现了大量孔洞。

模拟表面沉积 Nb/Re 薄膜结构图如图 6-8 所示。其是衬底温度为 1100 ℃，原子入射能为 0.5 eV，入射角为 0°，沉积速率为 10 nm/s 时的模拟结果。

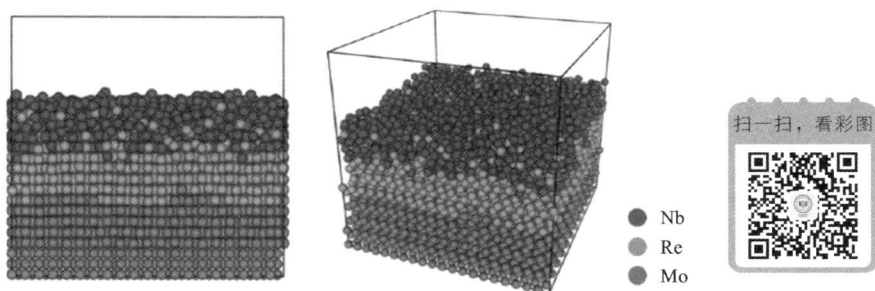

图 6-8　模拟表面沉积 Nb/Re 薄膜结构图

6.3.3　沉积条件的影响

1. 衬底温度的影响

图 6-9 显示了原子入射能为 0.5 eV，原子入射角为 0°，衬底温度分别为 1000 ℃、1050 ℃、1100 ℃、1150 ℃和 1200 ℃时薄膜沉积的模拟结果。当温度较低时(1000 ℃)，薄膜中的空位密度相对较高，主要是因为衬底温度低，原子在衬底表面获得的能量小，扩散能力较弱。同时由于阴影效应，沉积原子不能充分填充空位，从而使薄膜的致密度下降。当温度高于 1100 ℃时，薄膜中的空位密度逐渐降低。此外，沉积膜的表面形态也受到基体温度的控制。随着衬底温度的增加，薄膜的粗糙度也随之减少，且在成膜过程中产生更多的飞溅。即薄膜和衬底

之间的内聚能大于薄膜原子间的内聚能，在温度较高时衬底表面空位减少，导致粒子到达衬底表面后开始快速扩散，形成更为均匀的表面层。

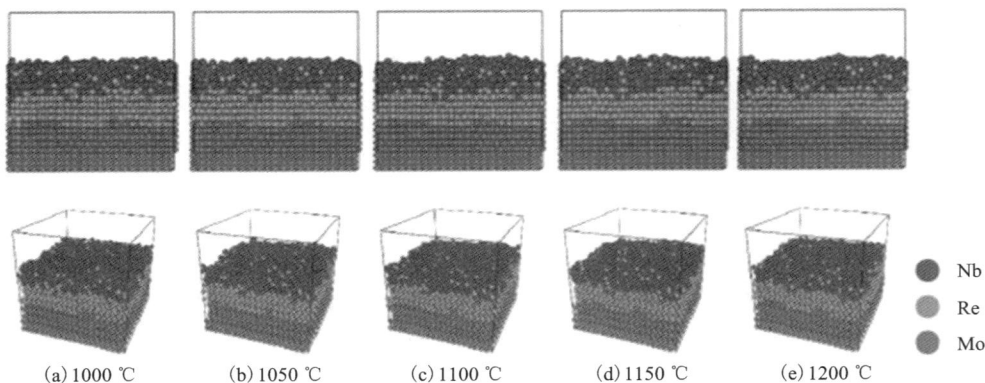

(a) 1000 ℃　(b) 1050 ℃　(c) 1100 ℃　(d) 1150 ℃　(e) 1200 ℃

图 6-9　不同衬底温度下 Nb/Re 薄膜沉积模拟结果

扫一扫，看彩图

由图 6-9 可以发现，当 Nb 原子向 Mo/Re 体系沉积时，Mo、Re 界面层之间扩散较少，在 Nb、Re 界面层之间进行扩散。在低的沉积温度下，沉积 Nb 原子与基底 Re 原子的扩散较为微弱。而随着沉积温度的上升，两者的扩散速度进一步加快，当沉积温度达到 1150 ℃ 以上时尤为明显。沉积温度越高，Nb 沉积层与 Re 基底层的界面位置向基底方向偏离也就越大。在界面的两边分别为富 Nb 相和富 Re 相，Re 原子含量要比 Nb 原子含量多，说明富 Re 相的厚度要大于富 Nb 相的厚度。以上两点说明在 Nb 原子向 Re 基底沉积时，两种原子之间发生了扩散，并且在这个过程中，基底 Re 原子向 Nb 沉积层扩散程度要大于沉积 Nb 原子向 Re 基底内部的扩散程度。

2. 原子入射能的影响

图 6-10 为不同衬底温度下 Nb/Re 薄膜中空位密度随原子入射能变化的曲线。可以发现，Nb/Re 薄膜中空位密度随衬底温度和原子入射能的变化趋势基本与 Re 薄膜空位密度的变化规律一致（详见第 3 章）。

图 6-11 显示了 Nb/Re 薄膜表面粗糙度与原子入射能的关系，其与 Mo/Re 层状复合材料表面粗糙度的变化趋势大致相同。当原子入射能为 0.1 eV，由于入射原子的能量过低，迁徙能力弱，容易形成小的原子团。当原子入射能升高为 0.3 eV 时，Re 薄膜表面的凸起和凹坑虽有所减小，但仍很粗糙。当原子入射能大于 0.4 eV 时，Re 薄膜表面变得光滑，薄膜生长模式变为典型的层状生长模式，则薄膜中的空位数会减少。结果表明，提高 Nb 原子的原子入射能，使薄膜表面变得光滑，即粗糙度降低；同样，Nb/Re 在界面处的结合随着入射能量的增大也有所加强。

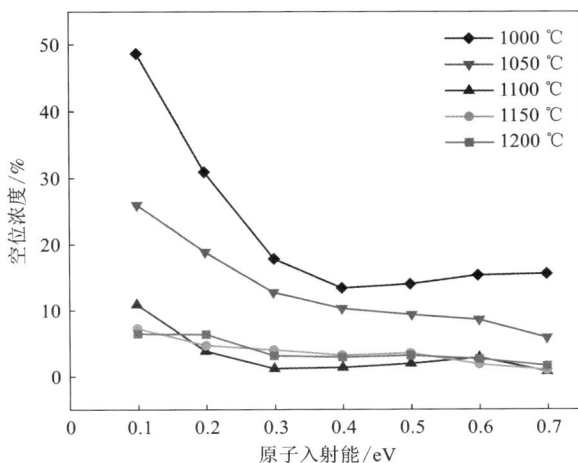

图 6-10 不同入射原子能量条件下薄膜空位密度与衬底温度的变化曲线

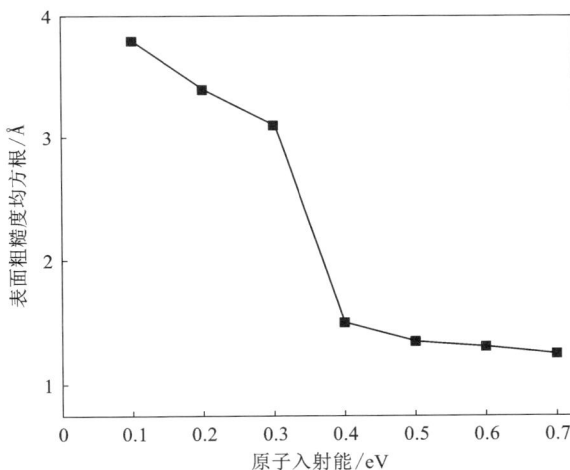

图 6-11 不同入射原子能量条件下薄膜表面粗糙度变化曲线

3. 原子入射角的影响

原子入射角的增大，将加剧薄膜沉积过程中的阴影效应，从而导致薄膜致密度的下降。图 6-12 是衬底温度为 1100 ℃，原子能量为 0.5 eV，入射角为 0°~40°的薄膜沉积模拟结果。可以看出，以 10°以上的入射角沉积，薄膜出现阴影效应，隆起方向均偏离入射方向。基底上的 3D 表面沉积结构显示，表面凸起部分与入射原子的角度对应，并呈现出横向波纹状，这主要与 Nb 粒子在沉积成膜的过程中，掠射角沉积所具有的自组织行为有关。

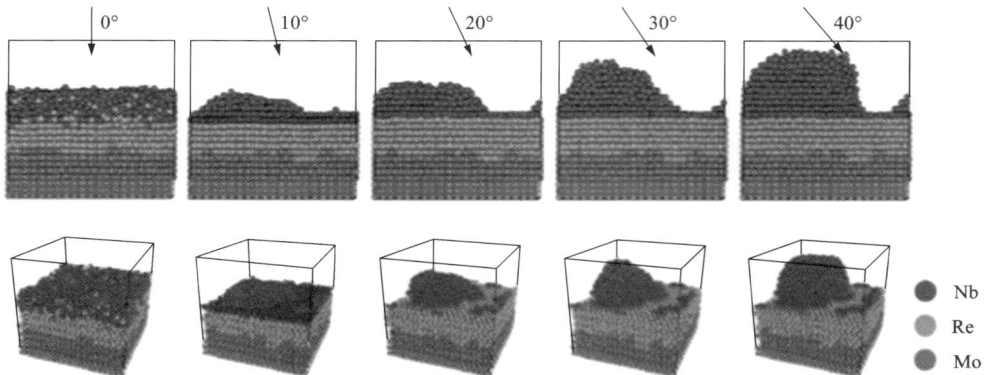

图 6-12　不同入射角度时的薄膜沉积模拟结果

扫一扫，看彩图

　　模拟结果表明，当原子入射能小于 10°时，Nb 薄膜的表面粗糙度影响很小，且薄膜中存在小的凸起和凹坑；而当原子入射能大于 10°时，Nb 薄膜的表面粗糙度随之增大。为了提高薄膜质量，应减小原子入射能。

　　通过以上分子动力学模拟结果，并结合 CVD Nb 和 CVD Re 的动力学实验研究，在前述 1000~1200 ℃ 的沉积温度范围内，随着沉积温度的升高，原子扩散能力增强，薄膜的空位减少，质量提高；氯气流量增加，可能导致湍流加剧，有助于提高原子入射能，形成粗糙表面，同时导致空位数量增加，降低薄膜质量。因此，为了实现特殊形貌粗糙表面的生长，并兼顾沉积质量，沉积温度不超过 1200 ℃，氯气流量可设定在 150 mL/min 以内，尽可能使 CVD Re 和 CVD Nb 的沉积反应发生在动力学控制阶段。

6.4　再结晶动力学

6.4.1　晶粒组织演变

　　在 1100 ℃ 的沉积温度下制备含 30% Re 体积分数的 Nb/Re 层状复合材料。对沉积态复合材料进行高温热处理，热处理温度为 1400~1800 ℃，热处理时间为 2~6 h。利用金相技术对复合材料两侧的 Nb 和 Re 的晶粒组织进行观察分析。

　　图 6-13 为沉积态样品的金相组织图。发现沉积态的 Nb 和 Re 均呈柱状晶形态生长，靠近界面处晶粒组织较细小。在相同的沉积条件下，Re 的晶粒比 Nb 的晶粒更为细小。这是因为在沉积初始阶段，原子体扩散不充分，其主要是依靠原子的表面扩散生长，当原子表面扩散进行较为充分时，各个初生晶粒分别外延而

形成均匀的柱状晶组织，柱状晶的晶粒尺寸随沉积温度的上升而增加。而当沉积温度均为 1100 ℃时，由于 Re 的熔点高于 Nb 的熔点，Re 原子的表面扩散相对较慢，从而形成较为细小的柱状晶。

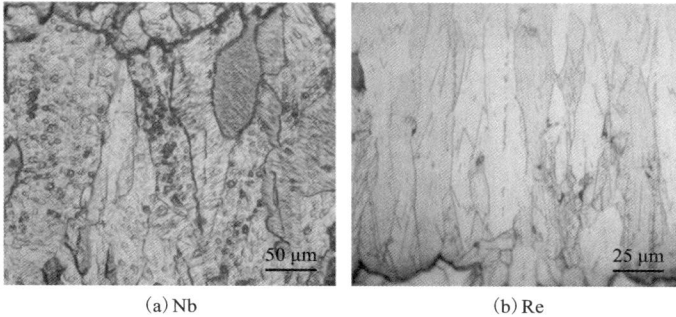

(a) Nb　　　　　　　　　　　(b) Re

图 6-13　沉积态 Nb/Re 复合材料两侧金相组织

　　图 6-14 显示了热处理条件对复合材料晶粒组织的影响。可以看出，经过 1400 ℃以上温度的热处理，Nb 和 Re 均出现不同程度的晶粒再结晶长大现象。同样是由于 Re 的熔点远高于 Nb，使得 Nb 的晶粒长大尤其明显，甚至出现柱状晶长大为等轴晶的现象，而 Re 晶粒长大后仍保留着柱状晶的特征。

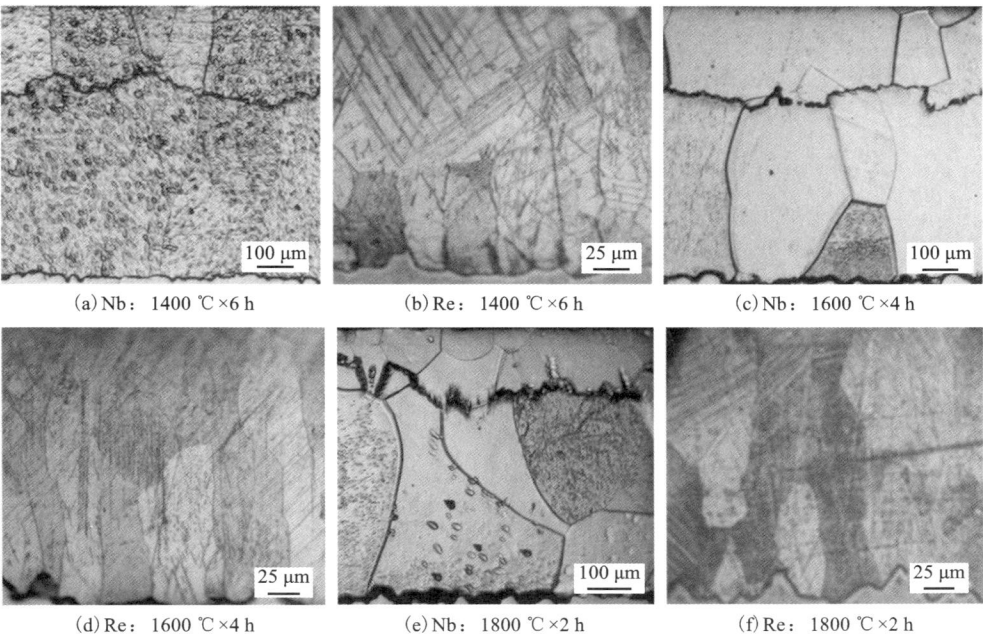

(a) Nb：1400 ℃×6 h　　　(b) Re：1400 ℃×6 h　　　(c) Nb：1600 ℃×4 h

(d) Re：1600 ℃×4 h　　　(e) Nb：1800 ℃×2 h　　　(f) Re：1800 ℃×2 h

图 6-14　热处理态 Nb/Re 复合材料两侧金相组织

6.4.2 再结晶动力学

采用线分法测量晶粒的平均截线长度，以此表征热处理后 Nb/Re 复合材料 Nb 侧和 Re 侧的晶粒尺寸，并研究不同区域晶粒再结晶长大的特点。表 6-5 和表 6-6 分别为 CVD Nb 和 CVD Re 不同区域晶粒尺寸测量结果和晶粒度计算结果。表 6-5 和表 6-6 中晶粒尺寸均为平行于界面方向的晶粒尺寸。

表 6-5 CVD Nb 的晶粒尺寸

热处理条件 (温度×时间)	I 区		II 区	
	晶粒尺寸/μm	晶粒度/G	晶粒尺寸/μm	晶粒度/G
沉积态	31.3	6.75	61.7	4.79
1400 ℃×6 h	140.0	2.43	300.0	0.23
1600 ℃×4 h	150.7	2.22	395.0	—
1800 ℃×2 h	220.0	—	592.0	—

表 6-6 CVD Re 的晶粒尺寸

热处理条件 (温度×时间)	I 区		II 区		
	晶粒尺寸/μm	晶粒度/G	晶粒尺寸/μm	晶粒度/G	$L_\perp/L_{//}$
沉积态	13.0	9.36	22.2	7.77	4.8~5.1
1400 ℃×6 h	17.5	8.43	33.0	6.60	3.0~5.0
1600 ℃×4 h	19.8	8.11	37.7	6.20	2.6~5.0
1800 ℃×2 h	24.1	7.51	41.3	5.95	2.4~5.6

Nb 侧可分为邻近界面的细晶区——I 区；远离界面的粗晶区——II 区。由于沉积态 Nb 和 Re 晶粒有柱状晶粒的特征，借用 $L_\perp/L_{//}$ 完整衡量晶粒的实际大小。沉积态 CVD Nb 晶粒 $L_\perp/L_{//}=2.7~4.7$；热处理后 $L_\perp/L_{//}=1~2$，晶粒长大明显，近似为等轴晶粒，由于受样品厚度的限制，Nb 晶粒主要沿平行于界面的方向长大。CVD Re II 区晶粒在热处理前后均柱状晶粒，沉积态时 $L_\perp/L_{//}$ 约为 5；热处理后 $L_\perp/L_{//}=2~5$，Re 沿平行界面方向的生长速率远低于 Nb。

根据晶粒尺寸和晶粒度的计算结果，对 CVD Nb 和 CVD Re 的再结晶动力学进行研究。恒温下，晶粒再结晶长大，一般满足下述方程：

$$\frac{x^2 - x_0^2}{t} = k_0 \exp\left(-\frac{Q}{kT}\right) \quad (6-15)$$

式中：x_0 为晶粒的初始直径；x 为经过 t 时间后的晶粒直径；T 为温度（K）；k_0 为常数；k 为玻尔兹曼常数（$1.38×10^{-23}$ J/K）。将表 6-5 的数据代入式（6-15）计算得到 Nb 侧不同区域的再结晶长大方程式（6-16）和式（6-17）；同样将表 6-6 数据进行同样运算得到 Re 侧不同区域的再结晶长大方程式（6-18）和式（6-19）。

（1）CVD Nb 再结晶长大方程。

Ⅰ区：

$$\frac{x^2 - x_0^2}{t} = 18.7 \times 10^3 \cdot \exp\left(-\frac{1.46\ eV}{kT}\right) \tag{6-16}$$

Ⅱ区：

$$\frac{x^2 - x_0^2}{t} = 1.0 \times 10^6 \cdot \exp\left(-\frac{1.80\ eV}{kT}\right) \tag{6-17}$$

（2）CVD Re 再结晶长大方程。

Ⅰ区：

$$\frac{x^2 - x_0^2}{t} = 378.4 \cdot \exp\left(-\frac{1.60\ eV}{kT}\right) \tag{6-18}$$

Ⅱ区：

$$\frac{x^2 - x_0^2}{t} = 254.7 \cdot \exp\left(-\frac{1.32\ eV}{kT}\right) \tag{6-19}$$

图 6-15 为 Nb、Re 晶粒生长与热处理温度的关系图。在单对数 ln-1/T 坐标系中，Nb、Re 各区域的 $\ln(x^2-x_0^2)/t$ 与 1/T 关系基本成直线。由上至下分别为，Nb 远离界面的粗晶区、Nb 近界面细晶区、Re 远离界面柱状晶区和 Re 近界面细晶区。

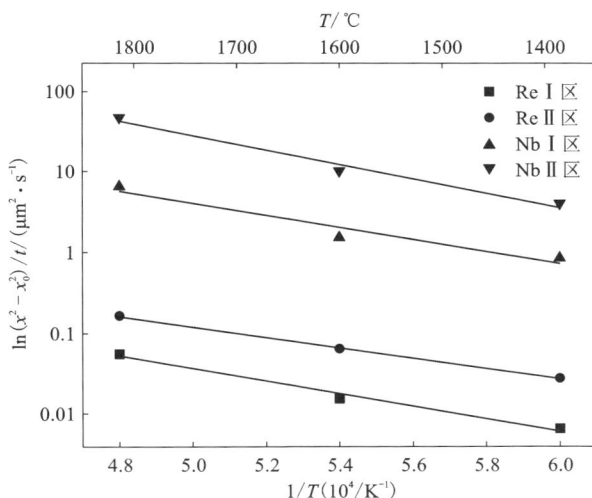

图 6-15　Nb/Re 复合材料晶粒生长与温度的关系

　　总体看来，Nb 的长大速度远比 Re 快，一方面是因为 Nb 的熔点低于 Re，在相同的热处理温度下，Nb 形核长大更加容易，晶粒长大速率较快。另一方面，晶粒的长大主要是原子沿晶界扩散的过程，Nb 的熔点低于 Re，自扩散激活能低于 Re，Nb 晶粒长大较为容易。远离界面的粗晶区长大速度比近界面的细晶区要快，这与界面对附近晶区的形核长大的影响有关，界面反应形成的化合物往往起扩散障的作用，影响邻近界面区域元素的扩散，阻碍邻近界面区域晶粒的长大。Nb 侧晶粒经热处理后快速长大对 CVD Nb 材料的力学性能同样会有较明显的影响。

第 7 章　铌/铼界面扩散及反应机制

利用优化的 CVD 工艺制备 Nb/Re 层状复合材料。通过对复合材料界面的微观结构、元素扩散和界面物相的分析研究,探索 CVD 制备的 Nb/Re 复合材料的界面扩散规律和反应机制,为复合材料中复合效应的分析研究奠定基础。

7.1　Nb-Re 二元体系的扩散理论

Nb-Re 二元相图表明,Re 与 Nb 同时出现元素固溶和界面反应(生成 χ 和 σ 相)。这种扩散与反应同时存在的界面属于比较复杂的 Ⅱ、Ⅲ 类混合界面,界面层中化合物的结构、数量、形态及分布对 Nb/Re 层状复合材料的复合效应无疑具有重要影响。因此,层状复合材料的设计,或者使用层状复合材料时,还需要知道层状复合材料的性能与各组元的性能及组成比之间的关系。

在多相二元合金的扩散中,如果两个组元不形成连续的无限固溶体,以这两个组元构成的扩散偶扩散后,成分曲线会出现不连续的跳跃。扩散过程中两相界面维持成分不连续跳跃,并且不会出现两相混合区域。在扩散过程中,界面局部平衡不断被打破又不断调整恢复,引起界面的推移,界面的推移速度决定于组元在两侧的扩散速度和界面两侧的浓度差。若 A-B 二元系含有中间相,那么 A 和 B 组成的扩散偶在一定温度下保温并扩散一定时间后,在扩散偶中分别出现一系列相邻接的单相区,其排列顺序和相图中的顺序相同。

采用 CVD 制备的 Nb/Re 层状复合材料在扩散热处理过程中形成了 Nb 和 Re 两个组元的扩散偶。实验中选择的扩散温度分别为 1400 ℃、1600 ℃ 和 1800 ℃,在扩散过程中界面应该依次分布着 Nb 固溶体、中间相 χ 相,以及少量的 Re 固溶体。图 7-1 为 Nb-Re 二元体系在 1600 ℃ 温度下,经较长扩散时间后的浓度曲线图与相图之间的理论关系。Nb 固溶体区域在浓度曲线图上表现为连续变化的曲线,Re 在 Nb 中固溶度达到固溶极限[42%Re(原子分数)]后,界面成分突变,由 42%Re 突变为 62%Re,发生相变并产生新相,即中间相 χ 相。中间相的浓度曲线同样为一段渐变的曲线,说明中间相在较宽的成分区域存在,且有一定固溶度,其中 Nb 在 χ 相的固溶度极限约为 38%Nb,Re 原子在 χ 相中的固溶度极限约为 87%Re。Nb 在 Re 中的固溶度极低,仅为 1%Nb 左右。若原子在各相中的扩散系数相差不大,各个相区所占的理论宽度应为 42∶25∶1,Nb 固溶体所占的宽度约

为 χ 相区的 1.7 倍。

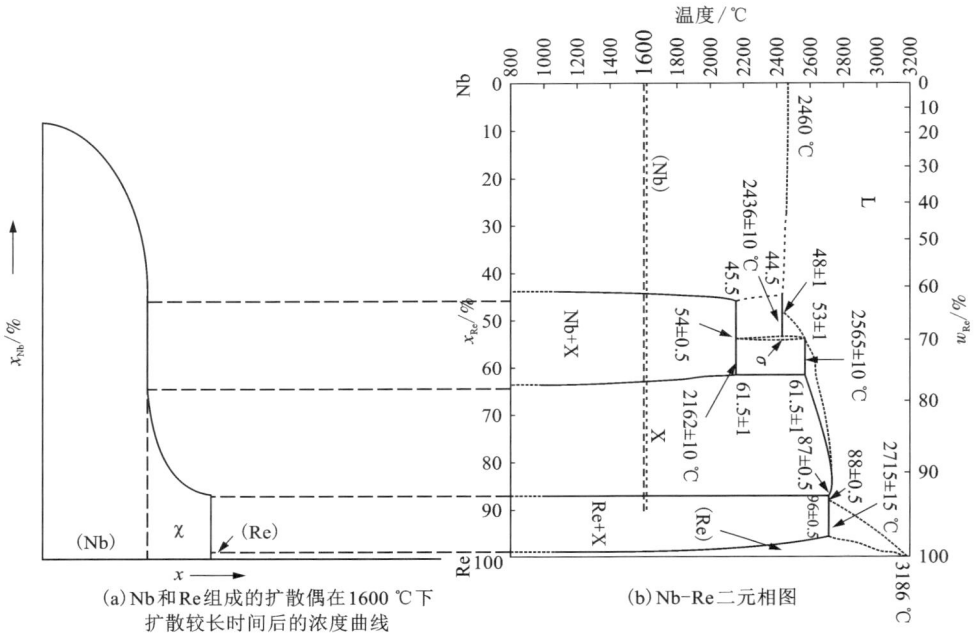

(a) Nb 和 Re 组成的扩散偶在1600 ℃下
扩散较长时间后的浓度曲线

(b) Nb-Re 二元相图

图 7-1　Nb-Re 二元体系的扩散

7.2　界面扩散和界面反应

在沉积温度为 1100 ℃，氯气流量为 100 mL/min 的沉积条件下，制备了含 Re 体积分数为 30% 的两层 Nb/Re 复合材料，复合材料总厚度为 1 mm。分析研究沉积态和热处理态复合材料的界面反应和扩散机制，热处理条件分别为 1400 ℃× 6 h、1600 ℃×4 h、1600 ℃×10 h 和 1800 ℃×2 h。

7.2.1　界面结构及元素扩散

图 7-2 为沉积态 Nb/Re 层状复合材料的界面形貌及元素扩散图，图 7-2 左侧为 Nb，右侧为 Re。CVD 制备的复合材料界面呈齿状咬合，在制备过程中已出现了元素扩散层，产生了冶金结合。界面区域元素成分连续变化，过渡层基本为 Nb 固溶体，扩散层厚度为 1~2 μm。经腐蚀后界面区域出现一条黑色界线，这应该是产生了不同界面两侧 Nb、Re 和 Nb 固溶体的新相，但其含量极少。

图 7-3 为经过 1400 ℃，6 h 热处理后的 Nb/Re 复合材料的界面形貌及元素

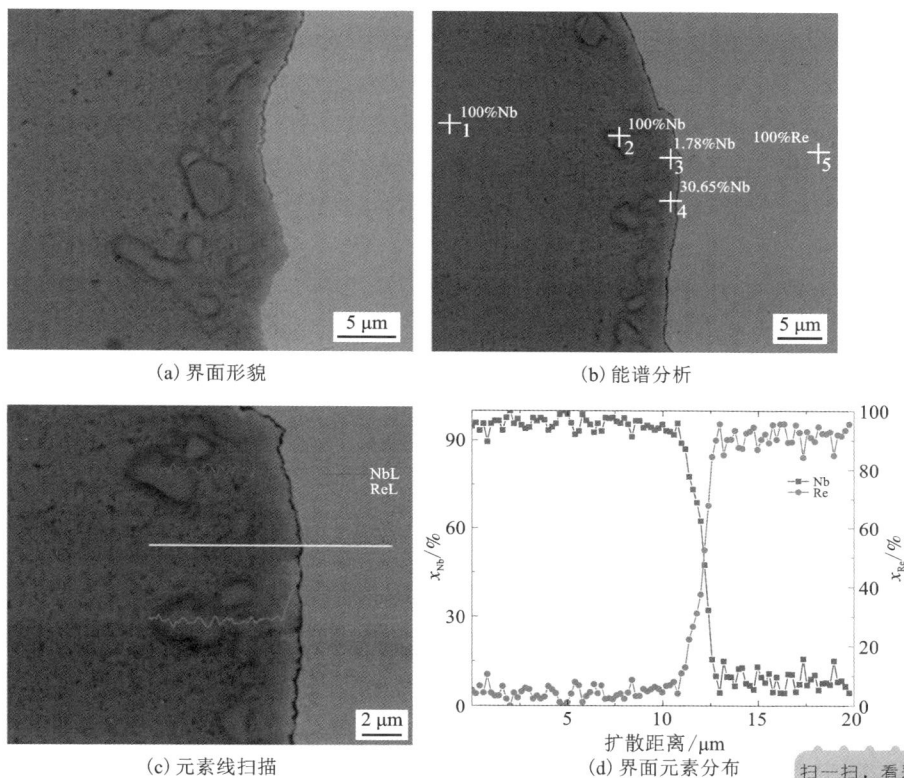

（a）界面形貌　　　　　　　　　　（b）能谱分析

（c）元素线扫描　　　　　　　　　（d）界面元素分布

图 7-2　沉积态 Nb/Re 复合材料界面形貌及界元素分布

扩散图，可以清晰观察到界面扩散区。扩散层分为两层：一层标记
为 C 区，此区域中点 2 成分为 43.97%Re，对应相图为 Nb 固溶体
相，此区域平均厚度为 3.6 μm；另一层受电解腐蚀明显，出现了一层由许多细小
晶粒排列而成的区域，标记为 D 区，此薄层中点 3 的成分为 66.94%Re，根据对
应相图推断此区域有 χ 相产生，厚度约为 1.4 μm。紧邻 D 区右侧的点 4 成分为
99.49%Re，应为 Re 固溶体相，与相图中 Nb 在 Re 中的固溶度极低的描述一致。
由于界面区域形成的 Re 固溶体较少，测量扩散层厚度时可忽略不计，扩散层总
厚度约为 5 μm。

图 7-3(c) 中的①、②、③、④同图 7-3(d) 的元素分布一一对应。根据扩散
理论，结合线扫描分析结果，同样可以判断：在①以下的成分基本连续变化，为
Nb 固溶体区域，即 C 区；Re 在 Nb 中含量达到约 40%Re 时，界面成分变化，产生
新相，即②~③，与 D 区相对应。结合相图，在 1400 ℃温度下除固溶体相外，只
有 χ 相出现，χ 相在 62%~87%Re 的成分范围内有匀质性，这与 D 区的成分在
60%~80%Re 之间的变化一致；80%~90%Re 的成分跳跃(③~④)则对应着 χ 相

与 Re 固溶体之间界面成分的突变。总体来看，Nb/Re 界面区域的成分变化同扩散偶的扩散理论符合。在扩散过程中界面区域依次分布排列着 Nb 固溶体（C 区 3.6 μm）、中间相——X 相（D 区 1.4 μm）和极少量的 Re 固溶体。

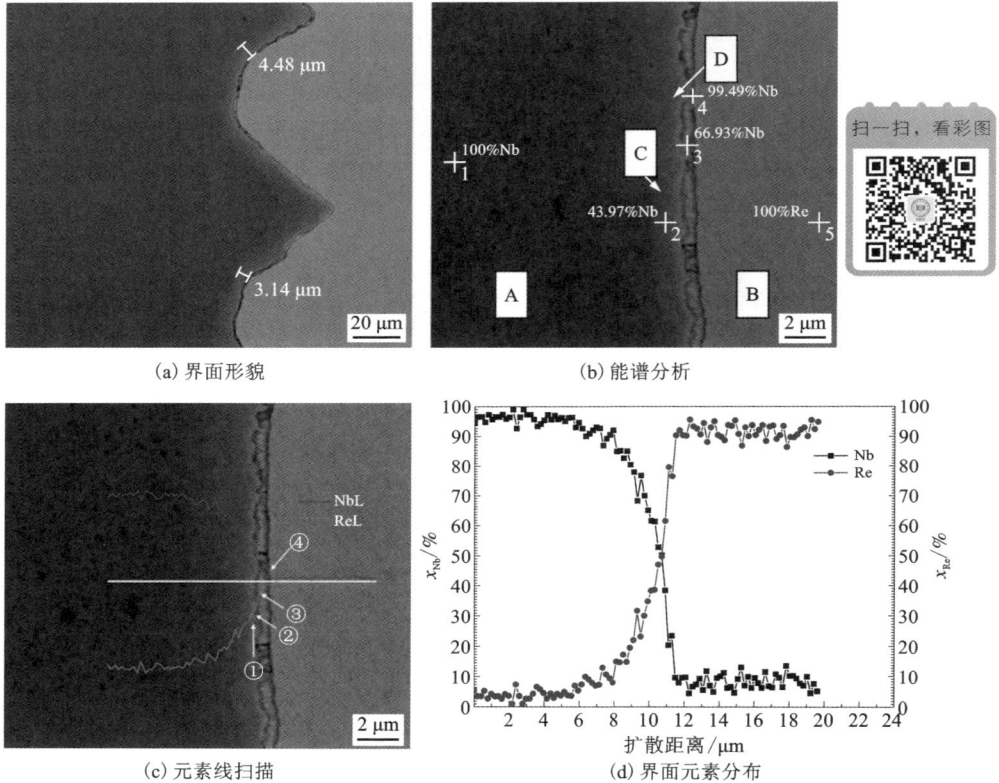

(a) 界面形貌

(b) 能谱分析

扫一扫，看彩图

(c) 元素线扫描

(d) 界面元素分布

图 7-3　1400 ℃×6 h 热处理 Nb/Re 层状复合材料界面形貌及元素扩散

图 7-4 为 1600 ℃，4 h 热处理态 Nb/Re 复合材料的界面状态。可以发现，提高热处理温度扩散层厚度明显增加，总厚度约达 7 μm。整个扩散区域可分为 C、D_1 和 D_2 三个区域。相应的能谱分析表明，C 区为 Nb 固溶体区，宽约为 3 μm。D_1 区、D_2 区的成分均落在 X 相的成分范围内，总厚度为 4 μm，明显大于 1400 ℃×6 h 热处理样品。中间相区域之所以分为 D_1 和 D_2 区主要是因为两区域 Nb 和 Re 的含量不同。D_1 区为固溶 Nb 含量较多的 X 相区，D_2 区是固溶 Re 含量较多的 X 相区。根据相图，Nb 和 Re 在 X 相中的固溶度分别为 38%Nb 和 87%Re，与 D_1 区和 D_2 区内点 5 和点 6 的能谱结果较为一致。腐蚀所选电解腐蚀液对 Nb 几乎没有腐蚀作用，而对 Re 有极好的腐蚀效果。界面经电解腐蚀以后，D_1 与 D_2 区受腐蚀程度的不同，同样可以说明两区域内 Nb、Re 含量不同。

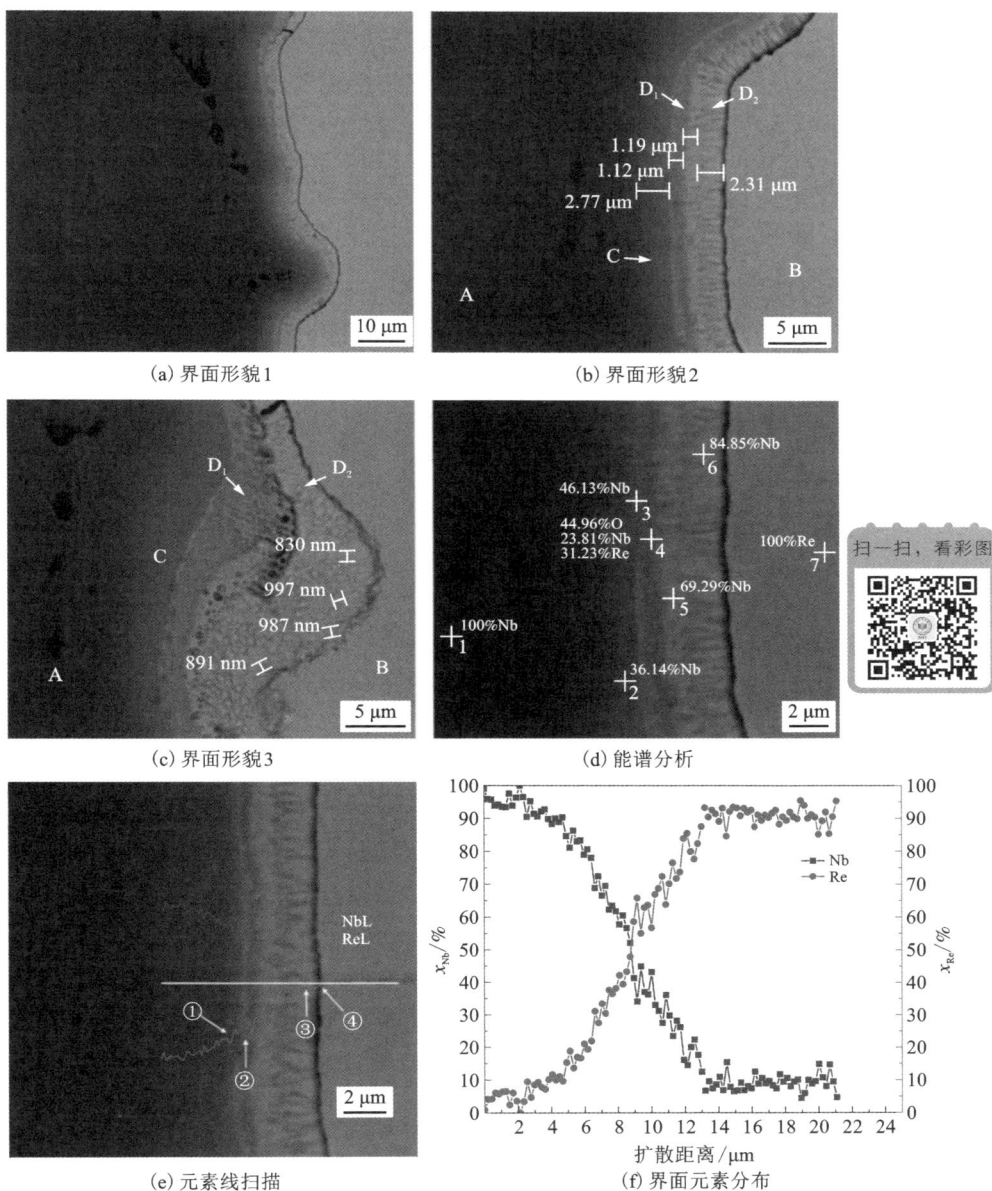

(a) 界面形貌 1

(b) 界面形貌 2

(c) 界面形貌 3

(d) 能谱分析

(e) 元素线扫描

(f) 界面元素分布

图 7-4　1600 ℃×4 h 热处理 Nb/Re 层状复合材料界面形貌及元素扩散

　　由元素线扫描可以看出，Re 成分在①（42%Re）以下连续变化，对应 C 区，42%Re 恰为相图中 1600 ℃时 Re 在 Nb 中的固溶极限，随后成分发生突变跳至②

(64%Re)，产生新相；②～③的范围对应着 D_1+D_2 区，60%～83%Re 范围内沿波浪线曲折上升，应是晶界处成分波动所致，此区应为 χ 相区；D_2 区与 Re 交界处，成分由③（82%Re）略降为 75%Re 后突变至④（92%Re）为 χ 相与 Re 固溶体的界面。

整个扩散过程与相图及扩散偶扩散过程非常吻合。在 Nb/Re 界面区域依次分布着 Nb 固溶体区（3 μm）、χ 相区（4 μm）及少量 Re 固溶体，扩散层总厚约为 7 μm。与 1400 ℃×6 h 热处理态相比，扩散层总厚度明显增加，主要是 χ 相区的厚度增加，而固溶体区厚度反而小于 1400 ℃×6 h 热处理样品。结合元素扩散分析和 Nb 在 Re 中的固溶度极低的情况，可以认为这是 Nb/Re 界面处扩散主要是自 Re 向 Nb 的扩散导致 χ 相区的厚度增加较快。

图 7-5 为经 1600 ℃，10 h 热处理后的 Nb/Re 界面形貌及线扫描元素分布情况。与图 7-4 相比，热处理时间延长后，整个界面的形貌和扩散反应非常相似，

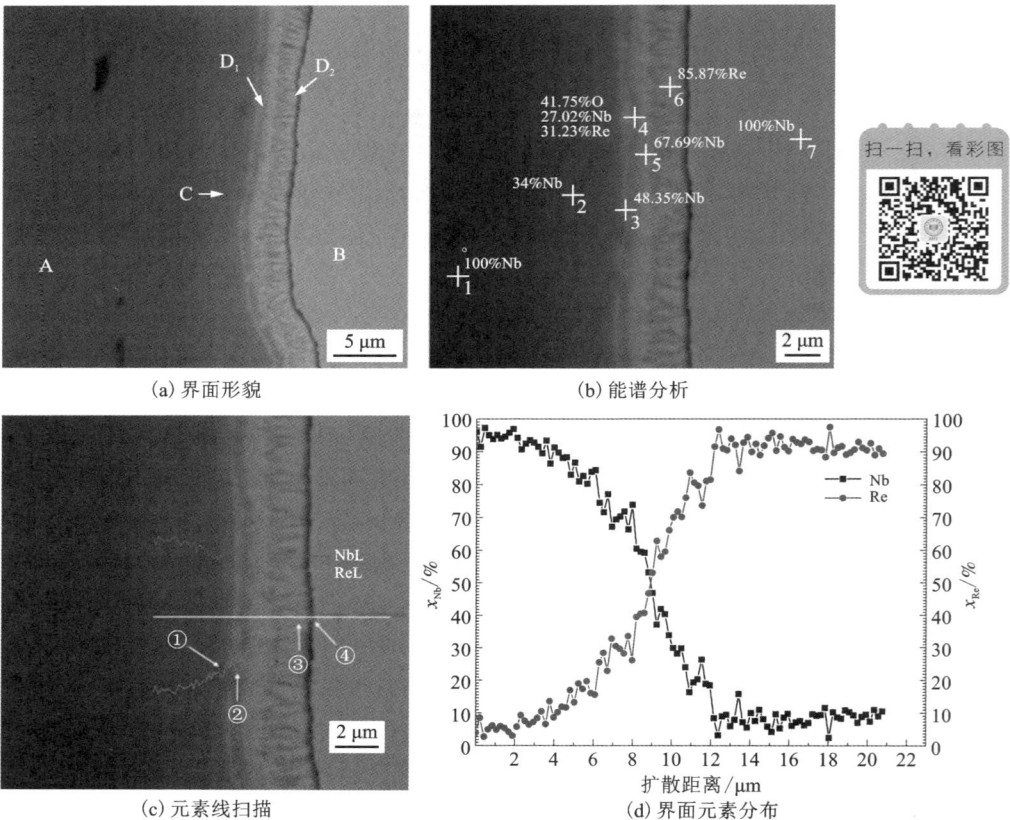

(a) 界面形貌

(b) 能谱分析

(c) 元素线扫描

(d) 界面元素分布

图 7-5 1600 ℃×10 h 热处理 Nb/Re 层状复合材料界面形貌及元素扩散

扩散层厚度有所增加。界面依次排列有 Nb 固溶体区(C 区，宽约 4.5 μm)、中间相区域(D₁+D₂ 区宽为 4.5 μm)和 Re 固溶体区域。界面成分变化与相图给出的 Nb-Re 扩散偶理论扩散过程更为一致，说明达到一定温度以后，扩散时间越长，界面的成分分布越接近平衡状态。

进一步提高热处理温度至 1800 ℃，扩散层厚度增加至 9 μm(图 7-6)。扩散层同样分为 C 区——Nb 固溶体，厚度约为 4 μm；D₁+D₂——χ 相区，厚度约为 5 μm。D₁、D₂ 区界面形貌与图 7-4 和图 7-5 类似，说明电解腐蚀出的界面形貌具有代表性。

从图 7-6(c)和图 7-6(d)可以看出，C 与 D₁ 界面处成分为①(40%Re)，接近固溶极限；此后，成分跳跃至②(64%Re)，有新相产生；②～③对应 D₁+D₂ 区域，成分在 64%～82%Re 呈连续变化；D₂ 区和 Re 固溶体界面处由于被腐蚀，成分从③(82%Re)回落至 70%Re 后又出现跳至④(90%Re)以上。

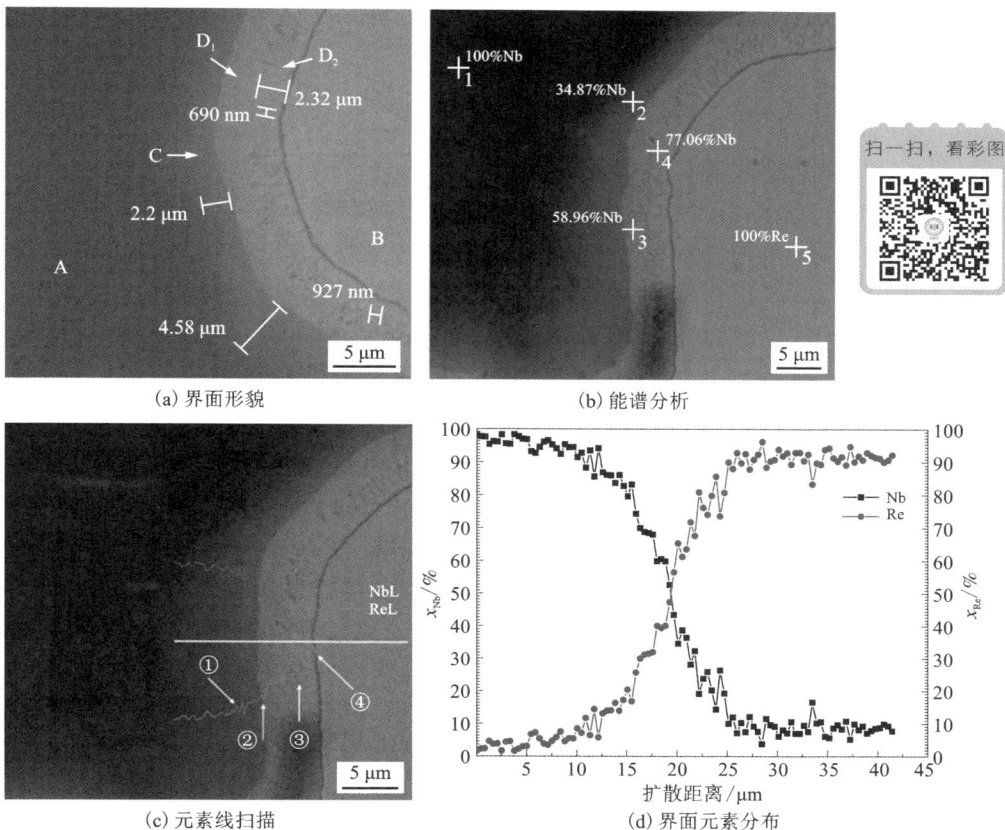

(a) 界面形貌　　　　　　　　(b) 能谱分析

(c) 元素线扫描　　　　　　　(d) 界面元素分布

图 7-6　1800 ℃×2 h 热处理 Nb/Re 层状复合材料界面形貌及元素扩散

通过一系列界面扩散研究可以基本确定：Nb/Re 界面区域依次分布排列着 Nb 固溶体、中间相 χ 相和极少量的 Re 固溶体。扩散温度越高，扩散时间越长，界面元素的浓度曲线与 Nb-Re 二元相图的对应就越一致。

综合分析 Nb/Re 复合材料热处理前后的界面组织演变可知：Nb/Re 样品在制备过程中已出现扩散，界面区域基本为固溶体区，χ 相出现极少；较低温度（1400 ℃）热处理后，固溶体明显增多，χ 相有少量增加；较高温度热处理（1600 ℃以上）后，χ 相区迅速变宽，固溶体区域厚度有一定量增加，但是增加较慢；由此推断 Nb/Re 界面处的扩散应是自 Re 向 Nb 中的大量扩散。物相生成速度还与原子在 Nb 固溶体区域和 χ 相中的扩散机制有关。

7.2.2 界面析出物物相分析

Yamada 提到了 Nb-Re 二元体系中 χ 相的鉴定、结构和点阵常数等信息。有关物相鉴定的部分均是针对 Nb-Re 二元合金在特定的成分配比下大量产生 χ 相，采用 X 射线衍射（XRD）方法进行鉴定。而在 Nb/Re 层状复合材料中，界面区域的中间相 χ 相是通过界面元素扩散与反应形成，分布区域仅为几微米，给中间物相的分析检测带来困难。基于 Nb/Re 界面 χ 相生成的特殊性，选择 XRD 与背散射电子衍射（EBSD）相结合的方法鉴定 Nb/Re 复合材料界面物相。

首先采用 X 射线衍射（XRD）对沉积态 Nb/Re 复合材料物相进行分析，如图 7-7 所示。可以看出，Nb/Re 层状复合材料由 Nb、Re 和 NbRe₃ 三个相组成，NbRe₃ 的衍射峰较弱，说明界面形成的 NbRe₃ 相所占复合材料的比例很低。

由于界面区域中间相含量极低，即使其出现在 XRD 图谱中也表现为很微弱的衍射峰，故对较弱峰进行了物相检索，谱线中的较弱峰与 χ 相的错配指数为 20 左右。将 χ 相的图谱与界面区域的衍射图谱进行对比，在四个 2θ 角处有较好的对应：$2\theta = 26°$、$2\theta = 39°$、$2\theta = 46°$ 和 $2\theta = 73°$。但 $2\theta = 46°$ 与 NbRe₃ 谱线并不相符。因此，该依据 XRD 图谱只能初步判断界面区域形成了 χ 相。为了进一步确认 χ 相的存在，采用 EBSD 来测定其物相的结构。

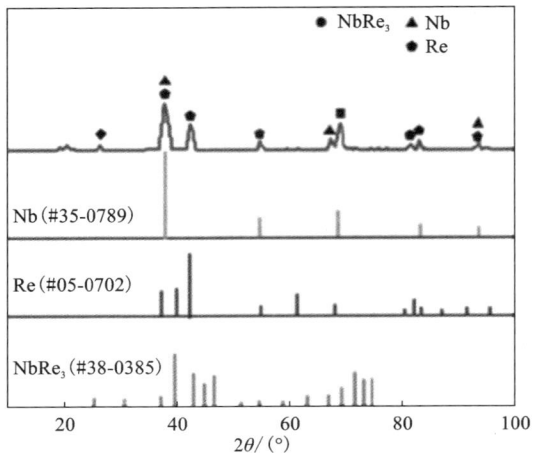

图 7-7 Nb/Re 界面区域 XRD 分析结果

通过物相结构，再配合能谱分析鉴定物相。EBSD 确定物相的基本方法：①得到待鉴定物相的 EBSP 花样，利用"TSL OIM Data Collect"软件将所有可能形成的物相指标化 EBSP 花样，若有完全符合的，便是要鉴定的物相；②已经基本判断某物相的存在，但数据库中无此物相的标定花样，须清楚待定物相的结构，即空间点群、点阵常数、各原子在点阵中的坐标位置、参与衍射的晶面等，根据待定物相的结构建立数据库。使用自建数据库对待定物相的 EBSP 花样进行手工标定，若标定匹配较好，则可确认待定物相。实验所用的 OMI 分析软件数据库仅有 Nb 的花样标定，Re 和 χ 相则需用第②种方法进行手工标定。本实验中 Nb/Re 复合界面及 Re 侧均采用电解腐蚀处理表面，Nb 侧采用化学腐蚀法处理。处理后的样品获得了质量较好的 EBSP 花样。

图 7-8 为 EBSD 分析所确定的 5 个位置在复合材料样品上的分布图。选择经 1800 ℃，2 h 热处理后 Nb/Re 复合材料的界面区域进行分析：点 1 和点 2 位于 D_1 区，点 3 位于 D_2 区[图 7-8(a)]；Nb 和 Re 的 EBSD 分析在沉积态复合材料上进行，如图 7-8(b)所示，点 4 为纯 Nb，点 5 为纯 Re。图 7-9 为 Nb 和 Re 的 EBSP 花样。可以看出，Nb 的 EBSP 菊池带边缘清晰，说明 Nb 的晶体完整性高；而 Re 的菊池带边缘模糊、漫散，表明 Re 的晶体完整性较低。因为菊池带由布拉格衍射形成，反映原子周期排列信息，晶体越完整，布拉格衍射强度越高，形成的菊池带边缘清晰；反之则越模糊。

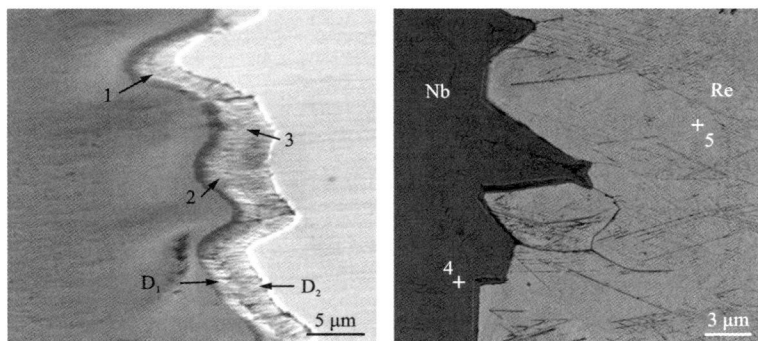

(a)界面 $D_1 + D_2$ 区域（1800 ℃×2 h 热处理）　(b)界面两侧的纯 Nb、纯 Re（沉积态）

图 7-8　EBSD 分析的五个位置分布

使用 OMI 软件自动标定 Nb 的 EBSP 花样，如图 7-10 所示。标定结果与 EBSP 花样完全吻合，Nb 为体心立方结构，说明此点物相的确为 Nb。花样标定图中的每一条线代表一个晶面，每一个颜色代表一个晶面族（即 EBSP 中的菊池带）；线的交点为晶带轴（即 EBSP 中的菊池极），均标在图 7-10 中。菊池极具有

(a) Nb　　　　　　　　　　(b) Re

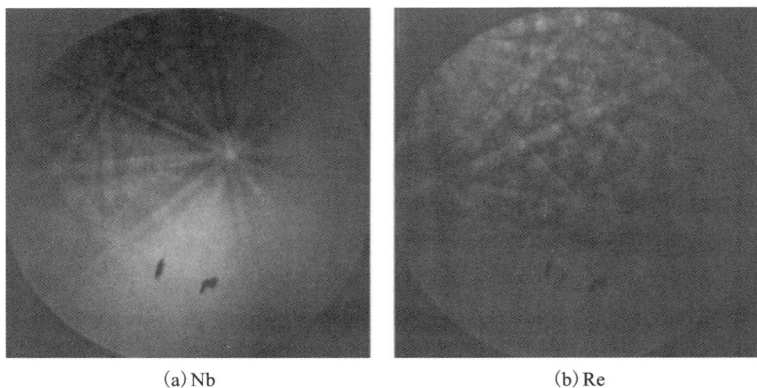

图 7-9　Nb 和 Re 的 EDSP 花样

2 次旋转对称性，相当于相应晶带轴旋转对称性加上中心对称性，如立方晶体
[111]方向上为 3 次旋转对称，而 EBSP 花样上的[111]菊池极呈 6 次对称性。Nb
为体心立方结构，EBSP 花样上的[111]菊池极恰呈 6 次对称性；通过 Re 的空间
点群 P63/mmc(No.194)，点阵常数：$a=276$ pm、$c=445.8$ pm，根据
等效原子位点以及参加衍射的晶面等结构参数建立 Re 的花样标定数
据库，对 Re 的花样进行手工标定。EBSP 的标定结果如图 7-11 所
示，比较清晰的菊池带同花样标定符合。标定后可以看出 Re 的对称
性远不如 Nb 高，这同 Re 的密排六方结构一致。

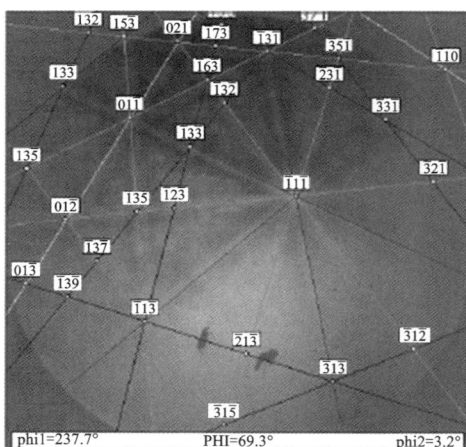

图 7-10　已标定的 Nb 的 EBSP 花样　　　图 7-11　已标定的 Re 的 EBSP 花样

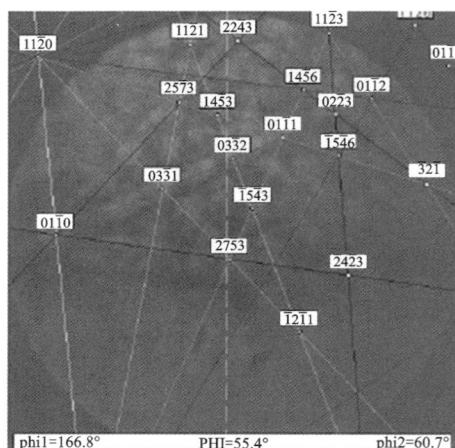

图 7-12 为界面 D_1+D_2 区域内点 1、点 2 和点 3 的 EBSP 花样。3 个点的 EBSP 花样菊池带清晰，晶粒完整性高，具有一定的对称性，这与 χ 相的复杂体心立方的结构有一定程度的符合。D_1 区域内的衍射花样与 D_2 区内的衍射花样没有明显的区别，应该为同一种物相。由于 χ 相（$Re_{22}Nb_7$）的结构特别复杂，由于 Re 原子和 Nb 原子在点阵中具体排列位置不详，无法得到准确的结构参数进行手动标定。结合界面扩散以及相图的综合分析，此区域成分在特定温度下只可能出现 χ 相。尝试用 Re 和 Nb 来指标化点 1，2，3 的 EBSP，均不符合。说明这三点是完全不同于 Nb 和 Re 的第三种物相，可进一步推定 D_1+D_2 区为 χ 相（$NbRe_3$）的存在区域。

由于 χ 相为电子化合物，其分子式与电子密度有关。利用第一性原理计算所得结果（$Nb_{0.25}Re_{0.75}$）与实验表征所得结果（$NbRe_3$）为近似相，证明了理论计算的正确性。

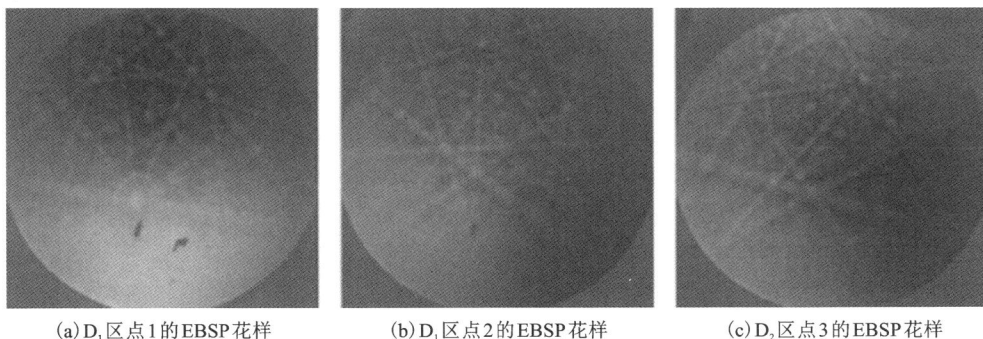

(a) D_1 区点 1 的 EBSP 花样　　　(b) D_1 区点 2 的 EBSP 花样　　　(c) D_2 区点 3 的 EBSP 花样

图 7-12　D_1+D_2 区域的 EBSP 花样

7.3　复合材料界面扩散机制

图 7-13 为 Nb/Re 界面扩散模型示意图。扩散区域由 χ 相区（扩散区 1）和 Nb 固溶体区（扩散区 2）组成。在 χ 相区右侧为 Re 固溶体区，由于 Nb 在 Re 中的固溶极限极低，Re 固溶体区域在能谱及线扫描结果中无法精确测定，故未进行计算。根据 Nb/Re 界面元素扩散的实验结果，计算不同物相区域内的扩散系数和扩散激活能，进一步分析 Nb/Re 界面处的扩散机制。

在各自区域中有独立的扩散系数 k_1（χ 相区域）、k_2（Nb 固溶体区）和 Re 原子的浓度曲线 C_1、C_2。$x=h$ 处为相界，在该界面上 Re 浓度发生突变，D_1，D_2 分别对应 Nb-Re 相图中 Re 在 χ 相中和在 Nb 固溶体中的固溶度曲线，D_1、D_2 随着温度的变化而变化。

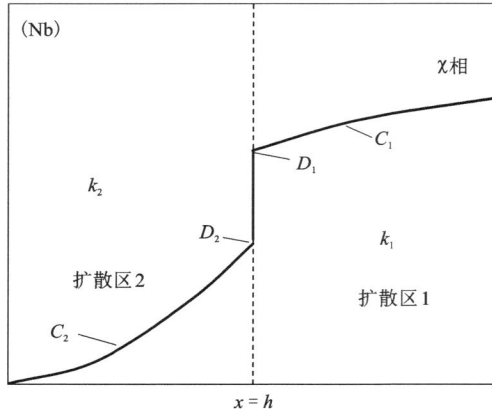

图 7-13 Nb/Re 扩散模型示意图

该扩散模型的通解为：

$$
\begin{cases}
C_1 = A_1 + B_1 \mathrm{erf} \dfrac{(x - h)}{2\sqrt{k_1 t}} & (x \geqslant h) \\[3mm]
C_2 = A_2 + B_2 \mathrm{erf} \dfrac{(x - h)}{2\sqrt{k_2 t}} & (x \leqslant h)
\end{cases}
\tag{7-1}
$$

式中：A_1、A_2、B_1、B_2 为待定常系数。Re 元素的标准初始分布（$t=0$）：$x \geqslant h$，$C_1 = 87$；$x < h$，$C_2 = 0$。扩散中 Re 原子在 $x = h$ 处，始终保持条件：$C_2 = D_2$，$C_1 = D_1$，代入式（7-1）计算相关系数，得到 Re 原子分数公式（7-2）：

$$
\begin{cases}
C_1 = D_1 + (87 - D_1)\mathrm{erf} \dfrac{(x - h)}{2\sqrt{k_1 t}} & (x \geqslant h) \\[3mm]
C_2 = D_2 + D_2 \mathrm{erf} \dfrac{(x - h)}{2\sqrt{k_2 t}} & (x \leqslant h)
\end{cases}
\tag{7-2}
$$

从相图中可知，Re 在 Nb 固溶体以及 χ 相中的溶解度曲线在 1400~1800 ℃范围内变化不大，而线扫描结果显示，在实验所选的扩散温度中，界面成分的突变同相图有较好对应。为了简化计算，综合相图及元素扩散的实验数据，在每个热扩散温度下均取 $D_1 = 62$，$D_2 = 42$ 进行计算。

扩散模型通解为：

$$
\begin{cases}
C_1 = 62 + 25\mathrm{erf} \dfrac{(x - h)}{2\sqrt{k_1 t}} & (x \geqslant h) \\[3mm]
C_2 = 42 + 42\mathrm{erf} \dfrac{(x - h)}{2\sqrt{k_2 t}} & (x \leqslant h)
\end{cases}
\tag{7-3}
$$

结合 Re 元素的扩散分布曲线，得到界面位置 h，并根据式(7-3)，通过最小二乘法计算各温度下、不同区域的互扩散系数，计算结果列于表 7-1 中。由于 Nb/Re 复合材料的沉积温度低(1100 ℃)，初始扩散区域较窄，计算过程中忽略了热处理前界面处已经产生的浓度分布。

表 7-1 Nb/Re 互扩散系数的计算结果

热处理温度/℃	Nb 固溶体中的扩散系数 k_2	X 相中的扩散系数 k_1
1400	1.09×10^{-12}	1.48×10^{-14}
1600	3.67×10^{-12}	8.61×10^{-13}
1800	1.70×10^{-11}	1.61×10^{-12}

扩散系数遵循 Arrhenius 方程：

$$k = k_0 \exp\left(-\frac{E}{RT}\right) \tag{7-4}$$

式中：k 为扩散系数；k_0 为扩散常数；R 为气体常数(8.314 J/K·mol)；E 为每摩尔原子的激活能；T 为绝对温度，不同机制的扩散系数表达形式相同，但是 k_0 和 E 不同。将式(7-4)两端取对数，则有：

$$\ln k = \ln k_0 - \frac{E}{R} \cdot \frac{1}{T} \tag{7-5}$$

图 7-14 为根据式(7-5)作出的 Nb/Re 互扩散系数与温度的关系图。可以看出，在同一温度下，Nb 固溶体中的互扩散系数大于 X 相中的互扩散系数，Nb 固溶体中的互扩散系数符合 Arrhenius 方程。X 相高温和低温的扩散系数差异较大，表明高温与低温的扩散机制有所不同。表 7-2 列出了不同区域内，不同温度下的扩散常数 k_0 和扩散激活能 E 及各相区内的扩散系数表达式。Nb 固溶体区域的扩散激活能为 198.8 kJ/mol(2.06 eV)。在 X 相区域内，高温扩散(1600 ℃以上)的扩散激活能为 69.3 kJ/mol(0.72 eV)，低温扩散(1400 ℃)激活能为 703 kJ/mol(7.29 eV)。在界面元素扩散分析中发现，随着扩散的进行，低温(1400 ℃)下固溶体相区域增加较快，高温下(1600 ℃)X 相区域明显增加，扩散激活能则能很好地解释这一现象。

经验规则指出纯金属中的自扩散体激活能：$E_0 \approx 0.14T_m$(kJ/mol)，对于晶界、位错等快速扩散激活能：$E \approx (0.3 \sim 0.6)E_0$。计算得到纯 Re 体扩散激活能 $E \approx 4.6$ eV，晶界等快速扩散激活能 $E \approx 1.4 \sim 2.8$ eV；X 相体扩散激活能 $E \approx 4$ eV，晶界等快速扩散激活能 $E \approx 1.2 \sim 2.4$ eV；纯 Nb 的体扩散激活能 $E \approx 3.6$ eV，晶界等快速扩散激活能 $E \approx 1 \sim 2.2$ eV。通过表 7-2 中扩散激活能与经验

扩散激活能的比较，可以得出 Re 原子在 Nb 固溶体中以晶界等快速扩散为主。在 χ 相中，低温时以体扩散为主；高温时以沿晶界、位错等缺陷的快速通道扩散为主。

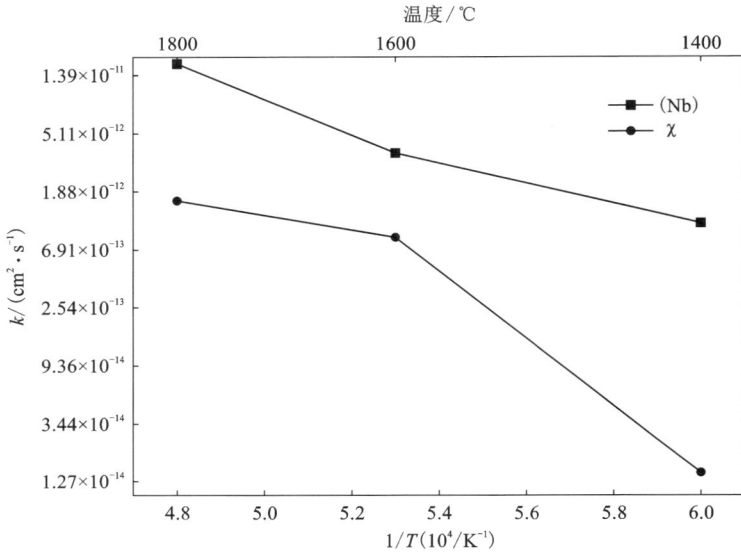

图 7-14 Nb/Re 互扩散系数与温度的关系

表 7-2 Nb 固溶体和 χ 相中互扩散系数表达式

物相		扩散常数 k_0 /($cm^2 \cdot s^{-1}$)	扩散激活能 /($eV \cdot$ 原子$^{-1}$)	扩散系数表达式
Nb 固溶体		1.66×10^{-6}	2.06	$1.66 \times 10^{-6} \cdot \exp\left(-\dfrac{198.8}{RT}\right)$
χ 相	低温(1400 ℃)	2.69×10^4	6.00	$2.69 \times 10^4 \cdot \exp\left(-\dfrac{584.5}{RT}\right)$
	高温 (1600~1800 ℃)	2.8×10^{-10}	0.92	$2.8 \times 10^{-10} \cdot \exp\left(-\dfrac{89.2}{RT}\right)$

经过上述分析，可以得出 Nb/Re 界面扩散和界面反应过程：CVD Nb/Re 复合材料在沉积过程中，界面就形成了扩散区，主要为 Nb 固溶体和少量 Re 固溶体；由于 Re 在 χ 相中的固溶度极高，靠 Re 固溶体的界面处易生成 χ 相，沉积态时 χ 相较少，随着热处理的进行 χ 相逐渐增多。低温时，Re 原子在 χ 相区域的扩

散以体扩散为主,扩散较慢,形成较窄的中间相区域;而原子在 Nb 固溶体内的扩散激活能(2.06 eV)低于 X 相中扩散激活能(7.29 eV),在 X 相与 Nb 固溶体界面处的 Re 原子向 Nb 侧大量扩散,形成固溶体,固溶体区域厚度增加较快。高温时 X 相区内的扩散激活能明显降低(0.72 eV),扩散系数增加,再加上 Re 在 X 相中的大量固溶,Re 向 X 相区域的扩散明显加快,形成大量 X 相,推进 X 相界面向 Nb 侧的移动;而此时,由于高温下 Nb 侧晶粒长大,晶界的相对含量减少,Re 原子在 Nb 固溶体中沿晶界扩散减慢,固溶体区域的生长速度放缓。结合扩散激活能的计算结果,很好地解释了界面扩散和界面反应的速度问题。这一解释建立在 Re 向 Nb 中大量扩散的基础上,更可以说明 Re 原子向 Nb 中大量扩散的推断是比较符合实际的。

第 8 章　铌/铼复合材料物理力学性能及复合效应

8.1　铌/铼复合材料物理力学性能

8.1.1　密度

在 1100 ℃ 的沉积温度下制备了 Nb/Re 层状复合材料,复合材料中 Re 名义体积分数分别为 20%、30% 和 40%。实测了 Re 及复合材料的密度,并根据 Re 的实测体积分数计算复合材料的理论密度,结果列于表 8-1。可以看出,随着 Re 体积分数的上升,Nb/Re 复合材料的相对密度呈下降趋势,但均超过 95%。与纯 Re 的密度相比,Nb/Re 复合材料的密度大大降低,相同体积的复合材料与纯 Re 相比质量减轻 37%~45%,复合材料的减重效果非常明显。

表 8-1　CVD Nb/Re 复合材料的密度

材料名称	Re 实测体积分数/%	实测密度/(g·cm⁻³)	理论密度/(g·cm⁻³)	相对密度/%
Nb-20%Re	22.0	11.25	11.30	99.6
Nb-30%Re	32.5	12.23	12.61	97.0
Nb-40%Re	40.0	12.99	13.54	95.9

8.1.2　力学性能

制备了 Re 名义体积分数分别为 20%、30% 和 40% 三个系列的 Nb/Re 复合材料,主要考察热处理前后复合材料力学性能的变化,以及实测力学性能与理论复合强度的比较。由于复合材料中 Re 的实际体积分数与名义体积分数值略有偏差,按照确定的名义体积分数根据体积分数实际测量结果对复合材料的抗拉强度进行修正。复合材料的理论抗拉强度可按照经典的复合准则式(8-1)进行计算(CVD Re 和 CVD Nb 的室温强度分别为 760 MPa 和 284 MPa):

$$\sigma_{\mathrm{b}} = \sum_{i=1}^{N} t_i \sigma_{\mathrm{b}i} \tag{8-1}$$

式中：t_i 为各层厚度与复合材料总厚的比值；σ_{b} 为抗拉强度。

图 8-1 为 20%Re 系列 Nb/Re 复合材料的室温力学性能与热处理之间的关系。可以看出，经 1400 ℃和 1600 ℃热处理后，Nb-20%Re 复合材料的室温抗拉强度均高于未热处理的（沉积态），且高于理论复合强度。1400 ℃，6 h 热处理后，复合材料的室温抗拉强度最高，达到 516 MPa，高于经典的铌基合金 Nb521（430 MPa）及 C103（480 MPa）。进一步提高热处理温度至 1800 ℃，抗拉强度下降，并低于理论强度；另外还发现，抗拉强度与延伸率存在正向关联关系，即材料的抗拉强度提高，对应的延伸率亦有所升高，反之亦然。

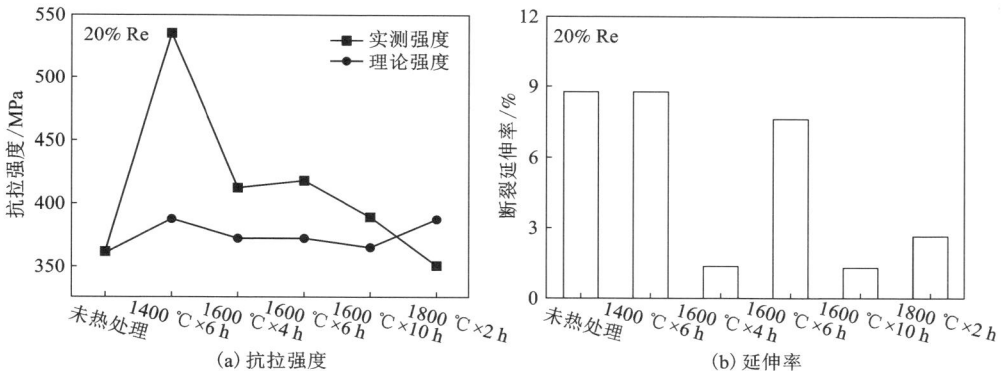

图 8-1   Nb-20%Re 复合材料力学性能与热处理条件之间的关系

图 8-2 为 30%Re 系列 Nb/Re 复合材料的室温力学性能与热处理之间的关系。除 1600 ℃，10 h 热处理后的强度较低外，其他热处理复合材料的室温抗拉强度均高于沉积态，且高于理论复合强度。经 1600 ℃，4 h 热处理后，含 Re 名义体积分数为 30%的复合材料室温抗拉强度达到 611 MPa，超过其理论复合强度的 36%，出现了较强的复合效应；与 20%Re 复合材料类似，经热处理后，Nb-30%Re 的抗拉强度与其延伸率之间亦存在正向关联关系。

图 8-3 为 40%Re 系列 Nb/Re 复合材料的室温力学性能与热处理之间的关系。可以发现，热处理前后复合材料的室温抗拉强度均低于其理论复合强度，经 1600 ℃，4 h 热处理后，强度有明显提升，最接近理论强度；在 1600 ℃的热处理温度下，随着热处理时间的延长，复合材料的抗拉强度降低，延伸率却有不同程度的增加，这与 20%Re 及 30%Re 复合材料的强度与延伸率呈同向变化的规律不同。

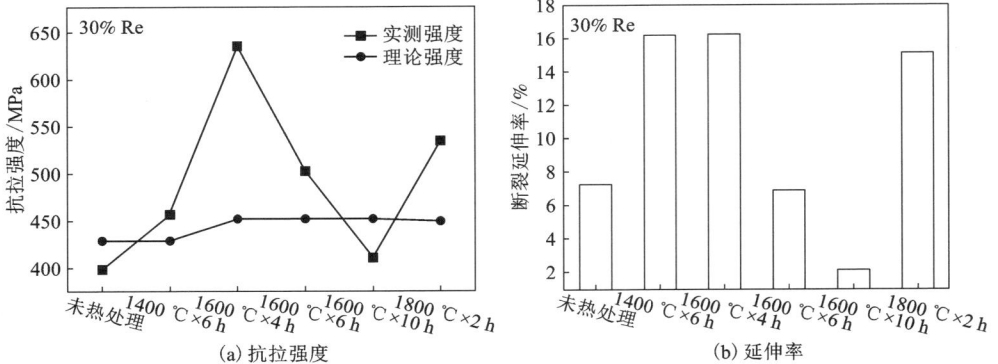

(a) 抗拉强度 　　　　　　　　　(b) 延伸率

图 8-2　Nb-30%Re 复合材料力学性能与热处理条件之间的关系

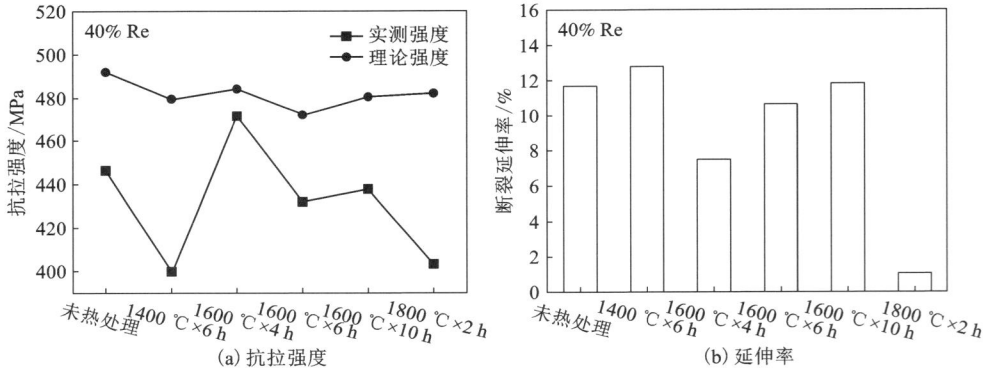

(a) 抗拉强度 　　　　　　　　　(b) 延伸率

图 8-3　Nb-40%Re 复合材料力学性能与热处理条件之间的关系

图 8-4 示出了 20%Re、30%Re 和 40%Re 三个系列 Nb/Re 复合材料的室温抗拉强度图。对比分析发现，随着 Re 体积分数的增加，未经热处理(沉积态)复合材料的室温抗拉强度逐渐上升，主要是 CVD Re 的抗拉强度高于 CVD Nb；含 20%Re 和 30%Re 复合材料分别经 1400 ℃×6 h 和 1600 ℃×4 h 热处理后，强度明显提高，并远高于理论复合强度，表明热处理后复合材料中出现了明显的复合协同效应。其中 Nb-30%Re 复合材料的室温抗拉强度与纯 Re 最为接近，但密度仅为纯 Re 的 58%，材料成本下降 60% 以上，材料减重效果和经济效益非常明显。

高温热处理对 Nb/Re 复合材料力学性能的影响机理较为复杂，与 Nb/Re 界面中间相的形成及界面元素扩散存在密切关联，这将在本书 8.2 节进行分析研究。

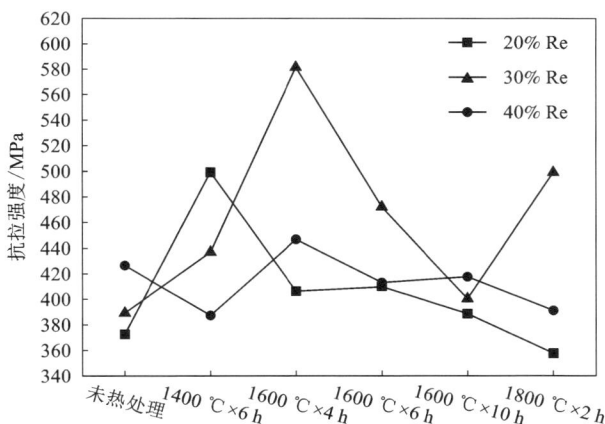

图 8-4 CVD Nb/Re 复合材料的抗拉强度综合图

8.1.3 断口形貌

宏观上，材料断裂可分为脆性断裂和延性断裂。依照裂纹扩展途径不同，分为沿晶断裂和穿晶断裂，或者二者兼而有之。沿晶断裂可以是延性的，也可以是脆性的。若晶粒无明显塑性变形，属脆性沿晶断裂；若晶粒可见塑性变形，则为延性沿晶断裂。穿晶断裂同样可以是脆性的或延性的。从微观机制将断裂可分为韧窝、蛇形滑移、解理、准解理、沿晶和疲劳断裂等。解理断裂的微观形貌特征是出现大量河流状花纹。准解理断裂，是介于解理断裂和韧窝断裂之间的一种断裂方式，塑性变形量大于解理断裂小于延性断裂，是一种脆性穿晶断口。

图 8-5 为 Nb-20%Re 复合材料断口形貌。未热处理时，Re 侧为沿晶断裂且有明显的塑性特征；Nb 侧为准解理断裂，宏观上具有塑性(抗拉强度 381 MPa，延伸率 8%)；经 1600 ℃，4 h 热处理后，材料强度略有上升(抗拉强度 421 MPa)，延伸率下降至 2%。从断口形貌观察，Re 侧仍然为沿晶断裂，晶粒明显长大；Nb 侧断口分布有河流状花纹，不在同一平面上的解理裂纹通过与主解理面相垂直的二次解理形成台阶，河流状花纹起源于晶界亚晶界处，为解理断裂，宏观表现出明显的脆性。这同样说明 Nb-20%Re 复合材料热处理后延伸率的下降主要是受晶粒长大及 CVD Nb 经热处理后产生脆断的影响。部分裂纹沿界面扩展，复合材料界面结合较强，断裂时界面未出现裂缝。

图 8-6 显示了 Nb-30%Re 复合材料的断口形貌。热处理前，Re 侧为沿晶断裂；Nb 侧断口形貌中出现河流状花纹且有明显的撕裂棱，未出现韧窝，为准解理断裂，断裂机制偏解理断裂，对应复合材料的抗拉强度为 400 MPa，延伸率为

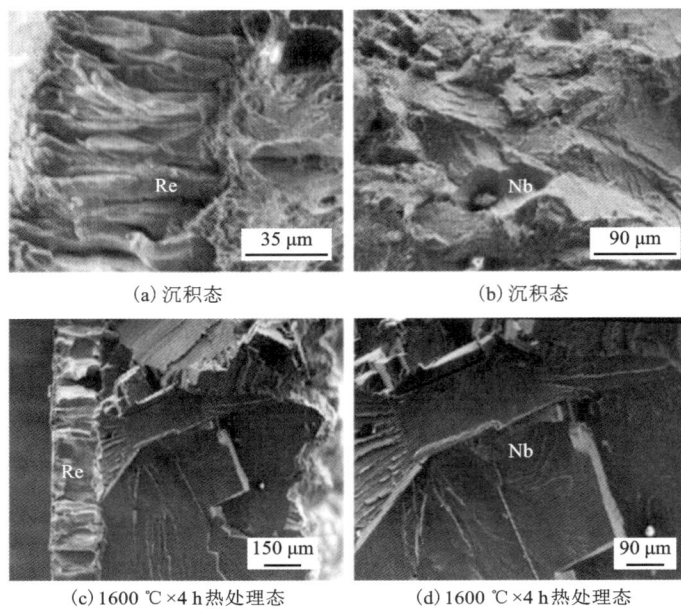

(a) 沉积态   (b) 沉积态

(c) 1600 ℃×4 h 热处理态   (d) 1600 ℃×4 h 热处理态

图 8-5　Nb-20%Re 复合材料拉伸断口形貌

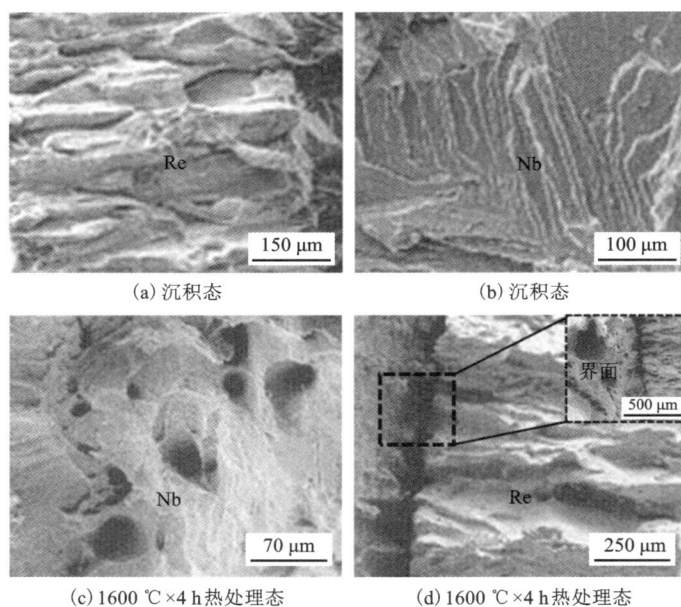

(a) 沉积态   (b) 沉积态

(c) 1600 ℃×4 h 热处理态   (d) 1600 ℃×4 h 热处理态

图 8-6　Nb-30%Re 复合材料拉伸断口形貌

8%；经 1600 ℃，4 h 热处理后，复合材料的 Re 侧仍为沿晶断裂，晶粒有较明显的塑性变形；Nb 侧同时出现韧窝和河流状花纹，有准解理断裂的特点，宏观表现出塑性，对应复合材料抗拉强度为 636 MPa，延伸率为 16.4%。材料在产生明显塑性变形断裂后，界面开裂，表明复合材料出现了适中的界面结合强度。

图 8-7 为 Nb-40%Re 复合材料的拉伸断口形貌。观察发现该复合材料热处理前后的断口形貌特征同其他两个系列样品的基本一致。未热处理时，Re 侧晶粒细小，为沿晶断裂；Nb 侧为准解理断裂，复合材料抗拉强度为 446 MPa，延伸率较高，达 12%；1600 ℃，4 h 热处理后晶粒长大明显，Re 为沿晶断裂，Nb 侧有较明显的准解理断裂特征。界面处断口不平，沿界面出现沟槽状的凹陷，说明出现了适中的界面结合强度，有助于提高材料的强度，对应复合材料的抗拉强度为 471 MPa，延伸率为 8%。

(a) 沉积态　　　　　　　　(b) 1600 ℃×4 h 热处理态

图 8-7　Nb-40%Re 复合材料拉伸断口形貌

CVD Re 的断裂为沿晶断裂，材料具有明显的塑性。CVD Nb 的断裂机制为解离或准解理断裂；Nb 侧发生解离断裂时宏观上材料具有脆性；Nb 侧发生准解理断裂时，宏观上材料具有一定的塑性。

8.2　铌/铼复合材料的复合效应

8.2.1　铼体积分数的影响

首先从混合效应的角度分析力学性能的变化规律，暂时不考虑界面等的影响因素。由经典复合法则可知：

$$P_c = P_m V_m + P_r V_r \qquad (8-2)$$

式中：c 为复合材料；m 为基体；r 为强化相。对应 Nb/Re 复合材料，Nb 为基体，Re 为强化相。

若 P_c 代表复合材料的抗拉强度，则 P_mV_m 代表基体对复合材料力学性能的贡献值，P_rV_r 代表强化相对复合材料力学性能的贡献值，认为 $P_mV_m:P_rV_r=1$ 时，在经典复合理论的前提下，强化相和基体对复合材料力学性能的贡献值相等。故根据强化相 CVD Re 的抗拉强度 760 MPa，以及基体 CVD Nb 的抗拉强度 284 MPa 计算可得 $V_r=0.27$，即当 Re 的体积分数为 27% 时，基体和强化相对复合材料力学性能的贡献值相等。

针对 Re 体积分数分别 20%、30%、40% 的 Nb/Re 复合材料，由以上分析可知：Nb-20%Re 复合材料的力学性能主要受基体 Nb 的影响；而 Nb-40%Re 复合材料的力学性能变化规律主要受强化相 Re 的影响。因此，出现了 Nb-20%Re 复合材料在热处理（1600 ℃）后强度明显下降，延伸率下降的趋势，延伸率远低于复合材料的理论计算值，这与纯 CVD Nb 材料热处理后强度和塑性明显降低的变化规律非常一致。

随着 Re 体积分数的提高，Re 的力学性能对复合材料力学性能的影响逐渐占优势地位，尤其在延伸率上表现明显。CVD Re 具有较好的塑性，热处理后材料力学性能下降，断裂延伸率提高，Nb-40%Re 复合材料力学性能经热处理后（1400 ℃×6 h，1600 ℃×4 h、6 h、10 h）强度降低，延伸率提高，与纯 CVD Re 的变化趋势一致。

对 Nb-30%Re 复合材料而言，其体积分数接近 Nb 与 Re 对复合材料力学性能贡献值相等时的 Re 理论体积分数（27%），故其力学性能既受 Nb 的影响，又受 Re 的影响。在不同的热处理条件下，强度和延伸率具有一致变化的趋势，即强度高，延伸率高，强度低延伸率低。

三个系列的 Nb/Re 复合材料的抗拉强度和延伸率均在特定的热处理条件下出现了极高值和极低值，总体的力学性能变化规律较为复杂。表明力学性能除了受 Nb、Re 材料本身的性质及其体积分数决定的混合效应影响之外，界面等因素的协同效应亦是不可忽略的重要因素。

8.2.2 界面层结构的影响

上节主要从混合效应的角度分析了 CVD Nb/Re 层状复合材料力学性能的影响因素。分析发现，单从复合材料各组元力学性能的变化规律无法解释材料在特定的热处理条件下抗拉强度和延伸率同时出现最高值的现象。从断口分析中也可以看出，适中的界面结合强度有助于复合材料力学性能的提高。研究结果表明，除混合效应外 CVD Nb/Re 复合材料表现出明显的协同效应。而层状复合材料的协同效应集中体现在界面扩散和界面反应对力学性能的影响。

基于界面反应动力学原理，复合材料各组元发生相互作用可能有两种情况，即生成固溶体或生成化合物。在金属基复合材料中，大部分界面结合是依靠基体和增强体间生成化合物。界面的结合状态和结合强度，往往用化合物的数量，即化合物的层厚来衡量。为了兼顾有效传递载荷和阻止裂纹两个方面，必须有最佳的界面结合强度，即最佳的化合物层厚。本节主要针对 Nb/Re 界面区域的物相分布对力学性能的影响进行研究，分析是否存在最佳化合物层厚或是与之相关的最佳值。

表 8-2 列出了含 20%Re 的 Nb/Re 复合材料各物相层厚与力学性能的对应关系。发现 Nb 固溶体区及 χ 相存在区域的厚度与材料的抗拉强度及延伸率之间存在明显的关联。未经热处理的复合材料，扩散层厚度为 1~2 μm，基本为 Nb 的固溶体，χ 相出现极少，材料的强度较低，塑性较高。而经过 1400 ℃，6 h 热处理后扩散层厚度增加明显，扩散层中出现了较宽的 Nb 固溶体区（3.6 μm），χ 相区域也有一定厚度（1.4 μm），此时复合材料强度最高，延伸率最高，综合力学性能最佳；随着热处理温度的升高（1400 ℃升至 1600 ℃），热处理时间的延长（6 h 增加至 10 h），扩散层中固溶体区域的厚度有所增加（3.6 μm 增加至 4.5 μm），χ 相区域厚度增加更快（由 1.4 μm 增至 4.5 μm），材料的抗拉强度明显下降，延伸率下降尤其明显；高温（1800 ℃）热处理后，界面区域形成大量 χ 相（5 μm），材料强度最低。以上研究表明，适量的 χ 相有助于提高材料的抗拉强度，而过多的 χ 相会使材料发生脆断导致强度降低，这同 χ 相硬而脆的性质一致。此系列复合材料强度最高值对应的 χ 相层厚为 1.4 μm。

表 8-2　Nb-20%Re 复合材料的扩散层厚度和力学性能

热处理条件 /（温度×时间）	α(Nb) 层厚 /μm	χ 相层厚度 /μm	α(Nb) 与 χ 层厚比	扩散层总厚度 /μm	抗拉强度 /MPa	延伸率 /%
未热处理	1~1.9	<0.1	>15	1~2	381	8
1400 ℃×6 h	3.6	1.4	2.6	5	536	8
1600 ℃×4 h	3.0	4.0	0.75	7	421	2
1600 ℃×10 h	4.5	4.5	1.0	9	400	2
1800 ℃×2 h	4.0	5.0	0.9	9	362	3

表 8-3 列出了含 30%Re 的 Nb/Re 复合材料各物相层厚与力学性能的对应关系，发现在三个系列复合材料中 Nb-30%Re 复合材料的力学性能最高。未热处理时扩散层厚度为 1~2 μm，χ 相区出现极少，材料的强度较低。热处理后扩散层总厚度增加明显，复合材料的强度有所提升；1400 ℃，6 h 热处理后，固溶体区域较宽，χ 相区域较窄，材料的延伸率较未热处理材料有明显提高（由 8% 增加至16.2%），强度也稍有提高；1600 ℃，4 h 热处理后扩散层总厚度较 1400 ℃，6 h

时没有明显的增加，固溶体区域较窄，主要是 χ 相层厚度的增加。此时对应力学性能最佳(强度和延伸率均最高)，χ 相对材料起到了明显的强化作用，固溶体区域和中间相区域相对含量较为合适，出现了较为适中的界面结合强度；同样在 1600 ℃随着热处理时间增长至 10 h，固溶体区域增加较慢，而 χ 相层厚增加较快，强度下降明显，塑性更是急剧下降；1800 ℃，2 h 热处理时，固溶体区域厚度与 χ 相区域厚度的比值升高，强度和塑性又有较明显的提高。这一结果表明，除了 χ 相对复合材料起强化作用以外，固溶体相的存在对材料的塑性和强度也有一定的贡献，两者综合作用影响材料力学性能的变化。此系列材料强度最高值对应的 χ 相层厚为 1.5 μm。

表 8-3　Nb-30%Re 复合材料的扩散层厚度和力学性能

热处理条件 /(温度×时间)	α(Nb)层厚 /μm	χ 相层厚度 /μm	α(Nb)与 χ 层厚比	扩散层总厚度 /μm	抗拉强度 /MPa	延伸率 /%
未热处理	1~1.9	<0.1	>15	1~2	400	8.0
1400 ℃×6 h	4.0	0.4	10.0	4.4	460	16.2
1600 ℃×4 h	2.5	1.5	1.7	4.0	636	16.4
1600 ℃×10 h	3.5	3.5	1.0	7.0	415	3.0
1800 ℃×2 h	5.5	4.3	1.3	9.8	535	15.5

表 8-4 为含 40%Re 的 Nb/Re 复合材料各物相层厚与力学性能的对应关系。经热处理后，复合界面扩散层厚度明显增加；χ 相层厚度也逐渐增加，χ 相层较薄时，复合材料的强度不高；χ 相层厚度增加至一定数量时(2 μm)，复合材料强度明显升高，此时 α(Nb)与 χ 层厚比较为适中；当 χ 相出现过多时(3.3 μm)材料塑性明显下降，强度迅速降低。与 20%Re 和 30%Re 复合材料的变化规律一致。此系列样品强度最高值对应的 χ 相层厚为 2 μm。

表 8-4　Nb-40%Re 复合材料的扩散层厚度和力学性能

热处理条件 /(温度×时间)	α(Nb)层厚 /μm	χ 相层厚度 /μm	α(Nb)与 χ 层厚比	扩散层总厚度 /μm	抗拉强度 /MPa	延伸率 /%
未热处理	1.0	<0.1	>10	1.0	446	12
1400 ℃×6 h	3.8	1.0	3.8	4.8	399	13
1600 ℃×4 h	4.0	2.0	2.0	6.0	471	8

续表 8-4

热处理条件 /（温度×时间）	α(Nb)层厚 /μm	χ 相层厚度 /μm	α(Nb)与 χ 层厚比	扩散层总厚度 /μm	抗拉强度 /MPa	延伸率 /%
1600 ℃×10 h	4.4	2.2	2.0	6.6	435	6
1800 ℃×2 h	4.2	3.3	1.27	7.5	403	2

综合三个系列 Nb/Re 复合材料强度最高值对应的 χ 相层厚可以发现，中间相层厚在 1.5~2 μm 时材料的强度最高，此值过低不利于界面结合，过高材料会发生脆断。

图 8-8~图 8-10 分别显示了三个系列复合材料的力学性能及 α(Nb) 与 χ 层厚比与热处理条件之间的关系，可以发现层厚比与力学性能有较明显的对应关系。复合材料的断裂延伸率与界面区域层厚比有同向变化的规律，比值越大，说明 χ 相区越窄，固溶体区较宽，材料塑性较好；比值越小，说明界面形成的中间相较多，复合材料的延伸率降低明显（图 8-10 表现最为明显）。

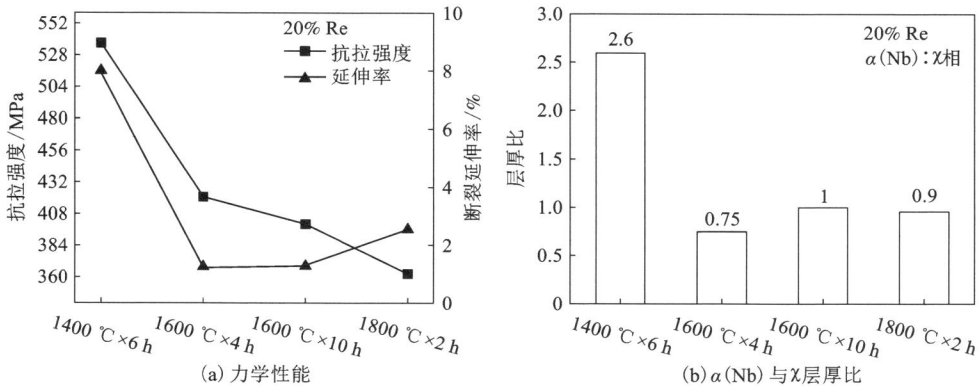

(a) 力学性能

(b) α(Nb) 与 χ 层厚比

图 8-8 20%Re 样品力学性能及 α(Nb) 与 χ 层厚比与热处理之间的关系

复合材料抗拉强度的最大值也对应着 α(Nb) 与 χ 层厚比的一个最佳值，对应三个系列材料分别为 2.6、1.7、2。大于此最佳值，复合材料的塑性较好，但强度不高；小于此最佳值复合材料的塑性较差，会产生脆断，导致强度下降明显。界面物相分布与最佳值越接近，复合材料的力学性能则越好。因此，可以认为 α(Nb) 与 χ 层厚比在 2±0.5 的范围内，复合材料的界面结合强度适中，在固溶体和中间相的综合作用下，抗拉强度和延伸率均较高，具有良好的力学性能。其中 30%Re 和 40%Re 系列的复合材料，力学性能的最值均出现在热处理条件为

1600 ℃×4 h 中，此现象的出现应该不是偶然发生的。相应的热处理条件下 α(Nb) 与 χ 层厚比分别为 1.7 和 2，恰同 Nb-Re 二元体系扩散偶中 Nb 固溶体和中间相出现的理论相对宽度（Nb 固溶体所占的宽度约为 χ 相区的 1.7 倍）一致。对比 1600 ℃时 Nb 固溶体与 χ 相中互扩散系数可知，此温度下两个互扩散系数较为接近，界面处的元素扩散均匀，χ 相不会大量生长，界面结合良好。这些推断可以为进一步探索 Nb/Re 复合材料的最佳热处理条件，评估材料的使用温度等提供理论参考。

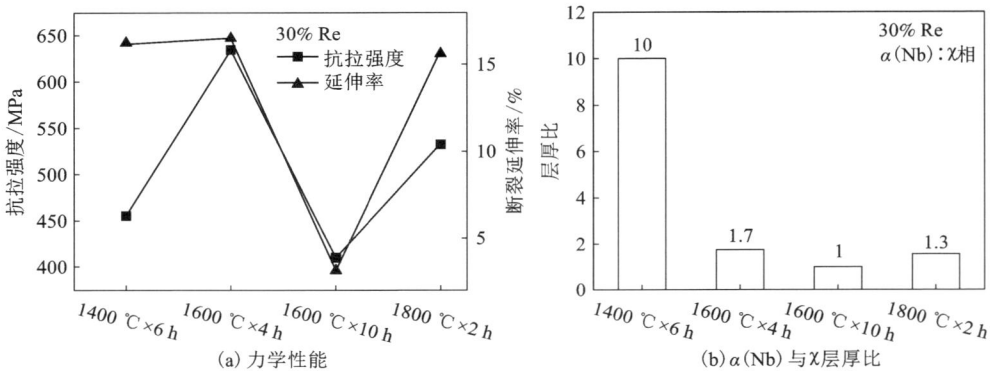

图 8-9　30%Re 样品力学性能及 α(Nb) 与 χ 层厚比与热处理的关系

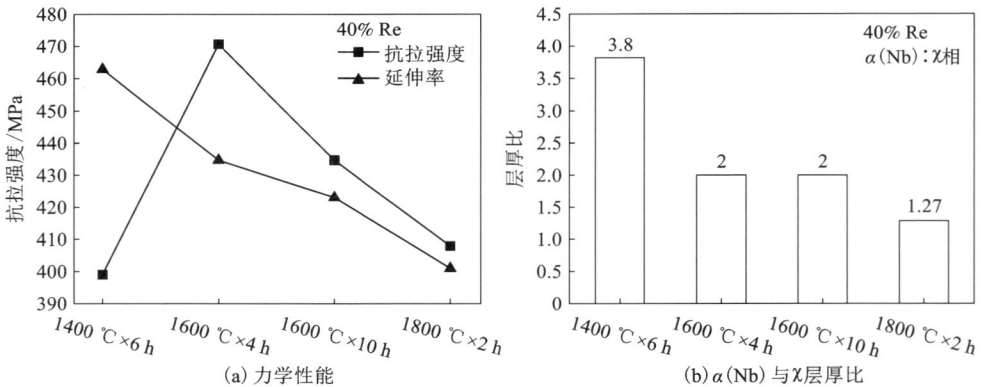

图 8-10　40%Re 样品力学性能及 α(Nb) 与 χ 层厚比与热处理的关系

第 9 章　铌/碳/碳化硅复合材料

碳/碳化硅(C/SiC)复合材料是一种碳纤维增强碳化硅陶瓷基的轻质复合材料，具有高比强度、耐高温、抗烧蚀、抗热震、低密度、热强度保持率高及类金属断裂等特点，在高性能液体火箭发动机、巡航导弹发动机、高推重比航空发动机、超高声速冲压发动机、航天热防护系统及高性能刹车盘等武器装备领域具有广阔的应用前景，在涡轮燃气电站和核能反应堆等民用领域的应用潜力更大。C/SiC复合材料往往需要与金属材料构成复合组件来实现其实际应用，因此，C/SiC复合材料与金属构件的连接是推进这一先进复合材料走向工程应用必须破解的关键技术之一。

由于 C/SiC 复合材料独特的结构及其与金属材料之间很大的热物性差异，解决其连接问题存在诸多的技术难点。目前 C/SiC 复合材料与异种金属的连接主要采用机械连接和焊接结构。机械连接一般是使用法兰及螺栓将复合材料与金属连接在一起，接头部位填充致密性高的石墨，以提高接头的气密性。螺栓连接易实现，但主要缺点是连接结构重量大，抵消了采用 C/SiC 复合材料的减重效果。此外，使用的石墨密封材料在长时间贮存后存在密封性能下降的问题。目前机械连接主要用于 C/SiC 复合材料性能考核试验(如发动机热试车性能试验)，而不能作为工程化应用的连接。焊接连接包括活性钎料钎焊、扩散焊连接、液相渗透连接及化学气相沉积(CVD)铌过渡连接等。虽然研究者对钎焊、扩散焊及液相渗透焊等开展了较为系统的研究，但仍然存在热应力缓释结构复杂、焊接高温强度不足以及连接的可靠性等问题。

CVD Nb 过渡连接是一种不同于传统连接方法的技术，其在很大程度上克服了以上连接方法的劣势。这项技术最先由美国 Ultramet 公司于 20 世纪 90 年代研制，成功实现了 C/C 及 Re/Ir 复合材料喷管与金属的连接，以及其在陶瓷发动机上的应用。CVD Nb 过渡连接的思路为：采用 CVD 技术将难熔金属 Nb 沉积在陶瓷复合材料推力室头部，然后通过电子束技术将 CVD Nb 环与喷注器(TC4 或C103)焊接起来，从而实现陶瓷发动机燃烧室与异种金属的连接。由于铌与钛合金或铌合金的电子束焊接是非常成熟的技术，实现 C/SiC 复合材料可靠连接的关键就转化成了 CVD Nb 与 C/SiC 的连接问题。本章重点介绍 CVD Nb 与 C/SiC 构成的层状复合材料的界面组织结构与演化规律，界面扩散与反应相结构以及界面力学性能、残余应力以及典型应用等。

9.1 Nb/C/SiC 复合材料的制备

以圆形或方形的 C/SiC 复合材料管材为基体(图 9-1),圆形和方形管的外形尺寸分别为 φ30 mm×30 mm 和 30 mm×30 mm×60 mm,壁厚均为 3 mm。C/SiC 复合材料的部分物理力学性能列于表 9-1 中。采用现场氯化 CVD 法在 C/SiC 基体表面沉积 Nb 层,原料 Nb 片的纯度为 99.95%。由于 C/SiC 的导电性较差,利用感应方法难以将其加热至沉积温度,需要在 C/SiC 管内装填助感钼芯。沉积条件:沉积温度 1100 ℃,氯气流量 100 mL/min,氢气流量 600 mL/min。图 9-2 为沉积后横向线切割的 Nb/C/SiC 复合材料样品。

图 9-1 两种规格的 C/SiC 复合材料管材

表 9-1 C/SiC 复合材料的部分物理力学性能

密度 /(g·cm^{-3})	热膨胀系数(轴向) ×10^{-6}/℃$^{-1}$	热导率(25~1400 ℃) /(W·m^{-1}·K^{-1})	抗拉强度 /MPa	抗弯强度 /MPa	压缩强度 /MPa
1.93	0.158~2.172	1.25~2.67	323.3±7.2	449.5±11.9	108.1±11.9

(a) 圆形管件上的沉积样品   (b) 方形管件上的沉积样品

图 9-2 CVD Nb/C/SiC 复合材料的断面照片

9.2　界面组织结构与界面反应

9.2.1　界面组织结构

　　CVD Nb 与 C/SiC 的界面形貌和元素面扫描图如图 9-3 所示。可以清晰看到复合材料界面结合良好，未发现裂隙及其他缺陷。碳通过扩散进入 CVD Nb 中，形成界面扩散层，沉积态界面元素扩散层的厚度约为 10 μm。

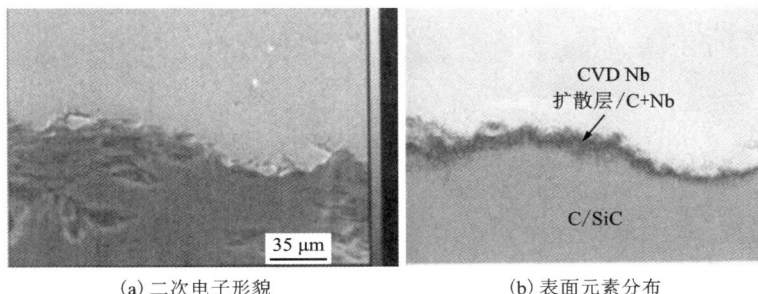

(a) 二次电子形貌　　　　　(b) 表面元素分布

图 9-3　CVD Nb 与 C/SiC 界面形貌和界面元素面扫描图

　　碳化硅陶瓷和金属材料之间的界面反应过程较为复杂，主要涉及碳化硅的分解、C 原子和 Si 原子与金属原子之间的相互扩散、界面反应产物的生成及产物种类等问题。目前，研究者对 SiC 陶瓷和金属的界面反应机理尚未达成共识，所报道的结果不尽相同，并不能确定 SiC 陶瓷和金属的界面反应过程。李树杰等认为，可将碳化硅与金属材料之间的反应大致分为三类：①金属+碳化硅──→硅化物+碳；②金属+碳化硅──→硅化物+碳化物；③金属+碳化硅──→碳化物+硅。

　　将沉积后的复合材料沿 C/SiC 与 CVD Nb 的界面剖开，对剖开的界面两侧的反应层分别进行 XRD 测试，分析结果如图 9-4 所示。可以发现，C/SiC 复合材料侧除主相 C/SiC 外，出现的反应相主要是 Nb_3Si 和 NbC 两种，并且在 $20° \sim 30°$ 之间的位置出现一个非晶峰，这是由于 C/SiC 复合材料是使用有机硅化物反应生成的 SiC，所得到的 SiC 并不是完全的结晶态结构，保留了一定的非晶特征。而 CVD Nb 侧的界面反应层同样生成 NbC 相，同时生成新相 Nb_5Si_3，在 $50°$ 左右位置出现 Si 的衍射峰。图 9-4 中未发现 Nb 的特征峰，而 NbC 含量较高。主要是由于界面结合层较厚，X 射线并没有击穿结合层从而未检测到 Nb，断裂发生在 NbC 处，说明 NbC 的脆性较大。两个图谱中均检测到单质 C 相，可能来自复合材料中的碳纤维，也有可能是 SiC 分解后残余的 C 与碳纤维的混合体，因为复合材料中的碳纤维和分解 C 都可能以石墨的形式出现，使用 XRD 检测并不能对其进行区分。

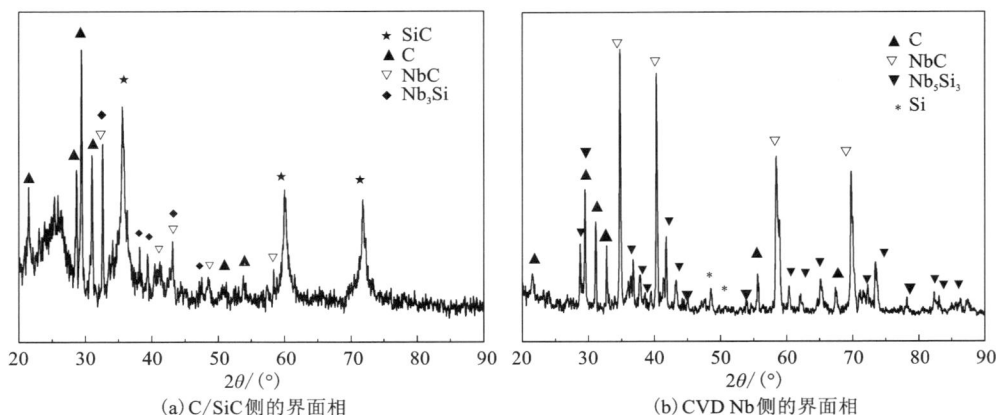

(a) C/SiC 侧的界面相

(b) CVD Nb 侧的界面相

图 9-4　沉积态 CVD Nb/C/SiC 复合材料分离界面的 XRD 图谱

以上分析表明，CVD Nb/C/SiC 复合材料界面反应产物为 Nb_5Si_3、Nb_3Si 和 NbC 三个反应相。李树杰等人认为 Nb 与 SiC 反应生成 Nb 的碳化物和 Si，而本研究发现，除以上两种物相外，还生成了 Nb 的硅化物。可能是二者的实验条件的差异所造成的，并不能简单地将 Nb 与 C/SiC 复合材料之间的界面反应归于②类型或者③类型。

图 9-5 为沉积态 CVD Nb/C/SiC 复合材料界面背散射电子(BSE)图片和界面元素的线扫描分布图。可以看到，CVD Nb 与 C/SiC 复合材料界面结合良好，未发现裂纹及孔隙等缺陷；Nb 原子与 C/SiC 复合材料中的 C、Si 等元素发生了互扩散。由于 C/SiC 复合材料在制备过程中，碳纤维是作为材料的骨架，为了保证复合材料的使用性能不受影响，一般需要进行惰性化处理，因此，碳纤维中的 C 不参与界面扩散反应，参与界面扩散的原子源自 SiC 陶瓷分解产生的 C 原子和 Si 原子。Nb 原子扩散到 C/SiC 复合材料中，与复合材料中的 SiC 发生反应，生成 Nb_3Si 和 NbC 两种新的反应相；同时 C 原子和 Si 原子扩散进入 Nb 中，由于 C 原子的扩散速度比 Si 原子快，因此，C 原子首先与 Nb 发生反应生成 NbC 相。随着 NbC 相的生成，Si 原子在结合层的位置富集起来，当 Si 原子在界面反应层的浓度达到一定值时，与 Nb 反应生成 Nb_5Si_3 相。从元素线扫描曲线中可以发现，C 原子和 Si 原子的浓度变化较大，由于复合材料是由碳纤维和碳化硅组成的多相材料，其成分分布不均匀，使得 C 原子和 Si 原子的浓度曲线波动较大。

(a) 界面形貌

(b) 元素分布(1000×)

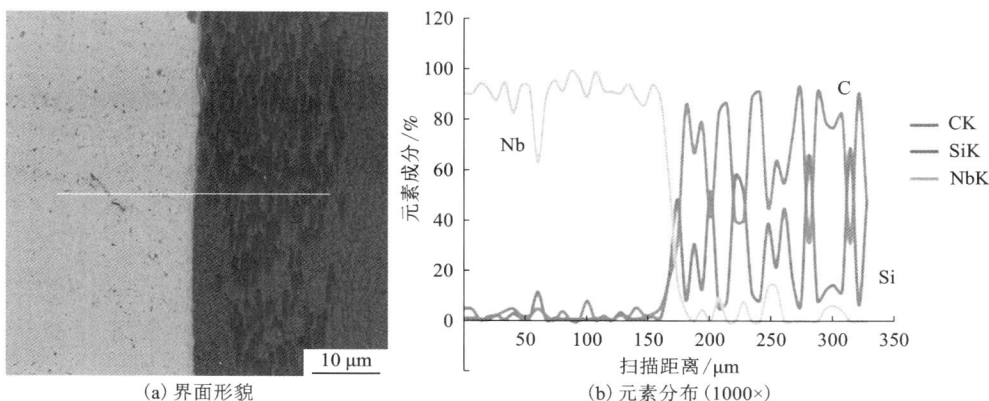

图 9-5　CVD Nb/C/SiC 复合材料界面形貌及元素线分布(1000×)

9.2.2　界面组织结构演变

1. 热处理温度的影响

根据 C/SiC 复合材料的实际使用温度及 CVD Nb 的沉积温度确定热处理温度范围,选择热处理温度分别为 1200 ℃、1300 ℃ 和 1400 ℃。图 9-6 显示了复合材料在不同的热处理温度下界面物相的变化。由图 9-6(a)可以发现,沉积态与不同温度热处理的 C/SiC 复合材料侧界面物相图谱基本相似:以 SiC 相为主,产生了少量的 Nb_3Si 和 NbC 两种反应相;随着热处理温度的升高,20°～30° 的非晶衍射峰逐渐增强,C/SiC 分解单质 C 逐渐与 Nb 反应完全,NbC 峰略显增强,NbC 含量增加。图 9-6(b)显示,热处理后 CVD Nb 侧的界面反应层仍以 NbC 为主;随着热处理温度的进一步上升,Nb 与 C 的反应加剧,界面结合层生成新的反应相,即 Nb_2C 相,Nb_5Si_3 峰线也有所增强。

(a) C/SiC 侧的界面相

(b) CVD Nb 侧的界面相

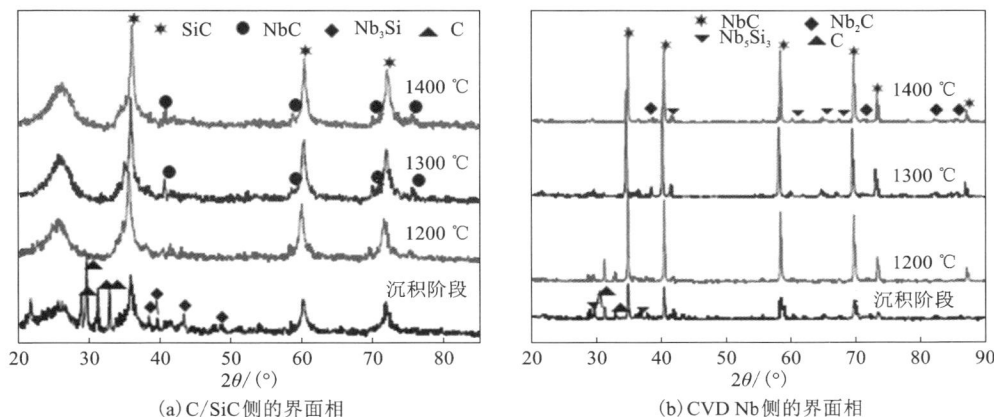

图 9-6　不同热处理温度下 CVD Nb/C/SiC 复合材料分离界面的 XRD 图谱

2. 热处理时间的影响

将 CVD Nb/C/SiC 复合材料在 1200 ℃下分别进行 2 h、4 h 和 8 h 的热处理，热处理后界面的 XRD 图谱如图 9-7 所示。可以发现，随着热处理时间的延长，C/SiC 复合材料侧界面有新相——Nb_5Si_3 相产生。说明随着热处理时间的延长，C/SiC 复合材料不断分解，Si 原子和 C 原子与扩散到 C/SiC 复合材料中的 Nb 发生反应，由于该反应区域属于 Si 原子和 C 原子的富集区域，因此反应生成 Nb_5Si_3 和 NbC，与 Nb-C-Si 三元相图基本相符（图 9-8）；CVD Nb 侧界面反应层的主要反应产物仍为 NbC，并有少量的 Nb_5Si_3 相和 Nb_2C 相。随着热处理时间的延长 Nb_5Si_3、NbC 衍射峰增强相的衍射峰强度逐渐升高，Nb_5Si_3、NbC 相含量升高，说明界面结合处仍是富 Si、富 C 区。

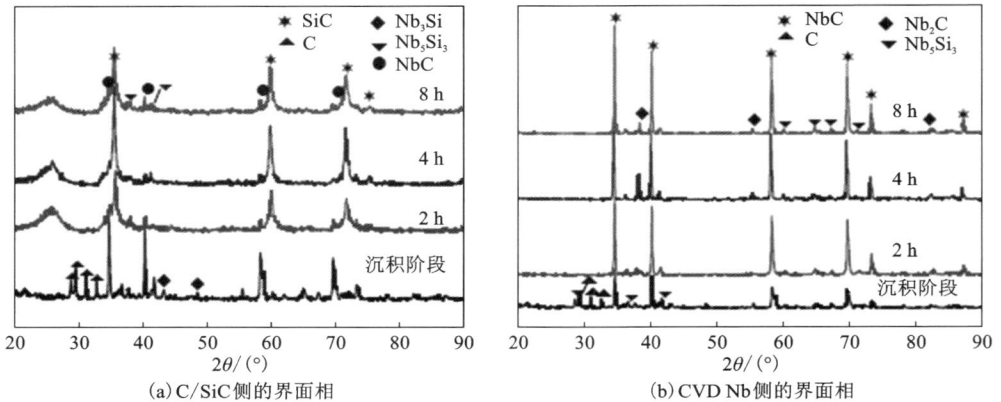

(a) C/SiC 侧的界面相　　　　　　　(b) CVD Nb 侧的界面相

图 9-7　不同热处理时间下 CVD Nb/C/SiC 复合材料分离界面的 XRD 图谱

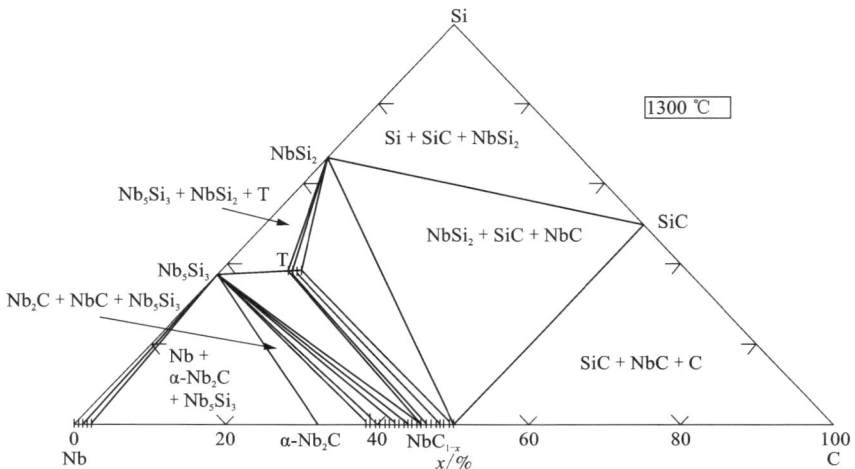

图 9-8　1300 ℃时的 Nb-C-Si 三元相图

3. 热处理后界面扩散层的变化

图 9-9 和图 9-10 分别是经过不同热处理时间和热处理温度的 CVD Nb/C/SiC 复合材料的界面元素线扫描图（1000×）。由图 9-9 可以看出，Si、C 两种元素在

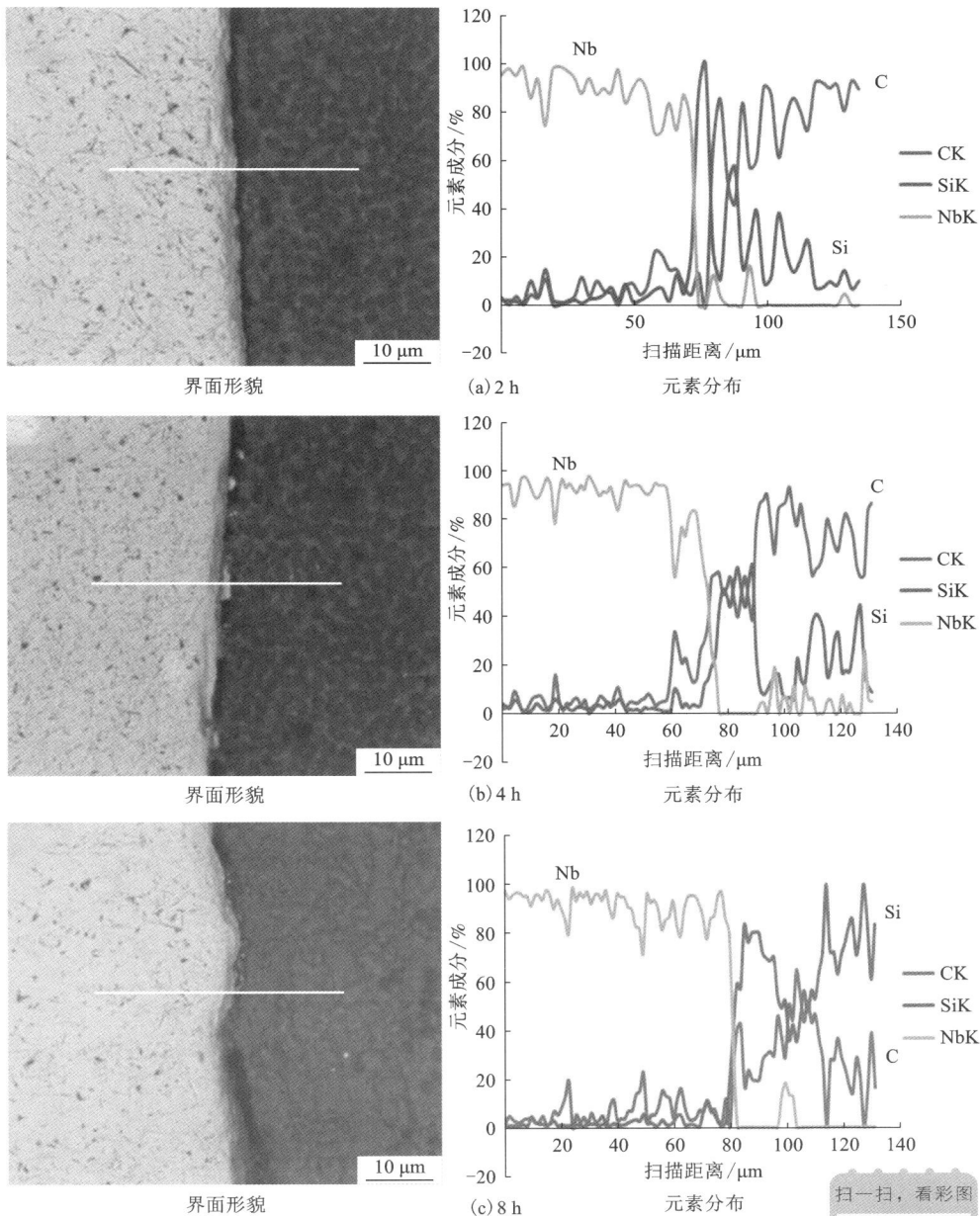

(a) 2 h

(b) 4 h

(c) 8 h

图 9-9　热处理时间对界面元素扩散的影响

其富集区域发生浓度突变,随着热处理时间延长,Si、C 浓度变化距离也有一定增宽(10~20 μm),表明 C/SiC 长期在 1200 ℃热处理条件下有一定分解,但在该热处理温度下界面扩散层相对较窄。图 9-10 显示,随着热处理温度的上升,Nb、Si、C 元素发生浓度变化的距离变宽,说明提高热处理温度使得界面扩散明显加快,界面扩散层变厚(25~50 μm)。从图 9-10(c)发现,C 元素从含 Si 的一侧向不含 Si 的一侧扩散。Si 可增加 C 的活度,从而增加 C 的化学位,促使 C 产生上坡扩散的趋势。

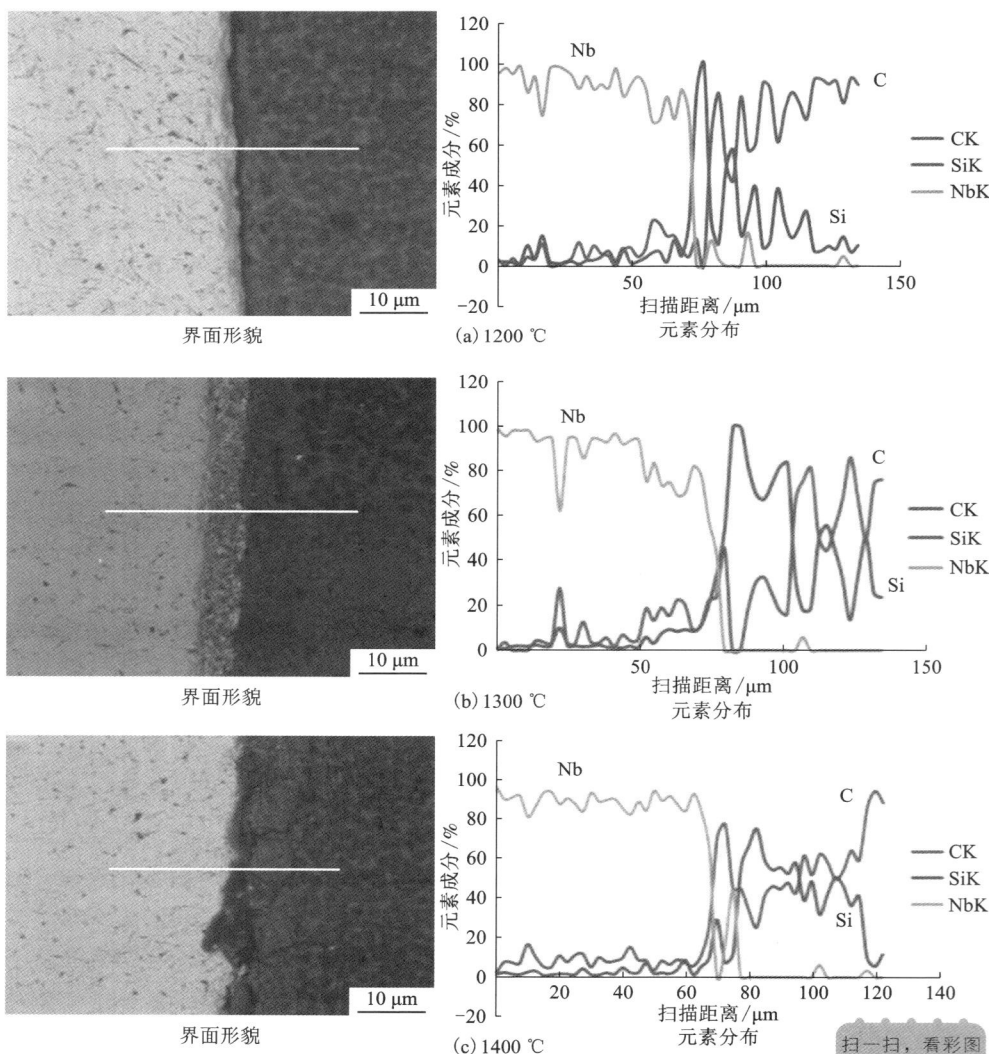

图 9-10 热处理温度对界面元素扩散的影响

9.2.3 界面反应区

图 9-11 为 CVD Nb/C/SiC 复合材料界面显微组织。图 9-11(a) 为复合材料界面的典型截面组织金相图,上半部分是 Nb 层,下半部分是 C/SiC 复合材料基体。Nb 层大致经历了两个生长阶段:①原始近等轴晶的形核和生长,该部分的晶粒尺寸从 50 μm 增长到 100 μm;②稳定生长的粗大柱状晶,大部分柱状晶晶粒宽度约为 200 μm。为方便起见,将这两个阶段分别标记为细等轴晶层(第Ⅰ层)和粗大柱状晶层(第Ⅱ层),厚度分别约为 0.5 mm 和 2.2 mm。

图 9-11(b)~(d) 为 Nb 层与 C/SiC 基体界面的扫描电镜二次电子图。从图 9-11(b) 可以看出,界面呈锯齿状,反应层中的残余应力导致了一些垂直于界面的微裂纹(白色箭头)。为了更清晰地显示界面反应区,图 9-11(c) 为界面反应区的放大图。可以清晰看到界面反应区宽度约为 12 μm,其包含几个明显的颜色对比不同的分层。为方便起见,将这些不同的反应层分别标记为 A 层、B 层和 C 层。通过 EDS 分析测定反应层的元素组成[图 9-11(d):+1、+2、+3 点],结果如表 9-2 所示。结果表明,A 层和 C 层的(即点+1 和+3)元素组成相似,主要由

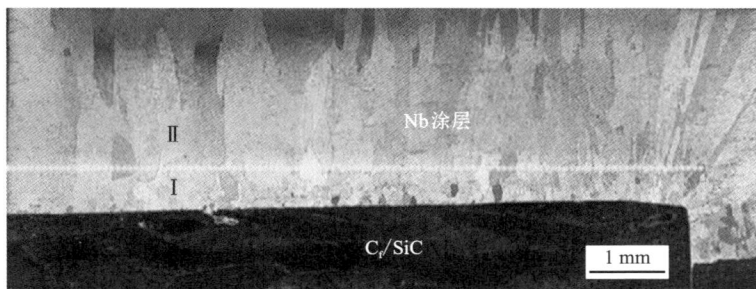

(a) Nb/C/SiC 复合材料截面组织

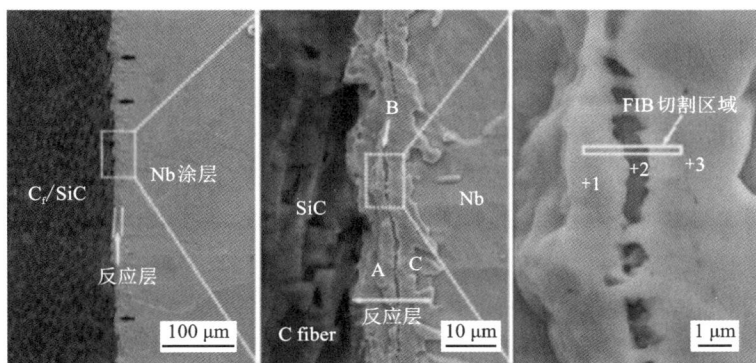

(b) 界面反应区总览　(c) 是(b)中黄色区域放大图　(d) 是(c)中黄色区域放大图

图 9-11 CVD Nb/C/SiC 复合材料界面显微组织

Nb 和 C 元素组成，推断 A、C 反应层可能由 Nb 的碳化物组成。在黑色对比度的 B 层中，可以检测到 Si 元素。下面将对 Nb 层（Ⅰ 和 Ⅱ）和 C/SiC 与 Nb 之间的界面反应区的微观结构进行细致的分析。

表 9-2　图 9-11(d)标记位置 EDS 所测得的化学成分　　　　　　　　%

测试点	Nb	C	Si	可能形成的相
+1	22.53	77.04	0.43	NbC
+2	29.43	60.94	9.63	硅化物
+3	20.73	78.60	0.68	NbC

为了进一步确定 C/SiC 复合材料与 Nb 层界面反应层的相组成，进行了 TEM 表征。观察显示，纳米级的 NbC 颗粒在 C/SiC 复合材料侧的界面附近形成，表明 Nb 在沉积初期向 C/SiC 复合材料中扩散，并与基体反应生成 NbC 颗粒。图 9-12(a)是 TEM 明场像，呈现了 C/SiC 衬底靠近界面附近的纳米 NbC 颗粒的分布和形貌，图 9-12(b) 和 (c) 分别是图 9-12(a) 中两相的选区电子衍射（SAED）图。图 9-12(b) 中的 SAED 多晶环可以用 β-SiC(SiC-3C，立方)，晶格常数 a = 0.432 nm 标定。图 9-12(c) 中所示的电子衍射图可以标定为 FCC 结构的 NbC 轴，其晶格常数 a = 0.451 nm。NbC 颗粒的晶粒尺寸小于 100 nm。

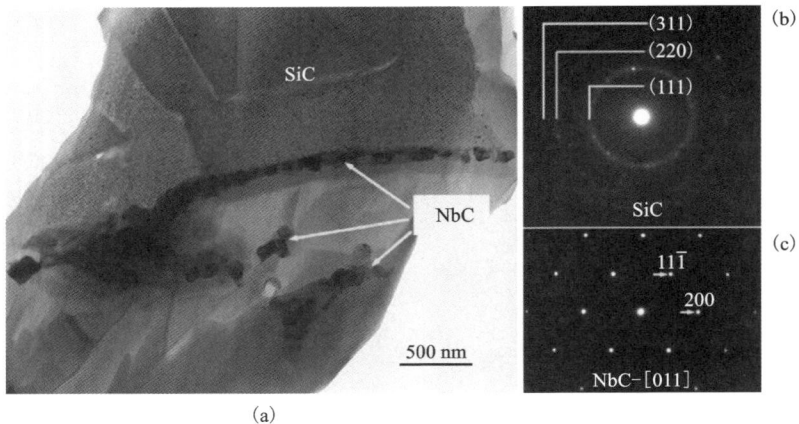

图 9-12　TEM 明场像(a)、β-SiC(b)和 NbC 相(c)[011]晶带轴

表 9-2 表明，A 反应层和 C 反应层具有相似的相组成。图 9-13(a) 为反应层 A 的典型 TEM 明场图像，该反应层由晶粒尺寸为几百纳米的 NbC 组成。如

图 9-13(b)所示,从合适的晶带轴上可以看到许多 NbC 颗粒中存在高密度的孪晶片层结构。图 9-13(c)为图 9-13(b)中黄圈区域对应的选区电子衍射图,这是 NbC 孪晶沿[011]晶带轴的衍射图谱,由两个<110>轴衍射斑点在{111}衍射面上的镜面叠加。结果显示这些片层大多为{111}/<112>类型的孪晶片层结构。图 9-13(d)为 NbC 内部纳米孪晶的典型高分辨率透射电镜图像,图 9-13(d)中右下方的插图显示了相应的快速傅里叶变换(FFT)图像。根据傅里叶变换图像,衍射斑点沿着<111>方向的拉线是由于堆垛层错(SFs)的存在和/或高密度的极薄的层状孪晶的存在。很明显,NbC 晶粒中含有高密度的纳米孪晶,具有原子平面 $\Sigma 3\{111\}$ 共格孪晶界(CTBs),孪晶厚度从 2 nm 到 15 nm 不等。大量观察结果显示,NbC 内部的孪晶片层中存在两种典型的孪晶界面结构: $\Sigma 3\{111\}$ 共格孪晶界和 $\Sigma 3\{112\}$ 非共格孪晶界。图 9-14 为两种孪晶结构原子尺度的 HAADF-STEM 图像,图 9-14(a)中的共格孪晶界界面平直且清晰,表现出典型的生长孪晶的形貌特征。孪晶界两侧晶体的{111}面[图 9-14(a)中以黄色实线标示]呈对称关系和共格孪晶界[图 9-14(a)中以黄色点划线标示]的夹角为 70.5°,为标准的孪晶取向角度差。图 9-14(b)中非共格孪晶界两侧连接着共格孪晶界,界面呈弧形,数量较少。

(a) 紧邻 C/SiC 衬底的反应层的 TEM 明场图像,反应层 A 由 NbC 组成

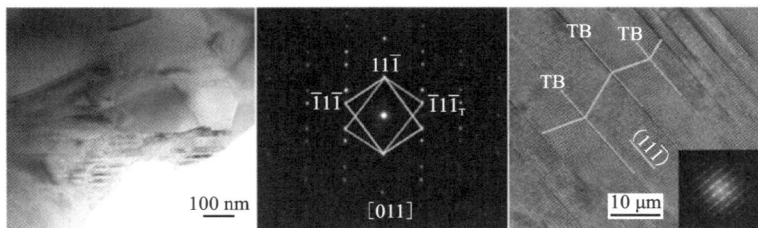

(b) TEM 明场像显示 NbC 晶粒中平面缺陷

(c) 是(b)中黄圈区域对应的选区电子衍射图

(d) 高分辨率 TEM 图像显示 NbC 内部的纳米孪晶和层错

图 9-13 CVD Nb/C/SiC 复合材料界面反应层 TEM 图像及选区电子衍射图谱

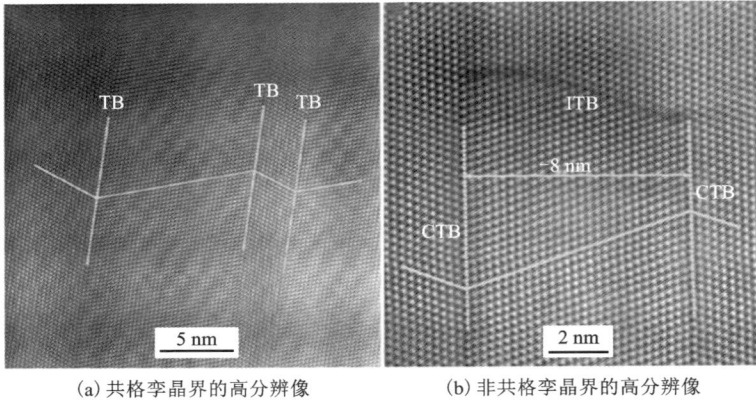

(a) 共格孪晶界的高分辨像　　　　(b) 非共格孪晶界的高分辨像

图 9-14　NbC 内部的孪晶结构

　　为了确定反应区夹层 B 的物相组成，对图 9-11(d) 中黄色矩形选框区域采用聚焦离子束 (FIB) 制备的透射样品进行 TEM 表征，结果如图 9-15 所示。由图 9-15(a) 可以看出，反应区界面反应产物有三层，记为 A、B、C 层。B 层为最薄层 (约为 1.2 μm)，该层由等轴晶粒组成。图 9-15(b) 和图 9-15(c) 分别为相对应的反应产物 A、C 层和 B 层的选区电子衍射谱图。与图 9-13 结果相似，图 9-15(b) 中的选区电子衍射谱图可以由面心立方的 NbC 标定，再次证实了 A 层和 C 层由 NbC 组成。图 9-15(c) 中的选区电子衍射谱可以标定为沿 $[11\bar{2}3]$ 晶带轴的六角的 $\gamma\text{-}Nb_5Si_3$($a = 0.756$ nm，$c = 0.525$ nm)，表明 B 层由 $\gamma\text{-}Nb_5Si_3$ 组成。EDS 能谱分析如图 9-16 所示，结果表明 A 层和 C 层富含 Nb 和 C 元素，而 B 层含 Nb 和 Si 元素，具体原子分数为 Nb：64.35% 和 Si：35.65%，符合 Nb_5Si_3 的化学计量比成分。能谱分析结果与 TEM 衍射标定得到的相组成结果一致。

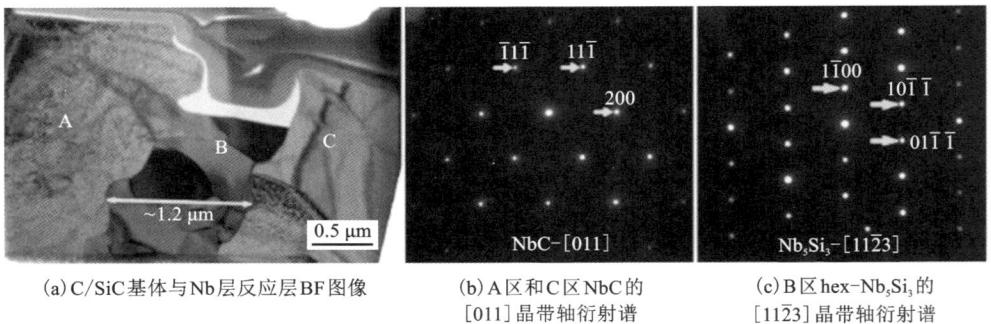

(a) C/SiC基体与Nb层反应层BF图像　(b) A区和C区NbC的　　　(c) B区 hex-Nb_5Si_3的
　　　　　　　　　　　　　　　　　[011] 晶带轴衍射谱　　　　[$11\bar{2}3$] 晶带轴衍射谱

图 9-15　界面反应区的透射电镜结果

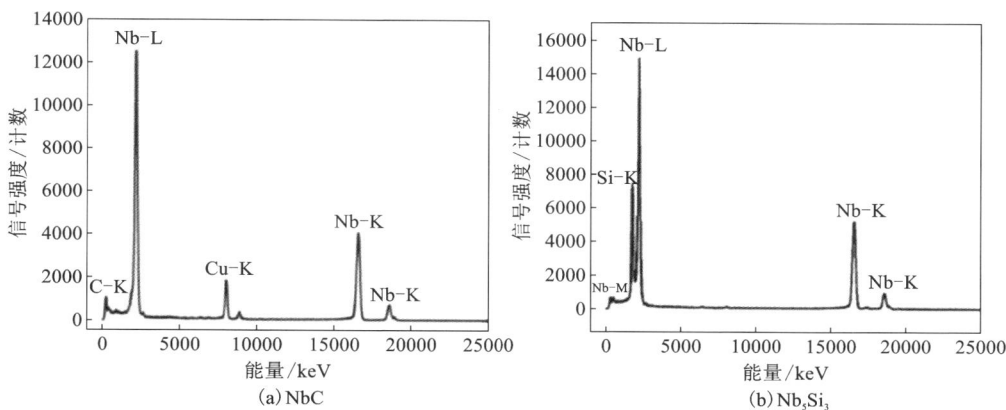

(a) NbC　　　(b) Nb₅Si₃

图 9-16　NbC 和 Nb₅Si₃ 的能谱图

　　透射电镜观察表明，在 Nb 区还存在另一种 Nb 的碳化物。如图 9-17(a) 的 BF-TEM 明场图像所示，析出相以针状在晶间析出的形式出现，其尺寸宽 50~100 nm，长度可达数微米。图 9-17(b) 为图 9-17(a) 图的局部放大图，可以清楚地看到析出相内部存在与针状轴向倾斜 53° 的线性特征，这说明针状相内部存在高密度的堆垛层错(SFs)。

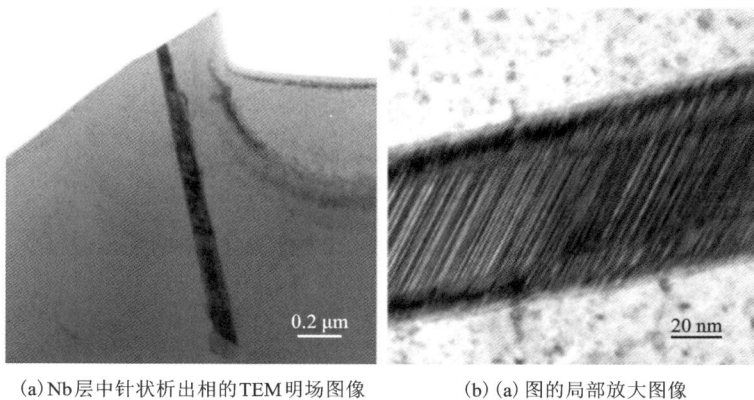

(a) Nb 层中针状析出相的 TEM 明场图像　　(b)(a) 图的局部放大图像

图 9-17

　　为了鉴别该针状相的结构信息，通过透射电镜对多个针状析出相进行大角度倾转获得了一系列的 SAED 图。图 9-18 为获得的 SAED 图像，谱图分别对应于六角形结构的 $[10\bar{1}\bar{1}]$、$[30\bar{3}\bar{1}]$、$[10\bar{1}0]$、$[11\bar{2}0]$、$[22\bar{4}\bar{3}]$ 和 $[11\bar{2}\bar{3}]$ 晶带轴。由

于所使用的透射电镜倾转角度的限制，这些 SAED 图像是从多个针状相获得的，但每个析出相颗粒至少得到两张电子衍射图，可确定唯一物相。选区电子衍射谱图表明，该针状相为无序的六角结构，晶格参数为 $a = 0.308$ nm，$c = 0.494$ nm，对应于 γ-Nb_2C（空间群为 P63/mmc，194）。对于六角结构，实验倾转角度与晶带轴计算的夹角结果吻合较好。电子衍射分析表明，所有的针状析出相均为 γ-Nb_2C，这是首次在 C/SiC 上的 Nb 层中发现 γ-Nb_2C。同时，γ-Nb_2C 相与 Nb 基体之间具有特定的晶体学取向关系。

扫一扫，看彩图

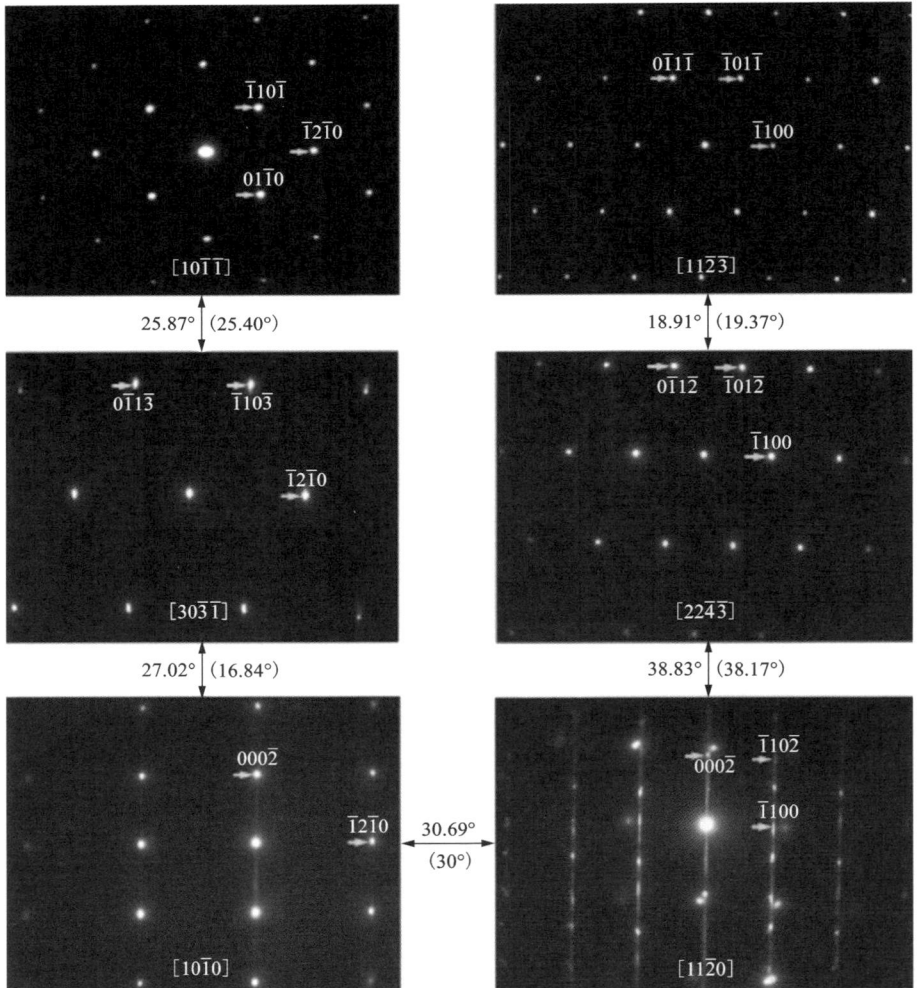

图 9-18　沿着确定的晶体学方向大角度倾转所获得的针状析出相 SAED 图

图 9-19(a)和图 9-19(b)为针状 γ-Nb₂C 相与 Nb 基体的复合 SAED 图。基于晶体学分析，可以确定两种取向关系分别为：$[11\bar{2}0]_\gamma / / [001]_M$，$(0002)_\gamma / / (\bar{1}10)_M$ 和 $[10\bar{1}0]_\gamma / / [113]_M$，$(0002)_\gamma / / (\bar{1}10)_M$，其中下标 M 和 γ 分别代表 Nb 基体和 γ-Nb₂C。此外，可以从以上两个晶带轴的高分辨像(HRTEM)的观察来揭示两相之间的界面结构，如图 9-19(c)和图 9-19(d)所示。界面用黄色虚线标记，与理想的界面$(0002)_\gamma / / (\bar{1}10)_M$ 并不平行，而是成一定夹角。表 9-3 给出了用电子衍射确定的所有析出相的完整列表。这些反应产物形成了一种或多或少分层的现象。

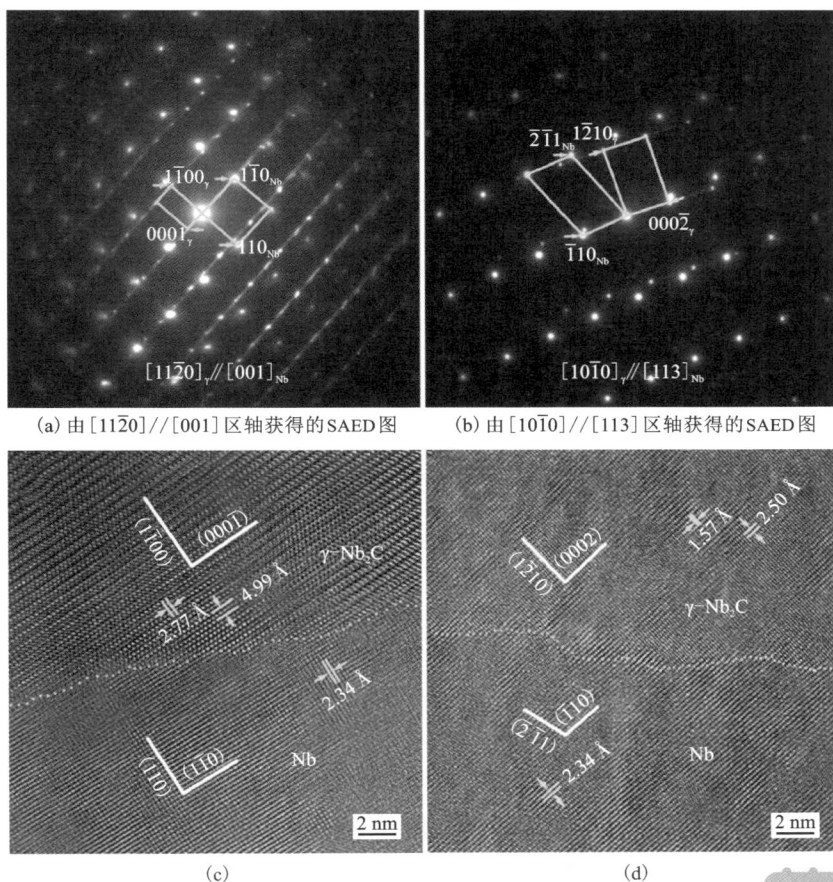

(a) 由 $[11\bar{2}0] / / [001]$ 区轴获得的 SAED 图　　(b) 由 $[10\bar{1}0] / / [113]$ 区轴获得的 SAED 图

(c)　　　　　　　　　　　　(d)

图 9-19　γ-Nb₂C 相与 Nb 基体的复合 SAED 图、
Nb/γ-Nb₂C 界面高分辨率图像

扫一扫，看彩图

表 9-3　确定的析出相的晶体结构

化合物	点阵类型	点阵常数/nm	空间群
NbC	Cubic	$a=b=c=0.451$	$Fm\overline{3}m$
$\gamma-Nb_5Si_3$	Hexagonal	$a=b=0.756$，$c=0.525$	P63/mcm
$\gamma-Nb_2C$	Hexagonal	$a=b=0.3129$，$c=0.492$	P63/mcm
Nb	Cubic	$a=b=c=0.3294$	$Fm\overline{3}m$

9.2.4　界面反应机制

C/SiC 复合材料衬底上化学气相沉积 Nb 的研究未见报道。SiC 基体上沉积 Nb 层则有报道，界面首先形成硅化物(Nb_3Si)，硅化物阻止了 C 与 Nb 反应生成碳化物。然而，这与本书的结果有很大的不同。基于实验结果和分析，C/SiC 复合材料与 Nb 层的界面结构为 C/SiC│NbC(A 层)│$\gamma-Nb_5Si_3$(B 层)│NbC(C 层)│细等轴晶和粗柱晶 Nb+$\gamma-Nb_2C$。图 9-20 为 C/SiC 复合材料与 Nb 层界面结构的模型示意图。表 9-4 列出了界面反应以及每个反应的标准吉布斯自由能($\Delta G^{\ominus}$)和活化能(E_a)。

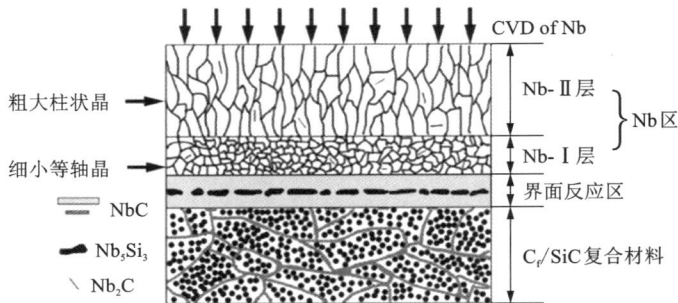

图 9-20　C/SiC 复合材料与 Nb 层界面结构的模型示意图

表 9-4　界面反应及标准吉布斯自由能和活化能

序号	反应	$\Delta G^{\ominus}(1100\ ℃)/(kJ \cdot mol^{-1})$	$E_a/(kJ \cdot mol^{-1})$
(1)	Nb+C(碳纤维)——→NbC	-132.71	0
(2)	Nb+SiC——→NbC+Si	-70.41	22.35
(3)	3Nb+2SiC——→2NbC+ NbSi$_2$	-273.14	44.7

续表 9-4

序号	反应	$\Delta G^{\ominus}(1100\ ℃)/(\mathrm{kJ\cdot mol^{-1}})$	$E_{\mathrm{a}}/(\mathrm{kJ\cdot mol^{-1}})$
(4)	$8\mathrm{Nb}+3\mathrm{SiC}\longrightarrow 3\mathrm{NbC}+\mathrm{Nb_5Si_3}$	−680.33	67.05
(5)	$\mathrm{Nb}+2\mathrm{Si}\longrightarrow \mathrm{NbSi_2}$	−138.42	0
(6)	$3\mathrm{Nb}+\mathrm{Si}\longrightarrow \mathrm{Nb_3Si}$	−275	0
(7)	$5\mathrm{Nb}+3\mathrm{Si}\longrightarrow \mathrm{Nb_5Si_3}$	−478.24	0
(8)	$\mathrm{Nb}+\mathrm{C}(原子态)\longrightarrow \mathrm{NbC}$	−132.71	0

从我们的实验结果可以推测出界面反应过程如下。

首先，当 Nb 原子与碳纤维或 SiC 接触时，可能发生表 9-4 中(1)~(4)的反应。对反应(1)~(4)，$\Delta G^{\ominus}$ 均为负值，表明从热力学角度看，这四个反应均可正向自发进行。因此，此时应该考虑反应动力学。活化能的高低会影响化学反应速率的快慢，活化能越低的化学反应，其反应速率越快；活化能越高的化学反应，则反之。由于反应(2)的活化能比反应(3)和反应(4)的活化能低，即当沉积的 Nb 原子遇到界面的 SiC 分子时，反应(2)~(4)中 Nb+SiC ——→NbC+Si 反应将优先发生。因此，根据反应(1)和反应(2)，在 Nb 与 C/SiC 界面附近形成 NbC 是合理的。在这个阶段，反应是直接接触反应，而不是扩散控制。

其次，由反应(2)和 SiC 分解(SiC ——→Si+C)提供的 Si 原子扩散通过 A 反应层，与 Nb 原子反应生成铌的硅化物。根据 Nb-Si 二元相图，铌硅化物有三种，分别是 $\mathrm{NbSi_2}$、$\mathrm{Nb_3Si}$ 和 $\mathrm{Nb_5Si_3}$。三种硅化物的形成按照反应(5)~(7)进行。虽然反应(5)~(7)的活化能均为 0，但反应(7)的 $\Delta G^{\ominus}$ 值更负，说明优先生成的硅化物应为 $\mathrm{Nb_5Si_3}$。这就是为什么形成 $\mathrm{Nb_5Si_3}$，而其他两种硅化物在实验中没有观察到的原因。考虑到由反应(2)和 SiC 分解提供的 Si 原子比 C 原子的供应量少，因此与 NbC 层相比，$\mathrm{Nb_5Si_3}$ 相的数量相对较少。

最后，靠近 Nb 涂层 C 层中的 NbC 相也随着反应(8)的进行而形成。从 $\mathrm{Nb_5Si_3}$ 层开始，反应受 C 和 Si 元素扩散的控制。由于反应(7)的 $\Delta G^{\ominus}$ 比反应(8)更负一些，因此，C 层中的 NbC 的形成是在 B 层的 $\mathrm{Nb_5Si_3}$ 之后。Nb 层中 $\gamma\text{-}\mathrm{Nb_2C}$ 的形成归因于 C 从 C/SiC 基体经界面反应层长程扩散与 Nb 原子发生反应。由于 C 的长程扩散，其在 Nb 层中形成的碳化物是碳含量低的 $\mathrm{Nb_2C}$。这也证明了 C 层中 NbC 的形成是合理的，这些解释均得到 TEM 观察的证实。

C/SiC 复合材料与 Nb 材料之间存在较大的热膨胀系数失配，引起较高的界面应力，从而影响连接接头的可靠性。而 NbC 的热膨胀系数介于 Nb 与 C/SiC 复合材料之间，因此，NbC 的形成可以减少两者之间的热膨胀失配，有利于残余应力的释放，提高接头的抗剪强度；此外，NbC 的形成也有利于改善 C/SiC 复合材料界面的润湿性。

9.3 界面力学性能及影响因素

关于金属与陶瓷复合材料的界面研究是很复杂、难度很大的问题。弱的界面结合无法使连接可靠，但过强的界面结合会损伤基材，获得的接头强度也较低。因此，获得适中的陶瓷与金属界面结合力是实现可靠连接与优良密封性能的关键，一味追求高的界面结合力并不足取。本节对沉积态和热处理态 CVD Nb/C/SiC 复合材料界面的剪切强度进行测定，分析影响界面结合强度的因素。

9.3.1 界面力学性能

对沉积态的 CVD Nb/C/SiC 复合材料进行界面剪切强度实验，得到加载载荷随加载时间的变化曲线，如图 9-21 所示。当最大载荷达到 14102.1 N 时，界面剪切强度为 21.7 MPa。沉积过程中，CVD Nb 与 C/SiC 复合材料界面的反应产物以 Nb 的碳化物为主，并有少量 Nb 的硅化物生成或 Si 原子固溶在 Nb、碳化物或硅化物中。Nb 的碳化物和硅化物属于脆性相，使得在抗剪过程中，界面结合层优先形成微裂纹，导致界面的剪切强度并不是很高。

图 9-22 为热处理对 CVD Nb/C/SiC 复合材料界面剪切强度的影响。由图 9-22(a)可以看出，当热处理温度为 1200 ℃时，界面的剪切强度达到最大值 37.75 MPa，与沉积态相比，界面剪切强度提升了 74%。随着热处理温度的继续上升，剪切强度有所降低，1300 ℃时的剪切强度与沉积态相当，1400 ℃时强度甚至低于沉积态；在相同的热处理温度下（1200 ℃），随着热处理

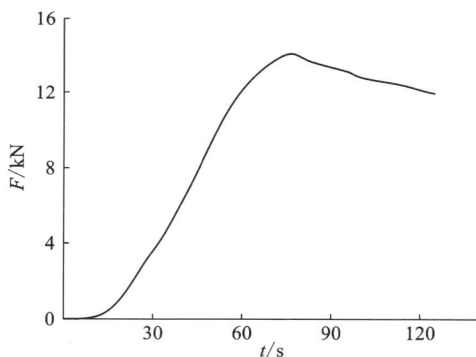

图 9-21 沉积态 CVD Nb/C/SiC 复合材料接头的载荷-时间曲线

时间的延长，界面剪切强度逐渐降低［图 9-22(b)］，但均高于沉积态的剪切强度。以上研究表明，1200 ℃热处理 2 h 是 CVD Nb/C/SiC 复合材料合适的热处理工艺条件，热处理后适当的界面扩散及界面反应有助于提高复合材料的界面结合强度。

虽然 CVD Nb 与 C/SiC 复合材料之间的界面结合强度不是很高，但与焊接方

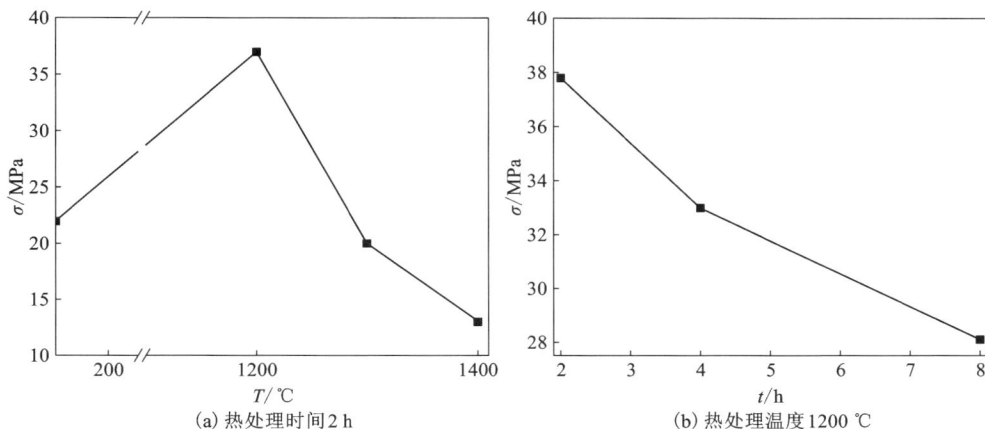

图 9-22　热处理条件对 CVD Nb/C/SiC 界面剪切强度的影响

法相比，CVD Nb 连接方法具有诸多优点。首先，CVD Nb 可以直接沉积而不需要填充材料，与陶瓷等基体材料的界面结构相对简单，且 CVD Nb 后续几乎可以与任何可焊接的金属进行钎焊，或采用电子束焊接方法实现与 Nb 合金、Ti 合金等部件的连接。此外，在实际应用中，该技术对连接部位基体的尺寸精度和表面状态要求较低，这点对不能或难以加工的陶瓷材料尤为重要。实际使用过程中，可以通过复合材料界面结构的辅助设计，进一步提高界面的连接强度。

9.3.2　界面强度影响因素

1. 界面扩散与反应物产物

沉积态 CVD Nb/C/SiC 复合材料的室温剪切强度并不高，经过 1200 ℃，2 h 热处理后，界面的剪切强度显著提升；在该温度下随着热处理时间的延长，复合材料接头的剪切强度有所降低，但均高于沉积态的强度。热处理温度过高时（>1300 ℃），复合材料界面结合强度明显降低，甚至低于沉积态。

对应 CVD Nb/C/SiC 复合材料界面扩散及反应过程可知：沉积过程中，Nb 与 C/SiC 之间形成界面扩散层，由于沉积态温度较低（1100 ℃），元素扩散有限，扩散层较薄，界面结合强度较低；当热处理温度高于沉积温度时，随着热处理温度的提高，C/SiC 不断分解，扩散反应加剧，一部分 Si 原子和 C 原子通过扩散进入 Nb 中，剩余的 Si 原子和 C 原子则是和扩散到 C/SiC 复合材料中的 Nb 发生反应。由于该反应区域属于 Si 原子和 C 原子的富集区域，因此反应生成 Nb_5Si_3 和 NbC 两相，有助于适当提高复合材料界面结合强度。随着热处理温度的继续升高，接头界面处的反应进一步进行，除了已生成的 NbC、Nb_5Si_3 和 Nb_3Si 相，还生成

Nb_2C 新相。此外，随着热处理温度的升高，NbC 的含量明显增加。随着这些硬脆陶瓷相的形成，复合材料界面的硬度逐渐升高，脆性增加，剪切强度又会明显降低。

2. 基体材料组织变化

随着热处理温度的升高和热处理时间的延长，一方面是基体 Nb 的晶粒不断长大，基体硬度增加，扩散通道减少；另一方面，当热处理温度达到 1400 ℃时，C/SiC 复合材料会发生部分分解，尤其在与 Nb 的连接界面处会产生裂纹及孔洞，同样将导致复合材料界面剪切强度的降低。

9.4　Nb/C/SiC 复合材料界面应力

Nb 与 C/SiC 复合材料之间存在较大的热膨胀系数差异，高温沉积结束后的冷却过程中彼此的收缩程度不一致，从而导致界面热应力的产生。本节采用 X 射线衍射与有限元模拟计算相结合的方法，研究冷却过程中 CVD Nb 与 C/SiC 复合材料界面处残余应力分布特点及规律，为连接过渡层结构的设计和工程应用评价提供依据。

9.4.1　残余应力实验测试

沉积组件由 C/SiC 复合材料基体、助感钼芯和石墨盖三部分组成(图 9-23)。采用真空现场氯化 CVD 在 C/SiC 复合材料表面沉积 Nb 层，制备残余应力测试分析用的 Nb/C/SiC 复合材料样品。沉积条件：沉积温度 1000 ℃，氯气流量 100 mL/min，氢气流量 600 mL/min。将沉积态和热处理态(1400 ℃，4 h)复合材料进行横向线切割，测点位置如图 9-24 所示。选用 Proto-LXRD 型 X 射线应力分析仪，采用同倾衍射法对 CVD Nb/C/SiC 复合材料 Nb 层中的残余应力进行分析测试。外层为 Nb，内层为 C/SiC 复合材料，测试点确定在 Nb 层中的外表面和内表面附近。测试参数如下：管电压 30 kV，管电流 25 mA，Cr 靶 Kα 辐射，V 滤波片，准直管直径 0.5 mm，Nb(220)衍射晶面，左右双 512 通道位敏探测器，对应 2θ 为 19°，ψ 角在±45° 内优化设置 13 站，同倾衍射几何，Pearson-Ⅶ定峰方法，铌材料弹性模量 105.4 GPa 和泊松比 0.397，检测执行 ASTM-E915—2010、EN 15305—2008 及 GB/T 7704—2008 标准。测试结果列于表 9-5。

测试结果表明：①无论是沉积态还是热处理态，Nb 层中的环向残余应力均为拉应力(正值)，径向残余应力均为压应力(负值)；②内圈 Nb 层(A1-D1)的应力平均值均明显高于外圈 Nb 层(A2-D2)，表明界面处应力集中明显；③热处理使得环向拉应力及径向压应力均有不同程度的降低，说明热处理对缓解 CVD Nb/C/SiC 复合材料接头中的残余应力有一定作用。

图 9-23　C/SiC 复合材料沉积组件

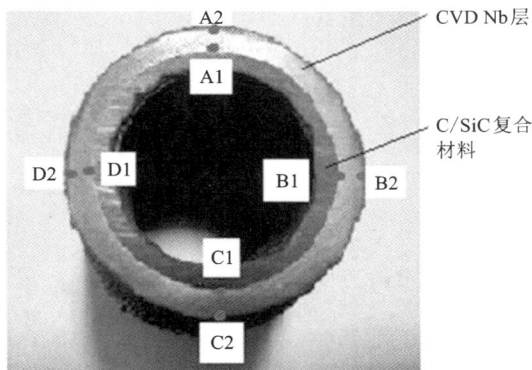

图 9-24　XRD 应力测试示意图

表 9-5　CVD Nb/C/SiC 复合材料残余应力测试结果

| 测试点 | 残余应力/MPa | | | |
| | 沉积态 | | 热处理态 | |
	环向	径向	环向	径向
A1	218.4	−51.5	179.2	−40.8
B1	162.7	−48.7	147.1	−55.1
C1	141.8	−63.0	114.6	−50.2
D1	151.3	−54.2	139.7	−46.9
平均值	168.6	−54.4	145.2	−48.3
A2	126.0	—	93.8	—
B2	91.5	—	86.9	—
C2	77.2	—	66.9	—
D2	102.5	—	84.0	—
平均值	99.3	—	82.9	—

9.4.2　残余应力有限元模拟计算

1. 有限元模型构建及边界条件设定

沉积过程中，迎着气流方向的 C/SiC 复合材料上部的 Nb 层较厚，而下部的 Nb 层则较薄，因此，实际制得的 CVD Nb/C/SiC 复合材料为上厚下薄的轴对称结构。考虑到其影响界面应力–应变分布的有效区域，取样品纵向的 1/2 结构作为有限元的几何模型。其中的 C/SiC 内径为 24 mm，外径为 30 mm，高度为 30 mm，上部石墨上盖附近的 Nb 层厚约 8 mm，中间 C/SiC 基体上的 Nb 层厚 3~5 mm，下部石墨底盖的 Nb 层厚为 1~2 mm，构建的计算几何模型如图 9-25 所示。

考虑所有因素将会给计算模型的建立带来极大的挑战，也难以实现求解。对于解决工程实际问题的计算方法而言，为了兼顾计算效率与计算精度，有限元模型中往往重点考虑主要因素，而忽略次要因素，特作如下假设。

（1）Nb 层与 C/SiC 复合材料界面只有机械结合，无化学反应发生，即不存在扩散层。

（2）Nb 为各向同性材料，C/SiC 复合材料除热膨胀系数外亦为各向同性材料。

（3）复合材料整体为轴对称结构，冷却过程在真空环境下进行，整个冷却过程主要以热辐射和自然对流的方式与外界进行热量交换。

利用有限元软件 ANSYS，根据图 9-25 所示几何尺寸建立二维有限元模型。图 9-26 为模型网格划分，整个有限元模型共划分 8439 个单元，8743 个节点。温度场和应力场计算均采用 PLANE13 热-力耦合单元。热分析和力分析使用相同的单元和节点。材料热力学性能与温度相关，计算采用的材料参数均来自相关文献，如表 9-6 所示。

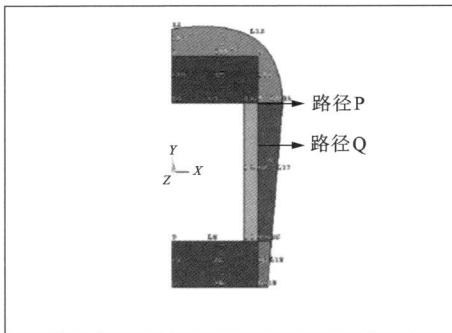

图 9-25　几何模型

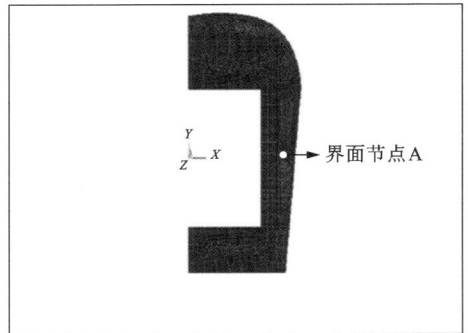

图 9-26　有限元模型

表 9-6　有限元计算采用的材料参数

材料	$T/℃$	E /GPa	σ_s /MPa	μ	ρ /(kg·m^{-3})	α /(10^{-6}·℃$^{-1}$)	λ/(W· m^{-1}·℃$^{-1}$)	c/(J· kg^{-1}·℃$^{-1}$)
Nb	25	104 9	170	0.397	8560	—	54.1	268
	200	104 9	165	0.397	8560	7.19	56.5	268

续表 9-6

材料	$T/℃$	E /GPa	σ_s /MPa	μ	ρ /(kg·m^{-3})	α /(10^{-6}·℃$^{-1}$)	λ/(W· m^{-1}·℃$^{-1}$)	c/(J· kg^{-1}·℃$^{-1}$)
Nb	400	104.9	135	0.397	8560	7.39	60.7	268
	600	104.9	100	0.397	8560	7.56	65.3	268
	800	104.9	72.5	0.397	8560	7.72	69.1	268
	1000	104.9	35	0.397	8560	7.88	73.1	268
石墨	25	120	250	0.09	2300	7.02	2.0	710
	200	120	260	0.09	2260	7.19	2.0	710
	400	120	270	0.09	2220	7.39	2.0	710
	600	120	280	0.09	2180	7.56	2.0	710
	800	120	290	0.09	2140	7.72	2.0	710
	1000	120	300	0.09	2100	7.88	2.0	710
3D C/SiC	25	89.8	250	0.32	1960	x: 0.158, y: 2.604	1.25	710
	200	89.8	260	0.32	1960	x: 1.132, y: 3.765	2.67	710
	400	89.8	270	0.32	1960	x: 1.806, y: 4.549	2.13	710
	600	89.8	280	0.32	1960	x: 2.188, y: 3.816	2.25	710
	800	89.8	290	0.32	1960	x: 2.349, y: 4.085	2.36	710
	1000	89.8	300	0.32	1960	x: 2.426, y: 4.174	2.43	710

注：E 为杨氏模量；σ_s 为屈服强度；μ 为泊松比；ρ 为密度；α 为热膨胀系数；λ 为热导率；c 为比热。

2. 冷却过程温度场分析

Nb 在 C/SiC 复合材料上的沉积温度为 1000 ℃，沉积过程在真空环境下进行，当沉积过程结束时，整个沉积体的温度一致，约为 1000 ℃。冷却过程中，工件与真空室主要通过热辐射的方式向外扩散热量，而真空室与外界环境通过对流和热辐射的方式向外扩散热量。对流和热辐射的热量传递可分别表示为：

$$q_a = -h_a(T_s - T_a) \tag{9-1}$$

$$q_r = -a\sigma\left[(T_s + 273)^4 - (T_a + 273)^4\right] \tag{9-2}$$

式中：q_a 为真空室与空气之间的热交换；h_a 为对流换热系数；T_s 为工件表面温度；T_a 为空气温度（25 ℃）；q_r 为辐射散热量；a 为热辐射系数（0.8）；σ 为 Stefan-Boltzman 常数。

图 9-27 为 Nb/C/SiC 复合材料冷却 10 h 后的温度分布图。可以看出，在 Nb 沉积层与 C/SiC 基本界面几乎不存在温度梯度，表明经过 10 h 冷却后整个样品已完全冷却至室温。图 9-28 分别给出了沿路径 Q 及节点 A 在不同冷却时间的温度分布。图 9-28(a) 表明，冷却过程中复合材料界面温度随冷却时间呈线性下降关系；由图 9-28(b) 可以发现，整个冷却过程中沉积层与基体之间的温度梯度较小，因此，冷却过程中由温度梯度引起的残余应力可以忽略，残余应力主要由 Nb 层与 C/SiC 基体的热膨胀系数差异较大所导致。

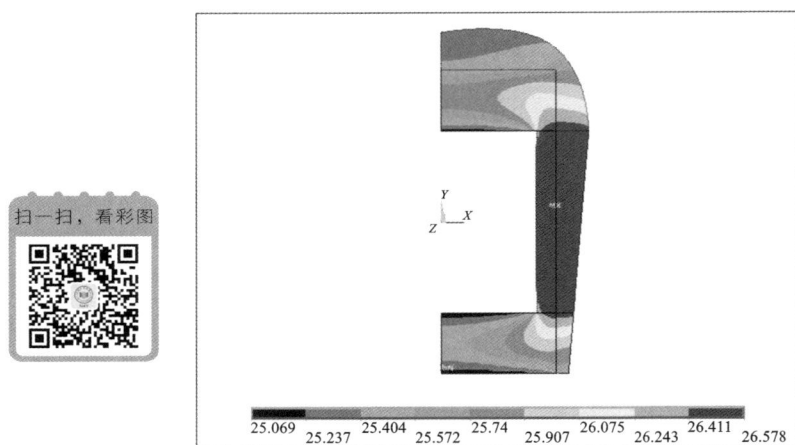

图 9-27　CVD Nb/C/SiC 复合材料冷却 10 h 后的温度分布

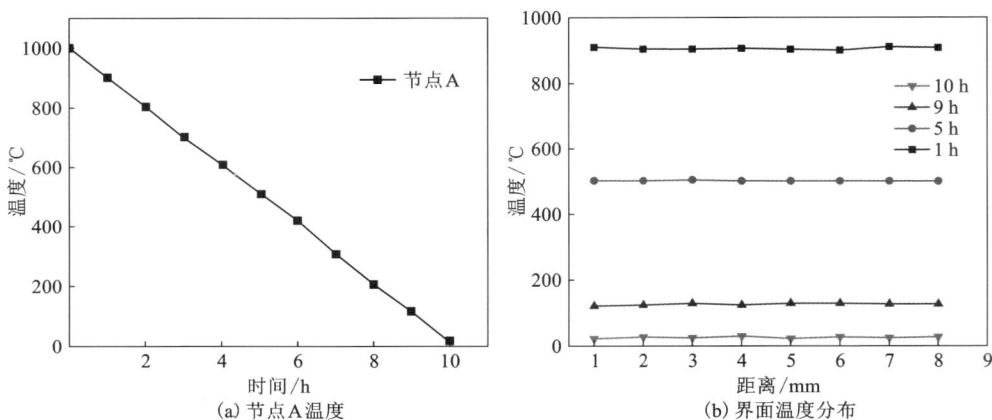

(a) 节点 A 温度　　　　　　　　(b) 界面温度分布

图 9-28　CVD Nb/C/SiC 复合材料不同冷却时间的温度分布图

3. 冷却过程残余应力分析

从物理学角度分析，沉积 Nb 层后的冷却过程是一个热与力共同作用的结果。在不考虑相变及界面扩散的前提下，该热与力作用过程可简化为热弹塑性应力-应变关系，总的应变增量(ε)可表示为：

$$\varepsilon = \varepsilon^e + \varepsilon^p + \varepsilon^{th} \tag{9-3}$$

式中：ε^e、ε^p、ε^{th} 分别为弹性应变、塑性应变以及热应变。假设材料弹性应力-应变关系符合各向同性 Hooke 定律，塑性行为符合 Von Mises 准则。

图 9-29 为 C/SiC 复合材料沉积 Nb 层冷却到室温后沿路径 P 的残余应力分布。沿 x，y 的残余应力分别定义为径向应力 σ_x 和轴向应力 σ_y，σ_S 为等效应力并等同于 XRD 测试的环向应力。可以看出，沿 x（径向）方向 Nb 层和 C/SiC 基体均受到较小的压应力作用，压应力在界面处达到最大值，且室温下应力梯度不明显，可能是样品在径向的尺寸差异较小（径向 C/SiC 和 Nb 层厚分别为 3 mm 和 4 mm 左右）。沿 y（轴向）方向，C/SiC 基体一侧受压应力作用，而 Nb 层一侧受拉应力作

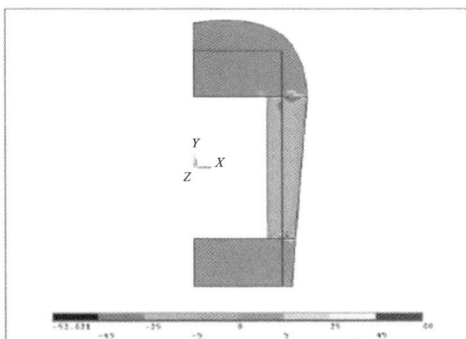

(a) 径向应力 σ_x 的分布

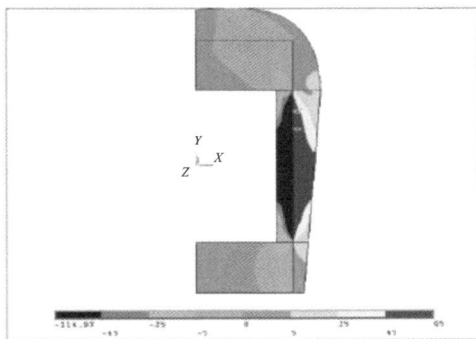

(b) 轴向应力 σ_y 的分布

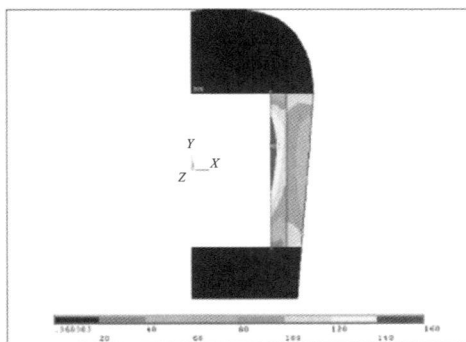

(c) 等效应力 σ_S 的分布

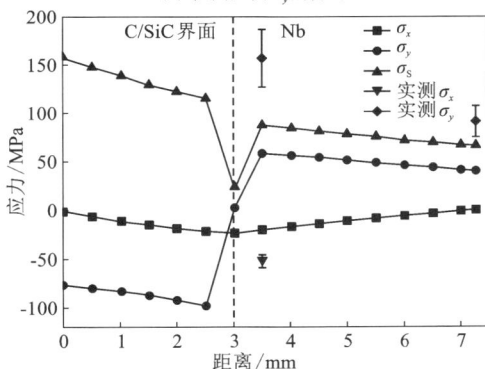

(d) 残余应力的有限元计算及 XRD 测试结果比较

图 9-29　CVD Nb/C/SiC 复合材料冷却至室温沿路径 P 的残余应力分布

用，且在 C/SiC 与 Nb 层的界面处存在较大的应力梯度。同时，由 C/SiC 基体到 Nb 层等效应力 σ_S 总体呈线性减少的趋势，但在界面处有一个明显的突变；图 9-29 同时给出了 Nb 层中 XRD 测试获得的残余应力值（σ_x 和 σ_S）。界面附近 Nb 层中沿径向的实测压应力 σ_x 约为-50 MPa，与有限元计算结果（-25 MPa）接近。沿环向，靠近界面和远离界面 Nb 层中的等效应力分别为 160 MPa 和 95 MPa，表明 Nb 层受到张应力的作用，且由界面至外侧呈降低的趋势。

针对以上 Nb/C/SiC 复合材料中残余应力分布的形成机理作以下分析：①沿轴向上 C/SiC 基体与 Nb 层的尺寸差异较大，冷却过程中热膨胀系数的差异导致尺寸效应明显，从而产生了较大的应力梯度；②Nb 的热膨胀系数显著高于 C/SiC，冷却过程中，复合材料中外侧 Nb 的收缩量明显大于内侧 C/SiC。因此，C/SiC 受到压应力，而 Nb 层受到热膨胀系数较小的 C/SiC 复合材料的约束而受到拉应力作用；③C/SiC 基体一侧轴向应力为负值，而 Nb 层一侧为正值，与计算结果一致。沿环向，从 C/SiC 基体到 Nb 层的等效应力总体呈线性下降趋势，仅在界面处产生突变，主要是由于在模型中未考虑界面扩散所致，且 Nb 层一侧的等效应力的计算值及变化趋势与 XRD 应力测试结果相近，也进一步证实了所采用有限元模型的正确性。

9.5 Nb/C/SiC 复合材料的典型应用

C/SiC 复合材料的连接方法主要是 CVD Nb 连接和钎焊连接方法。国外通过采用 CVD 技术或者钎焊连接技术，已经实现了 C/SiC 复合材料喷管与发动机金属的连接，并在发动机上进行了应用，如美国、欧洲等国家。美国 Ultramet 公司首先研制成功了 C/C、C/SiC 和 Ir/Re/C/C 复合材料喷管的 CVD Nb 过渡连接技术（图 9-30），开辟了陶瓷与金属连接的新思路。至 1999 年，此技术已成功应用于数百台陶瓷喷管的连接，至今仍在大力推广应用。

9.5.1 连接结构设计

CVD Nb 与 C/SiC 复合材料的连接强度和密封性能与连接界面结构有较大的关系，连接结构设计是实现 C/SiC 复合材料喷管工程化应用的关键之一。以上研究发现，当 CVD Nb 与 C/SiC 复合材料

图 9-30 CVD Nb 过渡连接的 C/C 复合材料喷管

的界面为光滑界面时，界面剪切强度较低，属于弱界面结合。为了增强复合材料界面结合强度，将 C/SiC 复合材料喷管头部设计成单台阶、多台阶、沟槽式及沟

槽与台阶结合的四种连接结构(图 9-31)。测试结果表明,多台阶与沟槽界面结构的界面剪切强度达到 108.71 MPa,是光滑界面的 5 倍。将沟槽+台阶式界面结构应用于实际复合材料喷管的结构设计(图 9-32),并在复合材料头部沉积 Nb 层(图 9-33),然后通过电子束焊接将 CVD Nb 层与钛合金喷注器连接起来,即可进行发动机点火试车。

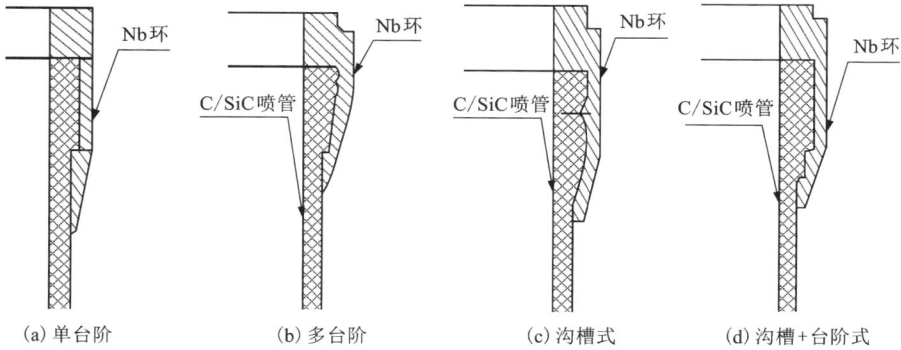

(a) 单台阶　　(b) 多台阶　　(c) 沟槽式　　(d) 沟槽+台阶式

图 9-31　C/SiC 复合材料喷管头部结构设计

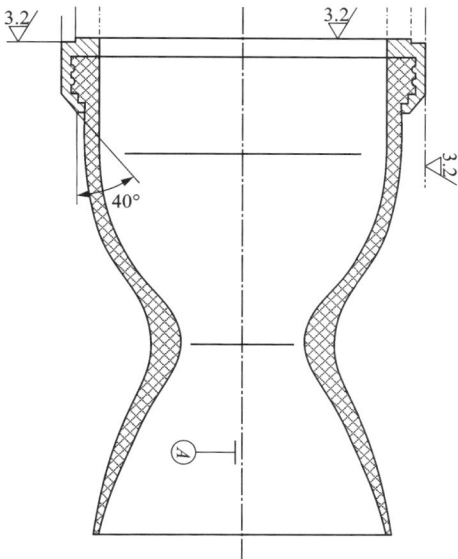

图 9-32　C/SiC 喷管连接结构示意图

图 9-33　CVD Nb 连接的 C/SiC 喷管结构

采用工业 CT 扫描设备对 CVD Nb 与 C/SiC 喷管连接部位进行了无损检测，如图 9-34 和图 9-35 所示。可以发现沉积的连接 Nb 环与 C/SiC 复合材料的界面结合紧密，未发现 CVD Nb 及连接界面有空洞、裂纹等缺陷。

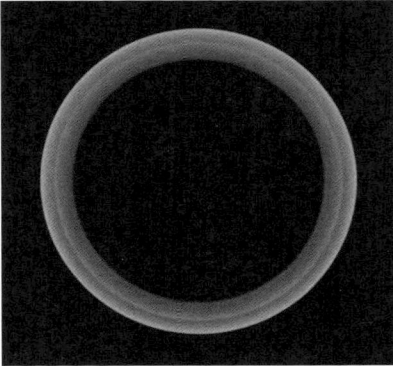

图 9-34　喷管连接部位整体扫描状况

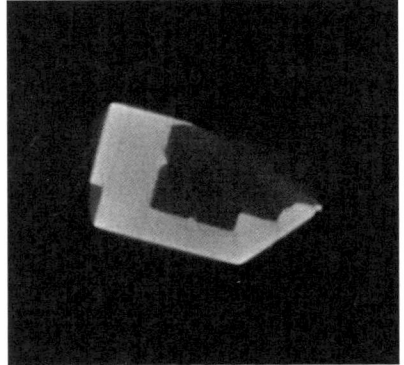

图 9-35　连接部位截面扫描状况

9.5.2　热试车验证

将 CVD Nb 连接的复合材料喷管组装成发动机，进行了发动机性能热试车验证试验。试车过程无漏气、漏火现象，具体见图 9-36。研究表明，沟槽+台阶式连接结构结合了沟槽和台阶连接结构特点，具有连接强度大、密封性好等特点，表现出优异的工艺稳定性和产品质量可靠性，适合于高室压、大尺寸 C/SiC 复合材料喷管的连接。

(a) 试车前

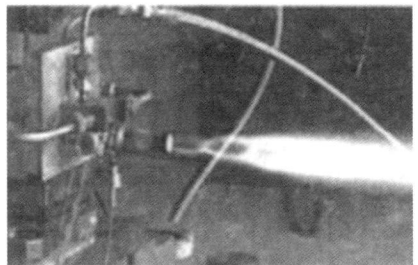

(b) 稳态热试车情况

图 9-36　沟槽+台阶结构 C/SiC 复合材料喷管热试车情况

参考文献

［1］殷为宏，汤慧萍.难熔金属材料与工程应用［M］.北京：冶金工业出版社，2012.

［2］郑欣，白润，王东辉，等.航天航空用难熔金属材料的研究进展［J］.稀有金属材料与工程，2011，40（10）：1871-1875.

［3］吴王平，陈照峰，丛湘娜，等.难熔金属高温抗氧化铱涂层的研究进展［J］.稀有金属材料与工程，2013，42（2）：435-440.

［4］黎宪宽，陈力，蔡宏中，等.化学气相沉积技术及在难熔金属材料中的应用［J］.稀有金属材料与工程，2010，39（S1）：438-443.

［5］白书欣，牛顿，朱利安，等.化学气相沉积法制备难熔金属的研究现状与前景［J］.硬质合金，2018，35（6）：381-389.

［6］魏燕，胡昌义，王云，等.化学气相沉积制备铂族金属涂层及难熔金属［J］.贵金属，2008，29（2）：62-66.

［7］孟广耀.化学气相淀积与无机新材料［M］.北京：科学出版社，1984.

［8］胡昌义，陈力，魏燕，等.稀贵金属化学气相沉积（CVD）研究与应用［J］.贵金属，2010，31（S1）：16-24.

［9］TOIVO T K, MARK J H. The Chemistry of Metal CVD［M］. New York：VCH Publisher Inc.，1994.

［10］郑欣，张廷杰，李中奎，等.沉淀强化型 Nb-W-Mo-Zr 合金的结构和性能［J］.稀有金属材料与工程，2007，36（11）：1886-1890.

［11］SHA J, HIRAI H, UENO H, et al. Mechanical properties of As-cast and directionally solidified Nb-Mo-W-Ti-Si insitu composites at high temperature［J］. Metallurgical and Materials Transactions，2003，34（1）：85-94.

［12］郑欣，白润，王东辉，等.航天航空用难熔金属材料的研究进展［J］.稀有金属材料与工程，2011，40（10）：1871-1875.

［13］朱宝辉，吴向东，万敏，等.航天用高温铌基合金进展［J］.中国有色金属学报，2023，33（1）：1-26.

［14］KATHIRAVAN S, KALIARAJ G S, KUMAR R R, et al. A novel experimental setup for in situ oxidation behavior study of Nb/Hf/Ti（C-103）alloy for high temperature environments［J］. Materials Letters，2021，302：130336.

［15］PHILIPS N R, CARL M, CUNNINGHAM N J. New opportunities in refractory alloys［J］. Metallurgical and Materials Transactions A，2020，51（7）：3299-3310.

［16］张春基，吕宏军，贾中华，等.铌钨合金材料在液体火箭发动机上的应用［J］.宇航材料工艺，2007，37（6）：57-60.

[17] 徐方涛，张绪虎，贾中华.姿/轨控液体火箭发动机推力室高温抗氧化涂层[J].宇航材料工艺，2012，42(1)：25-29.

[18] 赵婷，陈夏超，杨成虎，等.面向高轨卫星的液体轨控发动机研制进展[J].火箭推进，2018，44(1)：1-7，21.

[19] 蔡圳阳，沈鸿泰，刘赛男，等.难熔金属合金及其高温抗氧化涂层研究现状与展望[J].中国有色金属学报，2020，30(9)：1991-2010.

[20] 蔡小梅，郑欣，白润，等.低密度高强铌合金应力-应变曲线及微观组织研究[J].稀有金属与硬质合金，2018，46(6)：77-80.

[21] ALLAMEH S M，HAYES R W，LI M，et al. Microstructure and mechanical properties of a β Nb-Ti based alloy[J]. Materials Science and Engineering A，2002，328：122-132.

[22] 郑欣，白润，蔡晓梅，等.新型铌合金研究进展[J].中国材料进展，2014，33(9-10)：586-594.

[23] 王峰，郑欣，白润，等.低密度NbTiAlVZr合金的微观组织和力学性能[J].稀有金属材料与工程，2011，40(11)：1972-1975.

[24] MIYAKE M，HIROOKA Y，IMOTO R，et al. Chemical vapor deposition of niobium on graphite[J]. Thin Solid Films，1979，63(2)：303-308.

[25] BARZILAI S，WEISS M，FRAGE N，et al. Structure and composition of Nb and NbC layers on graphite[J]. Surface and Coatings Technology，2005，197(2-3)：208-214.

[26] BARZILAI S，RAVEH A，FRAGE N. Annealing of niobium coatings deposited on graphite[J]. Vacuums，2005，79(3-4)：171-177.

[27] BARZILAI S，FRAGE N，RAVEH A. Niobium layers on graphite：Growth parameters and thermal annealing effects[J]. Surface and Coatings Technology，2006，200(14-15)：4646-4653.

[28] TUFFIAS R H，BROCKMEYER J W，FORTINI A J，et al. Engineering issues of Iridium/Rhenium rocket engines revisited[C]//35th Joint Propulsion Conference and Exhibit，LOS Angeles，California. Reston，Virginia：AIAA，1999.

[29] CARLEN J C，BRYSKIN B D. Rhenium-A unique rare metal[J]. Materials and Manufacturing Processes，1994，9(6)：1087-1104.

[30] 吴王平，江鹏，华同曙.难熔金属铼及其合金的研究进展[J].金属功能材料，2015，22(2)：48-55.

[31] 刘传慧，钟良，雷亚民，等.铼元素在镍基晶体中的高温机械性能研究[J].人工晶体学报，2014，43(8)：2159-2163.

[32] 马书伟，李嘉荣，侯淑娥，等.Re 对 γ′相粗化行为的影响[J].航空材料学报，2000，20(3)：11-15.

[33] HUN R M，JIANG J L. Recent development of rhenium-catalyzed organic synthesis[J]. Current Organic Synthesis，2007，4(2)：151-174.

[34] 张绪虎，徐方涛，石刚，等.铼铱材料在高性能发动机上的应用[J].宇航材料工艺，2016，46(1)：37-41.

[35] 黄芮.铼的高温氧化及其产物[J].中国钼业，1994，18(6)：48-50，57.

[36] SHERMAN A J, TUFFIAS R H, KAPLAN R B. The properties and applications of rhenium produced by CVD[J]. JOM, 1991, 43(7): 20-23.

[37] REED B D, DICKSON R. Testing of electroformed deposited iridium/powder metallurgy rhenium rocket[R]. Cleveland, Ohio: NASA Technical memorandum, 1995.

[38] 王广达, 熊宁, 刘国辉, 等. 一种纯铼板的制备方法: CN108296487A[P]. 2018-07-20.

[39] 王广达, 刘国辉, 熊宁. 一种纯铼管的制备方法: CN108213441A[P]. 2018-06-29.

[40] 石刚, 贾文军, 崔鹏. HIP-Re 组织及力学性能[J]. 宇航材料工艺, 2012(1): 95-99.

[41] DONALDSON J G, HOERTEL F W, COCHRAN A A. A preliminary study of vapor deposition of rhenium and rhenium-tungsten[J]. Journal of the Less-Common Metals, 1968, 14: 93-101.

[42] YANG L, HUDSON R G, WARD J J, et al. Preparation and evaluation of chemically vapor deposited rhenium thermionic emitters[R]. California, San Diego: Gulf General Atomic, Inc., 1972.

[43] KIM K T, WANG J J, WELSCH G. Chemical vapor deposition (CVD) of rhenium[J]. Materials letters, 1991, 12(1-2): 43-46.

[44] KODAS T T, HAMPDEN-SMITH M J. The Chemistry of Metal CVD[M]. New York: VCH Verlagsgesellschaft mbH, 2008.

[45] ISOBE Y, TANAKA M, YAMANAKA S, et al. Chemical vapour deposition of rhenium on graphite[J]. Journal of the Less Common Metals, 1989, 152(1): 177-184.

[46] GELFOND N V, MOROZOVA N B, FILATOV E S, et al. Structure of rhenium coatings obtained by CVD[J]. Journal of Structural Chemistry, 2009, 50(6): 1126-1133.

[47] 李靖华, 胡昌义, 高逸群. 化学气相沉积法制备铼管的研究[J]. 宇航材料工艺, 2001, 31(4): 54-56.

[48] 陈松, 胡昌义, 杨家明. CVD 制备 Ir/Re 复合材料的显微组织和再结晶研究[J]. 稀有金属, 2005, 29(3): 267-269.

[49] 陈松, 胡昌义, 杨家明, 等. Ir/Re 复合材料的显微组织研究[J]. 稀有金属材料与工程, 2005, 34(4): 617-621.

[50] 赵封林, 胡昌义, 郑旭, 等. 沉积温度对化学气相沉积铼涂层性能的影响[J]. 稀有金属材料与工程, 2017, 46(5): 1399-1403.

[51] ZHU L, BAI S, CHEN K. Chemical vapor deposition of rhenium on a gourd shaped graphite substrate[J]. Surface and Coatings Technology, 2012, 206(23): 4940-4946.

[52] TONG Y, BAI S, ZHANG H, et al. Rhenium coating prepared on carbon substrate by chemical vapor deposition[J]. Applied Surface Science, 2012, 261: 390-395.

[53] ZHU L, BAI S, ZHANG H, et al. Rhenium used as an interlayer between carbon-carbon composites and iridium coating: Adhesion and wettability[J]. Surface & Coatings Technology, 2013, 235: 68-74.

[54] BAI S, ZHU L, ZHANG H, et al. High-temperature diffusion in couple of chemical vapor deposited rhenium and electrodeposited iridium[J]. International Journal of Refractory Metals & Hard Materials, 2013, 41(11): 563-570.

[55] WANG J F, BAI S, YE Y, et al. A comparative study of rhenium coatings prepared on graphite wafers by chemical vapor deposition and electrodeposition in molten salts[J]. Rare Metals, 2021, 40(1): 202-211.

[56] YANG S, TAN C, YU X, et al. A study of CVD growth kinetics and morphological evolution of rhenium from $ReCl_5$[J]. Surface and Coatings Technology, 2015, 265: 38-45.

[57] 王海哲. CVD 铼的工艺及性能研究[D]. 长沙: 国防科学技术大学, 2005.

[58] PETROVICH V, HAURYLAU M, VOLCHEK S. Rhenium deposition on a silicon surface at the room temperature for application in microsystems[J]. Sensors and Actuators A, 2002, 99(1-2): 45-48.

[59] TOENSHOFF D, LANAM R, RAGAINI J, et al. Iridium coated rhenium rocket chambers produced by electroforming[C]//36th AIAA/ASME/SAE/ASEE Joint Propulsion Conference and Exhibit, Las Vegas, Nevada. Virginia: AIAA, 2000.

[60] LANAM R, SHCHETKOVSKIY A, SMIRNOV A, et al. Properties and enhanced capabilities for EL-Form rhenium[C]//37th Joint Propulsion Conference and Exhibit, Salt Lake City, Utah. Virginia: AIAA, 2001.

[61] HICKMAN R R, MCKECHNIE T N, ARGARWAL A. Low cost, net shape fabrication of rhenium and high temperature materials for rocket engine components[C]. 37th Joint Propulsion Conference and Exhibit, Salt Lake City, Utah. Virginia: AIAA, 2001.

[62] PRABHU V V, FUKE I V, CHO S, et al. Rapid manufacturing of rhenium components using EB-PVD[J]. Rapid Prototyping Journal, 2005, 11(2): 66-73.

[63] 张英明. 生产铼部件的电子束物理气相沉积法[J]. 稀有金属快报, 2003, 22(4): 20-21.

[64] ADAMS R. Microstructural and mechanical property characterization of laser additive manufactured (LAM) rhenium[D]. Tempe: Arizona State University, 2012.

[65] CHURCHMAN A T. Deformation mechanisms and work hardening in rhenium[J]. Transactions of the American Institute of mining and metallurgical engineers, 1960, 218(2): 262-270.

[66] GEACH G A, JEFFERY R A, SMITH E. The deformation characteristics of rhenium single crystals[C]//Rhenium: papers presented at the Symposium on Rhenium of the Electrothermics and Metallurgy Division of the Electrochemical Society. 1960: 84.

[67] JEFFERY R A, SMITH E. Deformation twinning in rhenium single crystals[J]. Philosophical Magazine, 1966, 13(126): 1163-1168.

[68] KOEPPEL B J, SUBHASH G. Influence of cold rolling and strain rate on plastic response of powder metallurgy and chemical vapor deposition rhenium[J]. Metallurgical and Materials Transactions A, 1999, 30(10): 2641-2648.

[69] KACHER J, MINOR A M. Twin boundary interactions with grain boundaries investigated in pure rhenium[J]. Acta Materialia, 2014, 81: 1-8.

[70] JULIAN E C, SABISCH, MINOR A M. Microstructural evolution of rhenium Part Ⅰ: Compression[J]. Materials Science & Engineering A, 2018, 732: 251-258.

[71] SABISCH, JULIAN E C, MINOR A M. Microstructural evolution of rhenium Part Ⅱ: Tension

［J］. Materials Science & Engineering A, 2018, 732：259-272.

［72］ MITTENDORF D. The effect of manufacturing processes on the mechanical integrity of rhenium ［C］//33rd Joint Propulsion Conference and Exhibit, Seattle, WA. Reston, Virginia：AIAA, 1997：2675.

［73］ MELVIN L, CHAZEN. Materials property test result of rhenium［C］//31sth Joint Propulsion Conference and Exhibit, San Diego, CA. Reston, Virginia：AIAA, 1995：2938.

［74］ BIAGLOW J A. Rhenium material properties ［C］//31sth Joint Propulsion Conference and Exhibit, San Diego, CA. Reston, Virginia：AIAA, 1995：2398.

［75］ REED B D, Biaglow J A. Rhenium mechanical properties and joining technology［C］//32nd Joint Propulsion Conference and Exhibit, Lake Baena Vista, FL. Reston, Virginia：AIAA, 1996：2598.

［76］ 糜正瑜, 褚诒德. 红外辐射加热干燥原理与应用［M］. 北京：机械工业出版社, 1996.

［77］ 葛邵岩, 那鸿悦. 热辐射性质及其测量［M］. 北京：科学出版社, 1989.

［78］ 张建贤, 邹永军, 徐蕾, 等. 高发射率涂料的研究及应用现状［J］. 红外技术, 2007, 29 （8）：491-494.

［79］ SHARAFAT S, AOYAMA A, WILLIAMS B, et al. Development of micro-engineered textured tungsten surfaces for high heat flux applications［J］. Journal of Nuclear Materials, 2013, 442 （1-3）：S302-S308.

［80］ WANG J, ZHU L, YE Y, et al. Black rhenium coating prepared on graphite substrate by electrodeposition in NaCl－KCl－CsCl－K_2ReCl_6 molten salts ［J］. International Journal of Refractory Metals and Hard Materials, 2017, 68：54-59.

［81］ COCKERAM B V, MEASURES D P, MUELLER A J. The development and testing of emissivity enhancement coatings for themophotovoltaic（TPV）radiator applications［J］. Thin Solid Films, 1999, 355-356：17-25.

［82］ 叶大伦, 胡建华. 实用无机物热力学数据手册［M］. 2 版. 北京：冶金工业出版社, 2002.

［83］ WEI Y, ZHANG D W, HU C Y, et al. Microstructure and deposition kinetics of Nb prepared by chemical vapor deposition. Modern Physics Letters B, 2018, 32（22）：1850257.

［84］ DALAL S S, WALTERS D M, LYUBIMOV I, et al. Tunable molecular orientation and elevated thermal stability of vapor-deposited organic semiconductors［J］. Proceedings of the National Academy of Sciences, 2015, 112（14）：4227-4232.

［85］ KALDIS E. Current Topics in Materials Science［M］. Amsterdam：North-Holland Publishing Company, 1978：147.

［86］ PFALZGRAFF W C, HULSCHER R M, NESHYBA S P. Scanning electron microscopy and molecular dynamics of surfaces of growing and ablating hexagonal ice crystals［J］. Atmospheric Chemistry and Physics, 2010, 10（6）：2927-2935.

［87］ LI B, GONG Y, HU Z, et al. Solid-vapor reaction growth of transition-metal dichalcogenide monolayers［J］. Angewandte Chemie, 2016, 128（36）：10814-10819.

［88］ WALTERS D M, ANTONY L, DE PABLO J J, et al. Influence of molecular shape on the thermal stability and molecular orientation of vapor-deposited organic semiconductors[J]. The Journal of Physical Chemistry Letters, 2017, 8(14): 3380-3386.

[89] 魏巧灵, 蔡宏中, 陈力, 等. 钽的 CVD 动力学规律及显微组织[J]. 稀有金属材料与工程, 2011, 40(5): 844-848.

[90] HONG S, KRISHNAMOORTHY A, SHENG C, et al. A reactive molecular dynamics study of atomistic mechanisms during synthesis of MoS_2 layers by chemical vapor deposition[J]. MRS Advances, 2018, 3(6-7): 307-311.

[91] 杨尚磊, 陈艳, 薛小怀, 等. 铼(Re)的性质及应用研究现状[J]. 上海金属, 2005, 27: 45-49.

[92] MARTIN É, JIANG L, GODET S, et al. The combined effect of static recrystallization and twinning on texture in magnesium alloys AM30 and AZ31[J]. International Journal of Materials Research, 2013, 100(4): 576-583.

[93] BEER A G, BARNETT M R. The influence of twinning on the hot working flow stress and microstructural evolution of magnesium alloy AZ31[J]. Materials Science Forum, 2005, 488-489: 611-614.

[94] YI S, SCHESTAKOW I, ZAEFFERER S. Twinning-related microstructural evolution during hot rolling and subsequent annealing of pure magnesium[J]. Materials Science and Engineering A, 2009, 516(1-2): 58-64.

[95] BEER A G, BARNETT M R. Microstructural development during hot working of Mg-3Al-1Zn[J]. Metallurgical and Materials Transactions A, 2007, 38(8): 1856-1867.

[96] 曾柯, 辛仁龙, 李波, 等. EBSD 技术在稀土变形镁合金微观表征中的应用[J]. 电子显微学报, 2010, 29(1): 720-723.

[97] KACHER J, MINOR A M. Twin boundary interactions with grain boundaries investigated in pure rhenium[J]. Acta Materialia, 2014, 81: 1-8.

[98] KACHER J, SABISCH J E, MINOR A M. Statistical analysis of twin/grain boundary interactions in pure rhenium[J]. Acta Materialia, 2019, 173: 44-51.

[99] XU J, GUAN B, YU H, et al. Effect of twin boundary-dislocation-solute interaction on detwinning in a Mg-3Al-1Zn alloy[J]. Journal of Materials Science & Technology, 2016, 32(12): 1239-1244.

[100] XIN Y, LV L, CHEN H, et al. Effect of dislocation-twin boundary interaction on deformation by twin boundary migration[J]. Materials Science and Engineering A, 2016, 662: 95-99.

[101] SERRA A, BACON D J, POND R C. Twins as barriers to basal slip in hexagonal-close-packed metals[J]. Metallurgical Materials Transactions A, 2002, 33(3): 809-812.

[102] BEYERLEIN I J, MCCABE R J, TOMÉ C. Effect of microstructure on the nucleation of deformation twins in polycrystalline high-purity magnesium: A multi-scale modeling study[J]. Journal of the Mechanics Physics of Solids, 2011, 59(5): 988-1003.

[103] WANG J, BEYERLEIN I J, TOMÉ C. An atomic and probabilistic perspective on twin nucleation in Mg[J]. Scripta Materialia, 2010, 63(7): 741-746.

［104］WANG L, EISENLOHR P, YANG Y, et al. Nucleation of paired twins at grain boundaries in titanium［J］. Scripta Materialia, 2010, 63(8): 827−830.

［105］FERNÁNDEZ A, JÉRUSALEM A, GUTIÉRREZ−URRUTIA I, et al. Three−dimensional investigation of grain boundary−twin interactions in a Mg AZ31 alloy by electron backscatter diffraction and continuum modeling［J］. Acta Materialia, 2013, 61(20): 7679−7692.

［106］吴志亮. BN 织构陶瓷的制备与性能研究［D］.哈尔滨：哈尔滨工业大学, 2012.

［107］BEYERLEIN I J, ZHANG X H, MISRA A. Growth twins and deformation twins in metals［J］. Annual Review of Materials Research, 2014, 44: 329−363.

［108］田民波.薄膜技术与薄膜材料［M］.北京：清华大学出版社, 2006.

［109］MOVACHAN B A, DEMCHISHIN A V. Study of the structure and properties of thick vacuum condensates of nickel, titanium, tungsten, aluminum oxide and zirconium dioxide fiz［J］. Met. Metall, 1969, 28(4): 653−660.

［110］刘颖峰.定向凝固织构研究及机理的探讨［D］.湘潭：湘潭大学, 2004.

［111］唐伟忠.薄膜材料制备原理、技术及应用［M］.2 版.北京：冶金工业出版社, 2003.

［112］魏燕.化学气相沉积铼的组织结构形成机制及性能研究［D］.昆明：昆明理工大学, 2018.

［113］石德珂, 金志浩.材料力学性能［M］.西安：西安交通大学出版社, 1998: 199.

［114］孙奇.密排六方金属中变形孪晶精细结构及孪生行为的透射电镜研究［D］.重庆：重庆大学, 2017.

［115］葛邵岩, 那鸿悦.热辐射性质及其测量［M］.北京：科学出版社, 1989: 203.

［116］SHARAFAT S, AOYAMA A, WILLIAMS B, et al. Development of micro−engineered textured tungsten surfaces for high heat flux applications［J］. Journal of Nuclear Materials, 2013, 442 (1−3): S302−S308.

［117］COCKERAM B V, MEASURES D P, MUELLER A J. The development and testing of emissivity enhancement coatings for themophotovoltaic (TPV) radiator applications［J］. Thin Solid Films, 1999, 355−356: 17−25.

［118］张光寅, 蓝国祥.晶格振动光谱学［M］.北京：高等教育出版社, 1991: 195.

［119］GHOSEZ P, MICHENAUD J P, GONZE X. Dynamical atomic charges: The case of ABO_3 compounds［J］. Physical Review B, 1998, 58(10): 6224−6240.

［120］COCKAYNE E, BURTON B P. Phonons and static dielectric constant in $CaTiO_3$ from first principles［J］. Physical Review B, 2000, 62: 3735.

［121］WOOTEN F. Optical Properties of Solids［M］. New York: Academic Press, 1972.

［122］PERSSON C, AHUJA R, FERREIRA A, et al. First−principle calculations of optical properties of wurtzite AlN［J］. Journal of Crystal Growth, 2001, 231: 407−414.

［123］陈辉, 胡元中, 王慧, 等.粗糙表面计算机模拟［J］.润滑与密封, 2006(10): 52−55, 59.

［124］任新成.粗糙面电磁散射及其与目标的复合散射研究［D］.西安：西安电子科技大学, 2008.

［125］肖建明, 梁昌洪.分形粗糙面散射的基尔霍夫解［J］.西安电子科技大学学报, 1996, 1: 28−33.

[126] 于洋.高辐射涂层的制备与测试研究[D].上海：上海交通大学，2014.

[127] 黄昆.固体物理学[M].北京：北京大学出版社，2009.

[128] 黄智斌，朱冬梅，罗发，等.K424合金的高温氧化行为和红外发射率研究[J].稀有金属材料与工程，2008，37(8)：1411-1414.

[129] GONSER B W. Rhenium[M]. Amsterdam：Elsevier Publishing Company，1962.

[130] 塞德布罗门.无机化合物的性质表解[M].余大猷，译.北京：商务印书馆，1960：260.

[131] PHILLIPS W L, Jr. The rate of oxidation of rhenium at elevated temperatures in air[J]. J. Less-Common Metals，1963，5：97.

[132] GULBRANSEN E A，BRASSART F A. Oxidation of rhenium and a rhenium-8% titanium alloy in flow environments at oxygen pressures of 1~10 torr and at 800~1400 ℃[J]. J. Less-Common Metals，1968，14(2)：217-224.

[133] 胡昌义，尹志民，万吉高，等.铼的氧化动力学研究[J].云南冶金，2003，32(3)：22-25.

[134] JOST W. Diffusion in Solids，Liquids and Gases[M]. New York：Academic Press，1960.

[135] REED B D. Rocket screening of iridium/rhenium[C]//34th AIAA/ASME/SAE/ASEE Joint Propulsion Conference & Exhibit，Cleveland，OH. Virginia：AIAA，1998：3355.

[136] TOENSHOFF D A，LANAM R D，RAGAINI J，et al. Iridium coated rhenium rocket chambers produced by electroforming[C]//36th AIAA/ASME/SAE/ASEE Joint Propulsion Conference，Huntsville，Alabama. Virginia：AIAA，2000：3166.

[137] LANAM R D，SHCHETKOVSKIY A，SMIRNOV A，et al. Properties and enhanced capabilities for EL-Form™ rhenium[C]//37th AIAA/ASME/SAE/ASEE Joint Propulsion Conference，Salt Lake City，Utah. Reston，Virginia：AIAA，2000：3166.

[138] TOENSHOFF D A. Iridium coated rhenium rocket chambers produced by electroforming[C]//36th AIAA/ASME/SAE/ASEE Joint Propulsion Conference and Exhibit，Las Vegas，NV. Reston，Virginia：AIAA，2000：3166.

[139] TUFFIAS R H，BROCKMEYER J W，FORTINI A J，et al. Engineering issues of iridium/rhenium rocket engines revisited[C]//35th Joint Propulsion Conference，Los Angeles，California. Reston，Virginia：AIAA，1999：2752.

[140] YAN X B，XU F T，ZHANG X H，et al. Engineering Issues of Rhenium-Iridium Engine thrust Chamber by Chemical Vapor Deposition Technique[C]//2017 8th International Conference on Mechanical and Aerospace Engineering，Prague，Czech Republic. IEEE，2017：145-149.

[141] STECHMAN C，WOLL P，FULLER R，et al. A high performance liquid rocket engine for satellite main propulsion[C]//36th AIAA/ASME/SAE/ASEE Joint Propulsion Conference and Exhibit，Las Vegas，NV. Reston，Virginia：AIAA，2000：3161.

[142] WU P K. Qualification testing of a 2nd generation high performance apogee thruster[C]//37th Joint Propulsion Conference and Exhibit，Salt Lake City，VT. Reston，Virginia：AIAA，2001：3253.

[143] WOOD R S. Experiences with high temperature materials for small thrusters[C]//29th Joint Propulsion Conference and Exhibit，Monterey，CA. Reston，Virginia：AIAA，1993：1962.

[144] LIU C G, CHEN J, HAN H Y. A long duration and high reliability liquid apogee engine for satellites[J]. Acta Astronautica, 2004, 55: 401-408.

[145] HU C Y, ZHOU S P. A review about Ir/Re rocket chamber[C]//The 30th annual conference of International Precious Metals Institute. Las Vegas, Nevada, USA, 2006.

[146] 任淮辉. 复合材料微观组织结构的计算机设计[D]. 兰州: 兰州理工大学, 2009.

[147] ASKARI-PAYKANI M, SHAHVERDI H R, MIRESMAEILI R, et al. Second-phase hardening and rule of mixture, microbands and dislocation hardening in $Fe_{67.4-x}Cr_{15.5}Ni_{14.1}Si_{3.0}B_x(x=0.2)$ alloy systems[J]. Materials Science and Engineering A, 2018, 715: 214-225.

[148] CHEN L, WEI Y, CAI H Z, et al. Interfacial structure and mechanical properties of a New Nb/Re laminated composite[J]. Materials Research Express, 2019, 6(10): 1-10.

[149] KNAPTON A G. The niobium-rhenium system[J]. Journal of the Less Common Metals, 1959, 1(6): 480-486.

[150] CIRILLO C, CARAPELLA G, SALVATO M, et al. Superconducting properties of noncentrosymmetric $Nb_{0.18}Re_{0.82}$ thin films probed by transport and tunneling experiments[J]. Phys. Rev. B, 2016, 94: 104512.

[151] LIU X, HARGATHER C Z, LIU Z. First-principles aided thermodynamic modeling of the Nb-Re system[J]. Calphad, 2013, 41: 119-127.

[152] JOUBERT J M. Crystal chemistry and calphad modeling of the σ phase[J]. Prog. Mater Sci., 2008, 53: 528-583.

[153] JOUBERT J, M, PHEJAR M. Crystal chemistry and calphad modelling of the χ phase[J]. Prog. Mater Sci., 2009, 54: 945-980.

[154] ZACHERL C, SAAL J, WANG Y, et al. First-principles calculations and thermodynamic modeling of the Re-Y system with extension to the Ni-Re-Y system[J]. Intermetallics, 2010, 18: 2412-2418.

[155] CRIVELLO J C, BREIDI A, JOUBERT J M. χ and σ phases in binary rhenium-transition metal systems: a systematic first-principles investigation[J]. Inorg. Chem., 2013, 52: 3674-3686.

[156] LEVY O, JAHNÁTEK M, CHEPULSKII R V, et al. Ordered structures in rhenium binary alloys fromfirst-principles calculations[J]. J. Amer. Chem. Soc., 2010, 133(1): 158-163.

[157] WANG X, ZHANG Y N, LIU C. Microwave-assisted sol-gel modification of Al-or C-doped $Li_4Ti_5O_{12}$ samples as anode materials for Li-ion batteries[J]. Int. J. Electrochem. Sci., 2017, 12(12): 2009-2018.

[158] YUAN Z T, JIANG Y H, LI L, et al. First-principles study on the phase stability and mechanical properties of boron carbides in boron-bearing high-speed steel[J]. Sci. Adv. Mater., 2018, 10: 1475-1483.

[159] COLMENERO F, BONALES L J, COBOS J, et al. Structural, mechanical and vibrational study of uranyl silicate mineral soddyite by DFT calculations [J]. Journal of Solid State Chemistry, 2017, 253: 249-257.

[160] WU Z J, ZHAO E J, XIANG H, et al. Crystal structures and elastic properties of superhard IrN$_2$ and IrN$_3$ from first principles[J]. Phys. Rev. B, 2007, 76: 054115.

[161] DING Y C. Mechanical properties and hardness of new carbon-rich superhard C$_{11}$N$_4$ from first-principles investigations[J]. Physica B, 2012, 407(12): 2282-2288.

[162] LIU C, WANG X H, YU X. Photoelectric property of synergistic regulation mechanism of C-Cr co-doped TiO$_2$ based on the first principle[J]. Phys. Status Solidi B, 2018, 11: 700616.

[163] 余永宁. 金属学原理[M]. 北京: 冶金工业出版社, 2000: 207-208.

[164] YAMADA T, KUNITOMI N, NAKAI Y, et al. Magnetic structure of α-Mn[J]. Journal of the Physical Society of Japan, 1970, 28(3): 615-627.

[165] 崔约贤, 王长利. 金属断口分析[M]. 哈尔滨: 哈尔滨工业大学出版社, 1998: 34.

[166] 赵建生. 断裂力学及断裂物理[M]. 湖北武汉: 华中科技大学出版社, 2003: 235-240.

[167] 蓝图, 邵元智, 何振辉, 等. 界面扩散控制晶粒生长动力学的计算机模拟[J]. 中山大学学报, 2000, 39(2): 122-124.

[168] 唐伟忠. 薄膜材料制备原理、技术及应用[M]. 2版. 北京: 冶金工业出版社, 2003, 106-110, 182.

[169] SUN C, XUE Q, ZHANG J, et al. Growth behavior and mechanical properties of Cr-V composite surface layer on AISI D3 steel by thermal reactive deposition[J]. Vacuum, 2018, 148: 158-167.

[170] 唐仁正. 物理冶金基础[M]. 北京: 冶金工业出版社, 1997: 144-145.

[171] CAHN R W. Recrystallization of single crystals after plastic bending[J]. J Inst Metal, 1949, 76: 121-128.

[172] 童巧英, 成来飞, 张立同. 二维 C/SiC 复合材料连接的纤维结构与性能[J]. 材料工程, 2002, 11: 14-16.

[173] GLASS D E. Ceramic matrix composite (CMC) thermal protection systems (TPS) and hot structures for hypersonic vehicles[C]//15th AIAA International Spale Planes and Hypersonic Systems and Technologies Conference, Dayton, Ohio. Rirginia: AIAA, 2008: 2682.

[174] SCHMIDT S, BEYER S, KNABE H, et al. Advanced ceramic matrix composite materials for current and future propulsion technology applications[J]. Acta Astronautica, 2004, 55: 409-420.

[175] 张长瑞, 郝元恺. 陶瓷基复合材料-原理、工艺、性能与设计[M]. 长沙: 国防科技大学出版社, 2001.

[176] RICCARDI B, GIANCARLI L, HASEGAWA A, et al. Issues and advances in SiC$_f$/SiC composites development for fusion reactors[J]. Journal of Nuclear Materials, 2004, 329-333: 55-65.

[177] NASLAIN R. Design, preparation and properties of nonoxide CMCs for application in engines and nuclear reactors: an overview[J]. Composites Science and Technology, 2004, 64(2): 155-170.

[178] 刘会杰, 冯吉才, 钱乙余, 等. SiC 陶瓷与 TC$_4$ 钛合金反应钎焊的研究进展[J]. 焊接,

1998(11)：22-25.

［179］杨宏宝，李京龙，熊江涛，等.陶瓷基复合材料与金属连接的研究进展［J］.焊接专题综述，2007(12)：14-21.

［180］JIMENEZ C, MERGIA K, MOUTIS N V, et al. Joining of C_f/SiC ceramics to nimonic alloys［J］. Journal of Materials Engineering and Performance, 2012, 21(5)：683-689.

［181］李树杰，张利.SiC 基材料自身及其与金属的连接［J］.粉末冶金技术，2004，22(2)：91-97.

［182］TIAN M, LI X, HE N, et al. TEM study on the morphology and interfacial structure of Nb-coated C_f/SiC composite［J］. Vacuum, 2022, 199：110973.

［183］WANG Y G, LIU Q M, ZHANG L T, et al. Solid–state reactions of silicon carbide and chemical vapor deposited niobium［J］. J. Coating Technol. Res. , 2009, 6：413-417.

［184］SCHLESINGER M E, OKAMOTO H, GOKHALE A B, et al. The Nb–Si (Niobium–Silicon) system［J］. Journal of Phase Equilibria, 1993, 14：502-509.

［185］TAN Z L, CHEN L, CAI H Z, et al. Finite element simulation and experiment study of residual stress distribution of CVD Nb – C/SiC composites［J］. Materials Research Express, 2019, 6：115602.

［186］XIE X F, JIANG W C, LUO Y, et al. A model to predict the relaxation of weld residual stress by cyclic load：Experimental and finite element modeling［J］. Int. J. Fatigue, 2017, 95：293-301.

［187］HAN G, GUAN Z D, LI Z S, et al. Multi–scale modeling and damage analysis of composite with thermal residual stress［J］. Appl. Compos. Mater. , 2015, 22：289-305.

［188］KUSCHEL S, KOLKWETZ B, SÖLTER J, et al. Experimental and numerical analysis of residual stress change caused by thermal loads during grinding［J］. Procedia Cirp. , 2016, 45：51-54.

［189］NAYEBPASHAEE N, SEYEDEIN S H, ABOVTALEBI M R, et al. Finite element simulation of residual stress and failure mechanism in plasma sprayed thermal barrier coatings using actual microstructure as the representative volume［J］. Surface & Coatings Technology, 2016, 291：103-114.

［190］ZHEN W, WANG F Z, AN G L, et al. Analysis on welding residual stress of structure by thermal elastic – plastic finite element method［J］. Hot Working Technology, 2015, 44：201-207.

［191］刘彦杰，马武军，吴建军.C/SiC 复合材料喷管焊接连接技术研究［J］.宇航材料工艺，2012，42(5)：15-20.

图书在版编目(CIP)数据

化学气相沉积铌、铼及其复合材料 / 魏燕, 陈力, 胡昌义著. --长沙: 中南大学出版社, 2025.7. --ISBN 978-7-5487-6200-3

Ⅰ. TG147

中国国家版本馆 CIP 数据核字第 2025BX0211 号

化学气相沉积铌、铼及其复合材料
HUAXUE QIXIANG CHENJI NI、LAI JIQI FUHE CAILIAO

魏燕　陈力　胡昌义　著

□出 版 人	林绵优	
□责任编辑	史海燕	
□责任印制	唐　曦	
□出版发行	中南大学出版社	
	社址: 长沙市麓山南路	邮编: 410083
	发行科电话: 0731-88876770	传真: 0731-88710482
□印　　装	湖南省众鑫印务有限公司	

□开　　本	710 mm×1000 mm 1/16 □印张 13 □字数 260 千字	
□版　　次	2025 年 7 月第 1 版 □印次 2025 年 7 月第 1 次印刷	
□书　　号	ISBN 978-7-5487-6200-3	
□定　　价	98.00 元	

图书出现印装问题, 请与经销商调换